施工现场特种作业人员
安全技术一本通

建筑架子工

郭爱云　主编

内 容 提 要

本书以国家有关建筑架子工安全作业的规程规范为基础，以保证架子工作业时的人身和设备安全为主线，分别介绍了基础理论知识、建筑识图与房屋构造、脚手架基础知识、扣件式钢管脚手架、碗扣式钢管脚手架、门式钢管脚手架、木竹与异形脚手架、模板支撑架、高层建筑脚手架和脚手架施工安全管理等相关内容。

本书从基础理论知识入手，着重于架子工实际操作中的安全技术，强调实践技能。全书图文并茂，直观明了，通俗易懂，不仅可以作为架子工作业人员安全技术考核用书，还可以作为架子工作业人员上岗后不断巩固、提高技术水平的工具书。

图书在版编目（CIP）数据

建筑架子工/郭爱云主编. —北京：中国电力出版社，2015.3

（施工现场特种作业人员安全技术一本通）

ISBN 978-7-5123-6954-2

Ⅰ.①建… Ⅱ.①郭… Ⅲ.①脚手架—安全技术 Ⅳ.①TU731.2

中国版本图书馆 CIP 数据核字（2014）第 300009 号

中国电力出版社出版发行

北京市东城区北京站西街 19 号 100005 http：//www.cepp.sgcc.com.cn

责任编辑：梁瑶 联系电话：010-63412605

责任印制：蔺义舟 责任校对：李楠

航远印刷有限公司印刷·各地新华书店经售

2015 年 3 月第 1 版·第 1 次印刷

700mm×1000mm 1/16·14.25 印张·266 千字

定价：32.00 元

前　言

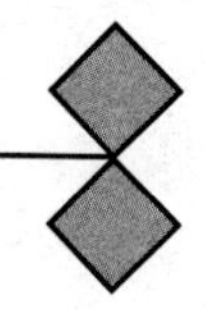

由于建筑施工特种作业人员在房屋建筑和市政基础设施工程施工活动中，会从事可能对本人、他人及周围设备设施安全造成危害的作业，因此，建筑施工特种作业人员应当严格按照技术标准、规范和规程作业。

为了切实加强对建筑施工特种作业人员管理，提高特种作业人员安全意识和基本技能，预防和减少事故发生，国务院、住房和城乡建设部等相关部门就特种作业人员管理制定了一系列的法律法规和规定，也要求建筑施工特种作业人员应经建设行政主管部门考核合格，取得建筑施工特种作业人员操作资格证书后，方可上岗从事相应作业。

为此，我们根据《建筑施工特种作业人员管理规定》《建筑施工特种作业人员安全技术考核大纲（试行）》《建筑施工特种作业人员安全操作技能考核标准（试行）》等相关规定，编写了《施工现场特种作业人员安全技术一本通》系列丛书，该丛书详细介绍了特种作业人员必须掌握的安全技术知识和操作技能，内容力求浅显易懂，深入浅出，突出实用性、实践性和可操作性，以便于达到学以致用的目的。

《施工现场特种作业人员安全技术一本通》系列丛书包括4分册，分别为《建筑焊工》《建筑电工》《建筑架子工》《建筑起重安装拆卸工》。每一分册的编写是从基础理论知识入手，着重于特种作业人员实际操作中的安全技术，强调实践技能。

参加本书编写的人员有周胜、高爱军、郭爱云、魏文彪、张正南、武旭日、张学宏、李仲杰、李芳芳、叶梁梁、刘海明、彭美丽、刘小勇、侯洪霞、祖兆旭、张玲、陈佳思、王婷等，对他们的辛勤付出一并表示感谢！

由于编写时间紧，书中难免有错误和不当之处，恳请读者批评指正。

编者

前言

目录

第1章 基础理论知识

1.1 力学基本知识

1.1.1 力的概述

1. 力的概念

力的概念来源于生产实践。伽利略和牛顿在总结前人成果的基础上，对力作了如下定义：力是物体之间的相互作用。这种作用的结果，一是使物体发生变形，例如，力作用在脚手架的绑扎钢丝上，能使钢丝拉直、压弯、伸长等，称为力的内效应；二是使物体的运动状态发生改变，称为力的外效应，例如，人工推小车，可以使小车由静止转变为运动，并使小车速度加快、变慢或转向等。为了方便研究力对物体的作用，对那些受力后变形很微小，或在工程上可以忽略该变形的物体，称为“刚体”，即刚体是在任何外力作用下，大小和形状保持不变的物体。

2. 力的单位

在力学中，力通常用字母“F”或“f”，以及P、M、T、W等表示。

在国际计量单位制中，力的单位为牛顿或千牛顿，简写为N（牛）或kN（千牛）。工程上习惯采用kgf（千克力）和tf（吨力）来表示。它们之间的换算关系为

$$1\text{N(牛顿)} = 0.102\text{kgf(千克力)} \tag{1-1}$$

$$1\text{tf(吨力)} = 1000\text{kgf(千克力)} \tag{1-2}$$

$$1\text{kgf(千克力)} = 9.807\text{N(牛)} \approx 10\text{N(牛)} \tag{1-3}$$

3. 力的三要素

力对物体的作用效果取决于三个要素：力的大小、方向、作用点。力的大

小反映物体相互间作用的强弱程度，它可以通过力的外效应和内效应的大小来度量。力的方向表示物体间的相互作用具有方向性，它包括力所顺沿的直线（称为力的作用线）在空间的方位和力沿其作用线的指向。力的作用点是物体间相互作用位置的抽象化表现。力的三要素中的任何一个如有改变，则力对物体的作用效果也将改变。

为了方便研究力对物体的作用，对那些受力后变形很微小的物体，或在工程上可以忽略该变形时，我们视之为不变形的“刚体”。对“刚体”而言，力的作用点在刚体上沿力的方向移动时，不会改变力对该物体的作用效果（运动效果）。

研究“力”时，可以用一带箭头的线段将它画出来，如图1-1所示。线段的长度表示力的大小，箭头表示力的方向，线段的终点B表示力的作用点。

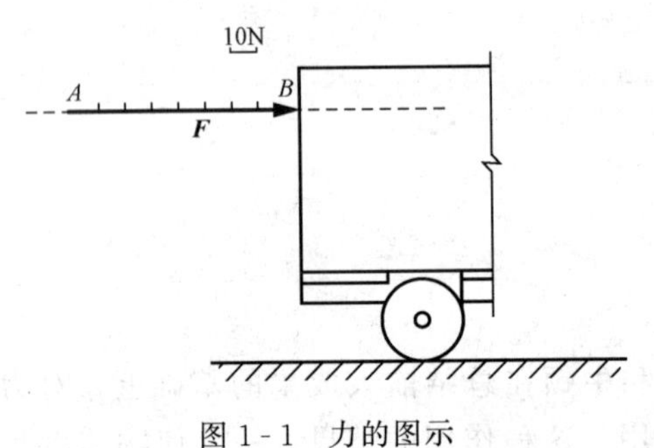

图1-1　力的图示

图1-1中表示小车受到水平方向$F=80N$大小的推力作用。

4. 力的性质

经过长期的实践，人们逐渐认识了关于力的许多规律，其中最基本的规律可归纳为以下几个方面。

（1）二力平衡公理。作用在刚体上的两个力，使刚体处于平衡状态的必要和充分条件是：这两个力大小相等、方向相反、作用线相同，简称为这两个力等值、反向、共线。

一个物体只受两个力作用而平衡时，这两个力一定要满足二力平衡公理。如图1-2所示，拉杆AB的两端分别受到大小相等的F_A和F_B的作用。

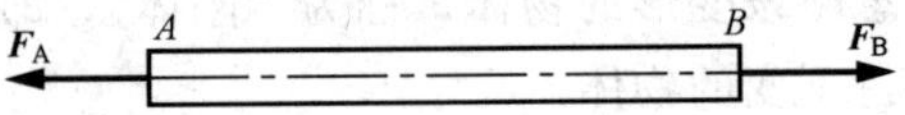

图1-2　拉杆二力平衡

必须注意，不能把二力平衡问题和作用力与反作用力关系混淆起来。二力平衡公理的两个力是作用在同一物体上，而且是使物体平衡的。作用与反作用公理中的两个力是分别作用在两个不同的物体上，说明一种相互作用关系，虽然都是大小相等，方向相反，作用在同一条直线上，但不能说是平衡。

（2）可传递性。通过作用点，沿着力的方向引出的直线，称为力的作用线。在力的大小、方向不变的条件下，力的作用点的位置，可以在它的作用线上移动而不会影响力的作用效果，这就是力的可传递性。

（3）作用力与反作用力。力是一个物体对另一个物体的作用，它包括了两个物体，一个叫受力物体，另一个叫施力物体，两个物体间的力又称为作用力和反作用力。

两个物体间的作用力和反作用力，总是大小相等、方向相反、沿同一直线，并分别作用在这两个物体上。

这个公理概括了两个物体间相互作用力的关系，表明了作用力和反作用力总是成对出现的，同时出现、同时消失。如图 1-3 所示，图中 A 点的 T 与 T' 以及 C 点的 T_2 与 T'_2，均为作用力和反作用力的关系。

作用力和反作用力是力学中普遍存在的一对矛盾。它们相互对立，相互依存，同时存在，同时消失。通过作用与反作用，相互关联的物体的受力即可联系起来。

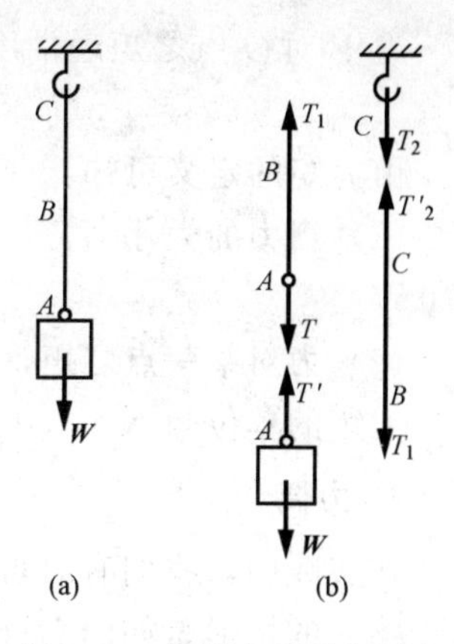

图 1-3　作用力和反作用力
(a) 受力示意；(b) 受力分析

1.1.2　力矩和力偶

1. 力矩

力除了能使物体移动，还能使物体转动。

试观察用扳手拧螺母的情形，如图 1-4 所示，力 F 使扳手连同螺母绕螺母中心 O 转动。

由经验可知，力的数值 F 越大，螺钉拧得越紧，力的作用线离螺钉中心越远，拧紧螺钉时越省力。

用钉锤拔钉子也具有类似的性质，如图 1-5 所示。

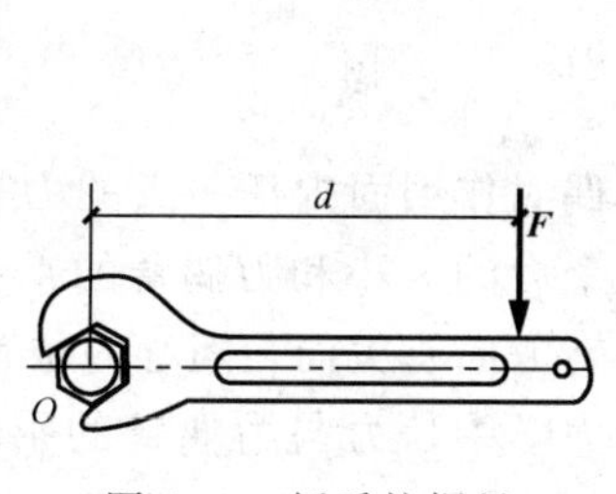

图 1-4　扳手拧螺母

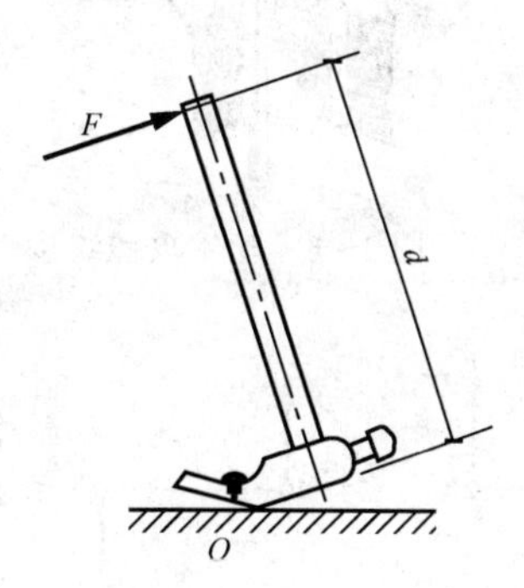

图 1-5　钉锤拔钉子

用乘积 Fd 加上正号或负号作为度量力 F 使物体绕 O 点转动效应的物理量，该物理量称为力 F 对 O 点之矩，简称力矩。O 点称为矩心，矩心 O 到力 F 作用线的垂直距离 d 称为力臂。

力 F 对 O 点之矩通常用符号"$m_O(F)$"表示，即

$$m_O(F) = \pm Fd \tag{1-4}$$

由力矩的定义可知：

(1) 当力的大小等于 0，或力的作用线通过矩心（力臂 $d=0$）时，力矩为 0。

(2) 力对某一点之矩，不会因力沿其作用线任意移动而改变。

力矩的单位为 N·m（牛顿·米），也可为 kN·m（千牛·米）。

2. 力偶

在实践中，我们有时可见到两个大小相等、方向相反、作用线平行的力作用于物体的情形。如图 1-6 所示，钳工用丝锥攻螺纹就是这样加力的。

力学中，将这种大小相等、方向相反、作用线平行的两个力组成的力系，称为力偶，用符号"$M(F, F')$"表示。如图 1-7 所示，力偶中两力作用线间的垂直距离 d，称为力偶臂。

很显然，力偶不可能合成为一个力，或用一个力来等效替换，因而力偶也不能用一个力来平衡。力和力偶是力学中的两个基本物理量。力可使物体发生转动和移动，但力偶只能使物体转动或改变物体的转动状态。

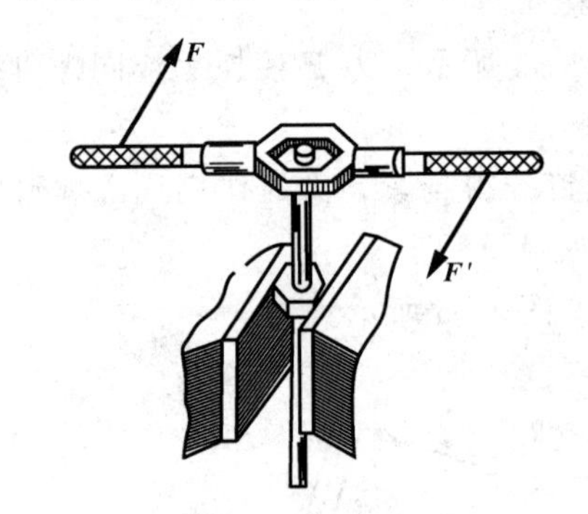

图 1-6　丝锥攻螺纹

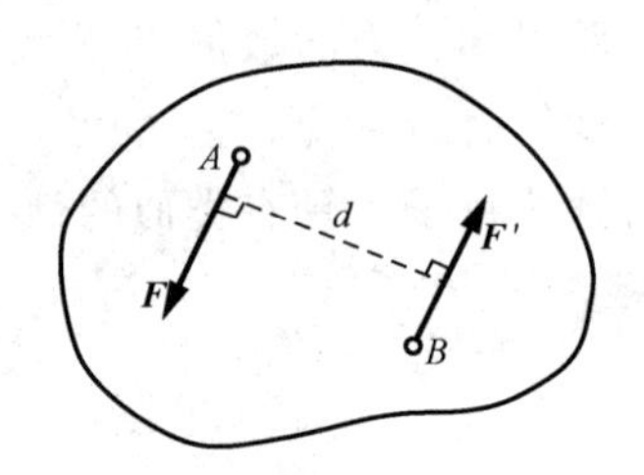

图 1-7　力偶

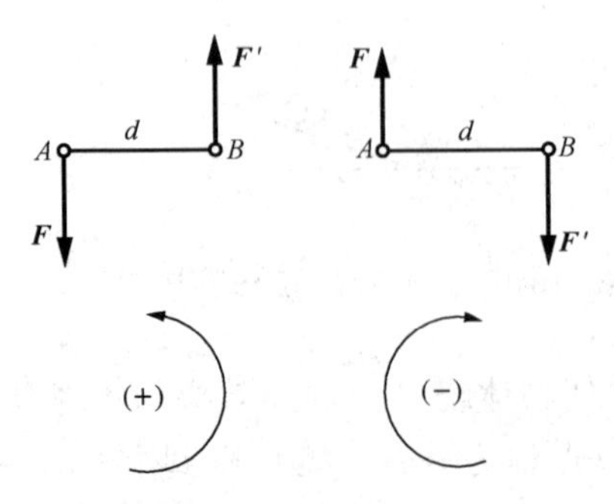

图 1-8　力偶矩

力偶对作用面内任一点的力矩恒等于力偶中一个力的大小和力偶臂的乘积，它与力偶的旋转方向有关而与矩心的位置无关。

在力学中，力与力偶臂的乘积 Fd 加上适当的正负号，称为力偶矩，用符号"$M(F, F')$"或"M"表示。公式为

$$M(F,F') = M = \pm Fd \tag{1-5}$$

公式中正负号的规定是逆时针转动为正，反之为负，如图 1-8 所示。力偶矩的单

位和力矩相同，也是 N·m（牛顿·米）。

1.1.3　力的合成与分解

1. 力的合成

作用于物体上同一点的两个力，可以合成为一个合力，合力也作用于该点，合力的大小和方向由这两个力为边所构成的平行四边形的对角线来表示，如图 1-9所示。

这个公理说明力的合成遵循矢量加法，其矢量表达式为

$$R = F_1 + F_2 \tag{1-6}$$

即合力 R 等于两分力 F_1、F_2 的矢量和。为了简便，在利用作图法求两共点力的合力时，只须画出平行四边形的一半即可。其方法是：先从两个分力的共同作用点画出某一个分力，再由此分力的终点画出另一分力，最后由第一个分力的起点至第二个分力的终点作一矢量，即为合力，作出的三角形称为力三角形，这种求合力的方法称为力的三角形法则，如图 1-10 所示。

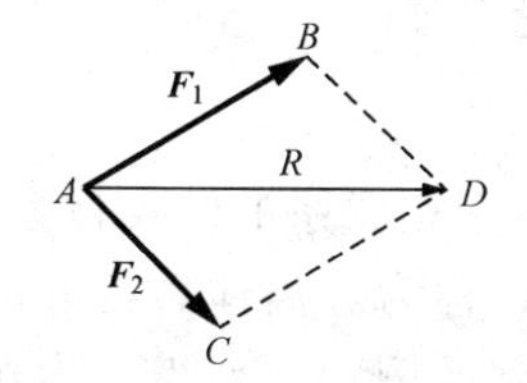

图 1-9　力的平行四边形合成

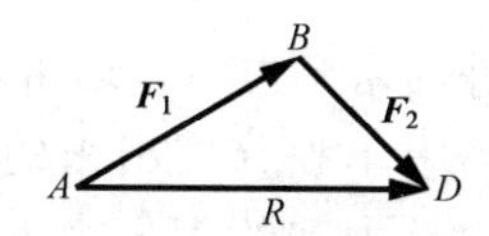

图 1-10　力的三角形合成

这里，一个矢量（合矢量）的作用效果和另外几个矢量（分矢量）共同作用的效果相同，就可以用这一个矢量代替那几个矢量，也可以用那几个矢量代替这一个矢量，而不改变原来的作用效果。

2. 力的分解

将一个力分成若干个力，而这若干个力对物体的作用效果与那个力的作用效果相同，这若干个力叫作那个力的分力。将一个力分解为若干个力的过程称为力的分解。

利用力三角形可以进行力的分解，如图 1-11 所示。重物沿斜面滑下，此时重力分解为平行于斜面下滑的力 F 和垂直压向斜面的正压力 N。

可用图解法计算力 F 和 N 的大小：按比例画出垂直向下的重力 W，然后分别过 W 的起点 A 和终点 B 作 AC 平行力 F，BC 平行力 N，两者相交于 C 点，则线段 AC 的长度即为力 F 的大小，线段 CB 的长度即为力 N 的大小。

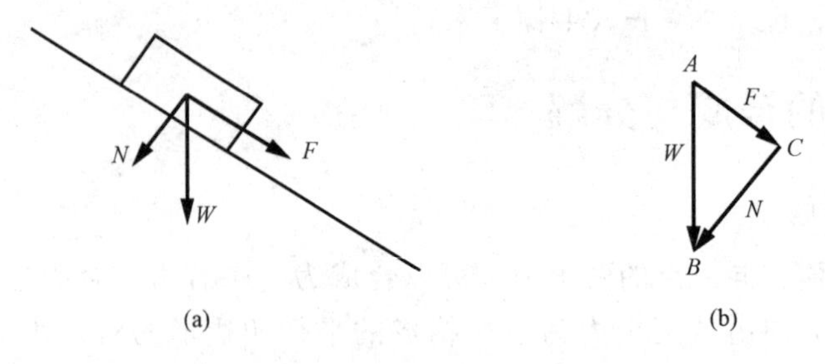

图 1-11　力的分解（图解法）
（a）力的分解；（b）图解法

1.1.4　结构受力分析

1. 受力分析

工程结构中的各个构件之间是互相联系的，它们在荷载和支座反力的共同作用下保持平衡，当计算某个构件时，首先要分析其受到的已知力情况，然后根据平衡条件求出未知力，这种分析过程叫受力分析。

2. 受力图

当求某构件的未知力时，通常要将其从与它相联系的结构体系中分离出来。这种从周围物体中单独分离出来的研究对象，称为分离体。在分离体上画出它所受到的全部主动力和约束反力，这样所得到的图形，称为受力图。画受力图是解决力学问题的关键，是进行力学计算的依据。

通过上述分析，我们可将画受力图分为以下三个步骤。

第一步：确定研究对象。将研究对象与周围其他物体之间的约束全部解除，单独画出该研究对象。

第二步：将作用在研究对象上所有已知的主动力画上。

第三步：分析约束性质，确定并画上所有约束反力（支座反力）。

画受力图时需注意以下几点问题。

（1）明确研究对象。

（2）约束反力与约束类型相对应。

（3）注意作用力与反作用力的关系。

（4）只画外力，不画内力。

（5）不要多画也不要漏画任何一个力。

（6）同一约束反力，它的方向在各受力图中必须一致。

1.2　机械基本知识

1.2.1　机械概述

机械是机器和机构的总称，在机械系统中，将其他形式的能量转换为机械能的机器称为原动机，如电动机、内燃机等；利用机械能转换或传递能量的机器称为工作机，如起重机、各种输送机、金属切削机床等。

1. 机械的相关名词

（1）机器。机器是以通过某种方式实现能量转变和形成一种能量流为主要目的的技术系统，如发动机、涡轮机、发电机组等。从力学和功能的角度考虑，它具有以下三大特征。

1）它由许多构件组成，单一构件不能称之为机器。

2）各构件之间必定能产生确定的相对运动。

3）都能利用机械能来完成有效功或把机械能转换成其他形式的能量，或做相反转换。

（2）机构。机构是机械运动的单元。它是具有确定相对运动的许多构件的组合体。它只具备机器的前两个特征，不考虑功能转换的问题，因此它的主要任务是传递或改变运动的方向、大小、形式。

（3）构件。构件又称为“部件”，是由若干个零件装配组成的独立体，它是机械的一部分，是运动的单元；有时将若干个部件组成并具有独立功能的更大部件称为“总成”。

（4）零件。零件是组成机械或机器的不可分拆的单个制件，它是机械制造过程中的基本单元。零件分为通用零件和专用零件两类。凡在各种机器中经常使用、并具有互换性的零件，称为“通用零件”，如螺栓、齿轮及轴承等；通用零件是标准化、通用化和系列化的零件。只在某种机器中使用的零件称为“专用零件”，如三一重工的混凝土泵中的“S”管阀、搅拌叶片等。

2. 机械的基本组成

（1）动力装置。动力装置是机械动力的来源，是任何机器不可缺少的部分。建筑机械常用的动力装置有电动机、内燃机等，一般这些动力装置都是标准化、系列化的产品。

（2）传动装置。传动装置是用来传递运动和动力的装置。分为机械式、液压式、液力机械式及电动式等多种形式。它不但可以传递运动和动力，还可以变换运动的形式（如旋转运动变为直线运动）和方向（正反转动和往复直线运动等)。

(3) 工作装置。工作装置是机械中直接完成生产任务的部件。对它的要求是高效、多功能，并能适合多种工作条件。

(4) 信号及操纵控制装置。信号及操纵控制装置是提供信号和操纵、控制机械运转的部分。

(5) 机架、机架是将上述各部分连成一体，并使之互相保持确定相对位置的基础部分。

1.2.2 建筑机械的组成

建筑机械同其他工程机械一样，也是由若干相关的零件组装成部件，再将各部件组装成整机。建筑机械一般由下述五大部分组成。

1. 动力装置

动力装置是为工程机械提供动力的原动机。在工程机械上采用的动力装置有电动机、内燃机、空气压缩机、蒸汽机等，常用的为电动机和内燃机。

(1) 电动机。电动机是将电能转变为机械能的原动机，它从电网取电，起动和停机方便，工作效率高，体积小，自重轻。当电源能稳定供应，机械工作地点比较固定时，普遍选用电动机作动力。

(2) 内燃机。内燃机是燃料和空气的混合物在气缸内燃烧产生热能，通过活塞往复运动，使热能转变为机械能的原动机。内燃机分为汽油机、柴油机、天然气机等，在工程机械上常采用柴油机。内燃机具有工作效率高、体积小、质量轻、发动较快等特点，常在大、中、小型机械上用作动力装置。它只要有足够的燃油，就不受其他动力能源的限制。这一突出优点使其广泛应用于需要经常作大范围、长距离行走或无电源供应的建筑机械。

内燃机作为动力装置在工程机械上使用时，尚须与变速器或液力变矩器等部件匹配工作。从而使内燃机本身和工程机械均具备防止过载的能力，有效地解决内燃机的特性与机械工作装置的要求不相适应的矛盾，并使内燃机在高效能区工作。

(3) 空气压缩机。空气压缩机是一种以内燃机或电动机为动力，将空气压缩成高压气流的二次动力装置。它结构简单可靠、工作速度快、操作管理方便，常作为中小型工程机械（如风动磨光机等）的动力。

(4) 蒸汽机。蒸汽机是一种以蒸汽为动力的原动机，是发展最早的动力装置，虽设备庞大笨重、工作效率不高，又需特设锅炉，但其工作耐久、成本低廉，可在超载条件下工作，所以仍然在个别施工机械中用于动力装置。如大功率的蒸汽打桩机。

建筑机械除单独采用以上动力装置外，还可采用混合动力装置，使驱动方便灵活。例如柴油机、发电机和电动机的联合装置，用柴油机和发电机发电，在供给本设备上的各个电动机使用，大型挖掘机多采用这种混合动力装置。

2. 传动装置

传动装置主要是在动力装置与工作装置之间承担着协调作用，是将动力装置的机械能传递给工作装置的中间装置，是建筑机械的重要组成部分。

(1) 传动装置的作用。传动装置的作用主要有以下几点。

1) 由于工作装置所要求的速度与动力装置的速度不相同，常需要设置增速或减速的传动装置使之协调。

2) 许多工作装置的转速需要按工作要求来调整，而以调节动力装置的转速来实现往往复杂而不经济，有时是不可能的，所以用传动装置来进行变速控制。

3) 通过传动装置，把动力装置输出轴输出的等速回转运动形式，改变为工作装置需要的运动形式。

4) 有时需要一个或多个传动装置驱动若干个相同速度的工作装置，此时传动装置不仅起到传递动力和运动的作用，还可进行动力和运动的分配。

(2) 传动装置的种类。传动装置一般有机械传动、液压传动和电传动三种形式。

1) 机械传动。机械传动又分为摩擦传动和啮合传动。建筑机械中的摩擦传动有摩擦锥传动、摩擦盘传动和带传动等；啮合传动主要有齿轮传动和涡轮蜗杆传动等。组装成机械传动装置的零件分为标准件、通用件和专用零件三大类。机械传动结构简单、加工制造容易、制造成本低，是工程机械上应用最普遍的传动形式。

2) 液压传动。液压传动以液压油为工作介质来传递动力和运动。是近二十年来广泛应用在建筑机械中的新技术，它具有传动功率大、传动平稳性好、动作灵敏可靠、可实现大扭矩传动并可使传动机构紧凑等优点，是机械传动装置所不能比的。挖掘机、推土机、铲运机、平地机、起重机、打桩机、凿岩机和路面施工机械等，采用了液压传动后，都表现出了上述优点。如挖掘机采用液压传动后，挖掘力可提高30%，整机质量可降低40%左右，而作业装置的种类却大大增加，改善了机械原有的技术性能。从发展趋势看，液压传动将在大型建筑机械中得到普及，中小型建筑机械也会越来越多地采用全液压传动。

3) 电传动。电传动可在较宽的范围内实现无级调速，功率可充分利用，具有牵引性好、速度快、维修简单、工作可靠、动力传动平滑、起动和制动平稳等优点。电传动在工程机械上采用尚少，主要应用在大吨位的翻斗汽车上。

3. 工作装置

工作装置是工程机械中直接完成作业要求的部件，如卷扬机的卷筒，起重机的吊臂和吊钩，装载机的动臂和铲斗等。对工程机械工作装置的要求是高效、多功能、适合于多种工作条件，如挖掘机的工作装置已发展到可换装正铲、反铲、起重、推土、装载、钻孔、破碎、松土等作业需要的多种工作装置。

4. 操纵、控制装置

这类装置是用来操纵、控制机械运转的部分。如操纵、控制机械的变速、变向、起动、减速、制动和停机等。对建筑机械操纵、控制装置的要求是省力、灵敏、可靠、方便、平稳和安全。

建筑机械的操纵、控制装置的形式有机械—杠杆式、液压式、电动式、气动式以及这几种形式的联合式等。

5. 行走机构

建筑机械的行走机构用来支撑整机，并拖动机械进行作业和转移作业地点，包括机械的进、出厂。

建筑机械的行走机构主要有轮胎式、履带式和轨行式三种。全液压驱动的轮胎式行走机构，将得到迅速发展。液压马达车轮及电马达车轮将逐渐增多。全液压传动的履带式行走机构已经普及，进一步发展将有可能被气垫式行走机构所取代。轨行式行走机构主要用于塔式起重机，由于铺轨技术要求高，机械利用率低，很快将被履带式行走机构所取代。

动力装置、传动装置和工作装置是建筑工程机械的主要组成部分或基本组成部分，除此之外，还有操纵控制装置和机架。操纵控制装置是操纵、控制机械运转的部分；行走机构是工程机械将动力装置、传动装置、工作装置和操纵控制装置各部分连成整体的部分，使之互相保持确定的相对位置，它又是整机的基础。

1.3 液压基本知识

1.3.1 液压系统概述

1. 液压系统基本原理

液压系统利用液压泵将原动机的机械能转换为液体的压力能，通过液体压力能的变化来传递能量，经过各种控制阀和管路的传递，借助于液压执行元件（液压缸或液压马达）把液体压力能转换为机械能，从而驱动工作机构，实现直线往复运动或回转运动。其中的液体称为工作介质，通常为矿物油，它的作用和机械传动中的皮带、链条和齿轮等传动元件相类似。

2. 液压传动系统的组成

目前在各种机械设备上广泛应用着的液压系统，使用具有连续流动性的油液（即液压油），通过液压泵把驱动液压泵的电动机或发动机的机械能转换成油液的压力能，经过各种控制阀（压力控制阀、流量控制阀、方向控制阀等），送到作为执行器的液压缸或液压马达中，再转换成机械动力去驱动负载。这就构成了一个液压系统。由于工作要求不同，所以有各种不同的液压系统，但基本上都由下列五部分组成。

（1）动力源元件。动力源元件是将原动机提供的机械能转换成工作液体的液压能的元件，通常称为液压泵。如图 1-12 所示，泵 3 和单向阀 5、6 所组成的是一个由杠杆经连杆带动的手动液压泵。

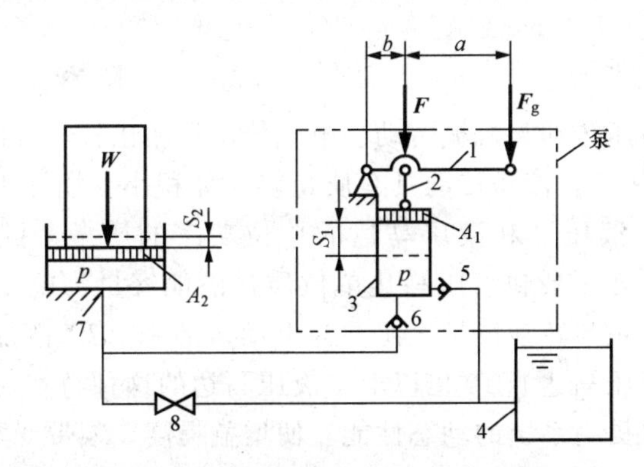

图 1-12　液压千斤顶的原理图

1—杠杆；2—连杆；3—泵；4—油箱；5、6—单向阀；7—工作缸；8—截止阀

（2）执行元件。执行元件是将液压泵所提供的工作液体的液压能转换成机械能的元件，如图 1-12 中的工作缸。液压传动系统中的液压缸和液压马达都是执行元件。

（3）控制元件。对液压传动系统工作液体的压力、流量和流动方向进行控制调节的元件称为控制元件。包括各种阀类，如压力阀、流量阀和方向阀等，用来控制液压系统的液体压力、流量（流速）和方向，以保证执行元件完成预期的工作运动。

（4）辅助元件。上述三部分以外的其他元件称为辅助元件，指各种管接头、油管、油箱、过滤器和压力计等，起连接、蓄油、过滤和测量油压等辅助作用，以保证液压系统可靠、稳定、持久地工作。

（5）工作介质。工作介质指在液压系统中，承受压力并传递压力的油液，一般为矿物油，统称为液压油。工作介质是液压传动系统中必不可少的部分，既是转换、传递能量的介质，也起着润滑运动零件和冷却传动系统的作用。液压传动系统主要组成部分之间的关系如图 1-13 所示。

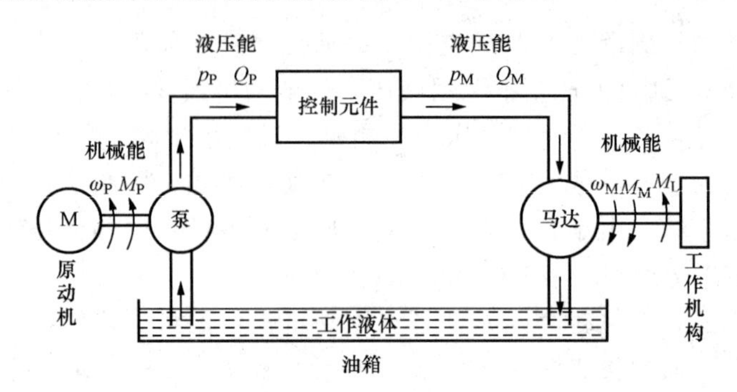

图 1-13 液压传动系统主要组成部分之间的关系

3. 液压传动的特点

（1）优点。液压传动与机械传动、电气传动等相比较，有以下主要优点。

1）与电传动相比，液压传动具有质量轻、体积小、惯性小、响应快等突出优点。统计表明，液压泵和液压马达的单位功率的质量，目前仅为电动机的 1/10左右，或者说液压泵和液压马达单位质量的能容量为电动机的 10 倍左右。液压马达的驱动转矩与转动惯量之比约为电动机的 10 倍，故加速性能好。电动机的响应时间为液压马达的 10 倍以上。液压马达的这种特点对伺服控制系统有重大意义，它可以提高系统的动态性能，使增益提高，频带变宽。

2）液压系统通常以液压油作为工作介质，具有良好的润滑条件，液压传动均匀平稳，负载变化时速度较稳定，并且具有良好的低速稳定性。液压马达最低稳定转速可小于 1r/min，可延长元件使用寿命，这是任何电动机都难以做到的。

3）能实现无级调速，且变速范围大，最高可达 1∶1000 以上，而最低稳定转速可至每分钟只有几转，这是机械传动和电传动都难以做到的。因此，可用液压缸和液压马达直接获得低速强力和低速大扭矩的运动，无需减速器。

4）由于液压元件是用管道联结的，故可允许执行元件与液压泵相距较远；液压元件可根据设备要求与环境灵活安装，适应性强。

5）借助于各种控制阀，可实现过载自动保护，也易于实现其他自动控制和进行远程控制或机器运行自动化。特别是与电液控制技术联用时，易于实现复杂的自动工作循环。

6）液压元件易于标准化、系列化和通用化，便于设计、制造和推广应用。

（2）缺点。

1）效率较低。在液压系统的动力传递过程中，能量经过两次变换，变换时存在着机械能和液压能损失，故效率较低，一般为 75%～80%。

2）对温度敏感。油温变化时，油的黏度也变化，使系统的效率、工作速度等均相应改变，所以液压传动不适于在低温和高温条件下工作。

3）对污染敏感。污染的工作介质对液压元件危害极大，使之磨损加剧、性能变坏、寿命缩短甚至损坏；液压元件磨损的同时又使工作介质的污染加剧。据统计，液压系统70%以上的故障是由液压油的污染引起的。因此，保持工作介质的清洁极为重要。

4）泄漏问题。液压系统的泄漏是不可避免的。泄漏不仅使系统效率降低和影响传动的平稳性及准确性，而且污染环境，特别是石油基液压液，当附近有火种或高温热源存在时，泄漏可能导致着火而引发事故。

5）检修困难。液压系统一旦发生故障，判断故障原因和部位都比较困难，因此要求操作和维修人员，应有较高的技术水平、专业维修知识和判断故障原因的能力。且空气渗入液压系统后，容易引起系统工作不良，如发生振动和噪声等。

6）液压元件加工精度要求较高。一般情况下，液压系统要有独立的能源，因而产品成本较高。

1.3.2 液压的使用与维护

1. 安全性

（1）选择适合的液压油。液压油在液压油系统中起着传递压力、润滑、冷却、密封的作用，液压油选择不恰当是液压系统早期故障和耐久性下降的主要原因。应按随机《使用说明书》中规定的牌号选择液压油，特殊情况需要使用代用油时，应力求其性能与原牌号性能相同。不同牌号的液压油不能混合使用，以防液压油产生化学反应、性能发生变化。深褐色、乳白色、有异味的液压油是变质油，不能使用。

（2）保持适宜的液压油温度。液压系统的工作温度一般控制在30～80℃之间为宜。液压系统的油温过高会导致：液压油的黏度降低，容易引起泄漏，效率下降；润滑油膜强度降低，加速机械的磨损；生成碳化物和淤碴；油液氧化加速，油质恶化；油封、高压胶管过早老化等。为了避免温度过高，不要长期过载；注意散热器，散热片不要被油污染，以防尘土附着影响散热效果；保持足够的油量以利于液压油的循环散热；炎热的夏季不要全天作业，要避开中午高温时间。

液压油温过低时，其黏度大，流动性差，阻力大，工作效率低；当油温低于20℃时，急转弯易损坏液压马达、阀、管道等。此时需要进行暖机运转，起动发动机后，空载怠速运转3～5min，然后以中速油门提高发动机转速，操纵手柄使工作装置的任何一个动作（如挖掘机张斗）至极限位置，保持3～5min使液压油通过溢流升温。如果油温更低则需要适当增加暖机运转时间。

（3）控制油箱中的液面位置。油箱中的液面位置应经常保持在规定的范围内。系统启动前，油箱中应注入足够数量的油液，起动后由于部分油液进入管道和液压缸，液面会下降，若低于允许最低液位，必须进行补油。在使用过程中，经常观察油位。可能会因为系统泄漏造成油位下降，应该在油箱上设置液位计，以便经常观察和补充油液。

（4）防止水入侵液压系统。液压油中含有过量水分会使液压元件锈蚀，油液乳化变质、润滑油膜强度降低，加速机械磨损。除了维修保养时要防止水分入侵外，还要注意储油桶不用时要拧紧盖子，最好倒置放置；含水量大的液压油要经多次过滤，每过滤一次要更换一次烘干的滤纸。在没有专用仪器检测时，可将液压油滴到烧热的铁板上，没有蒸气冒出并立即燃烧方能加注。

（5）防止空气入侵液压系统。在常压常温下液压油中含有容积比为6%～8%的空气，压力降低时空气会从油中游离出来，气泡破裂使液压元件"气蚀"，产生噪声。大量的空气进入油液中将使"气蚀"现象加剧，液压油压缩性增大，工作不稳定，降低工作效率，执行元件出现"爬行"等不良后果。另外，空气还会使液压油氧化，加速其变质。

防止空气入侵应注意下列事项。

1）维修和换油后要按随机附带的《使用说明书》中的规定排除系统中的空气。

2）回油管和吸油管必须插入油箱最低液面下一定深度处，防止吸、回油时将外界空气带入系统。

3）吸油管和液压泵轴密封部分等各个低于大气压的地方，应注意不要漏入空气。

4）油箱内吸油管和回油管应相隔一定距离，两者之间设置隔板和除气网，促使油液中的气泡浮出液面。

5）设备起动时，通过管道或液压缸最高部位的排气装置，将系统中的空气排净。

6）定期清洗吸油过滤器，尽量减少吸油阻力，防止溶解在油中的空气分离出来，形成气穴。

（6）防止部件的损坏。使用中要防止飞落石块打击液压油缸、活塞杆、液压油管等部件。活塞杆上如果有小点击伤，要及时用油石将小点周围棱边磨去，以防破坏活塞杆的密封装置，在不漏油的情况下可继续使用。连续停机在24h以上的工程机械，起动前要向液压泵中注油，以防液压泵干磨而损坏。

（7）液压泵应在空载状态下起动和停止。初次起动时，应向泵体内灌满工作介质，检查旋转方向。停机4h以上的系统，应先使液压泵空载运转5min，再起动执行机构工作。

（8）保持良好操作习惯。操作手要保持稳定，坚持定人定机制度。因为每台设备操纵系统的自由间隙都有一定差异，联结部位的磨损程度不同其间隙也不同，发动机及液压系统出力的大小也不尽相同，这些因素赋予了设备个性，只有使用该设备的操作手认真摸索，修正自己的操纵动作以适应设备的个性，经过长期作业后才能养成符合设备个性的良好操作习惯。

（9）严格执行交接班制度。停止作业时，要保证接班人员检查时既要安全又要方便。检查内容有液压系统是否渗漏、连接是否松动、活塞杆和液压胶管是否撞伤、液压泵的低压进油管连接是否可靠、液压油箱油位是否正确等。此外，常压式液压油箱还要检查并清洁通气孔，保持其畅通，以防气孔堵塞造成液压油箱内出现一定的真空度，致使液压油泵吸油困难或损坏。

2. 清洁性

清洁性是液压系统的生命，一般固体物质入侵途径有：液压油不洁；加油工具不洁；加油和维修、保养不慎；液压元件脱屑等。可以从以下几个方面防止固体杂质入侵系统。

（1）定期清洗油箱、滤油器、管道和液压元件，清除内部污染物。保养时拆卸液压油箱加油盖、滤清器盖、检测孔、液压油管等部位，液压系统油道暴露时要避开扬尘，拆卸部位要先彻底清洁后才能打开。如拆卸液压油箱加油盖时，先除去油箱盖四周的泥土，拧松油箱盖后清除残留在接合部位的杂物（不能用水冲洗以免水渗入油箱），确认清洁后才能打开油箱盖。如需使用擦拭材料和铁锤时，应选择不掉纤维杂质的擦拭材料和击打面附着橡胶的专用铁锤。液压元件、液压胶管要认真清洗，用高压风吹干后组装。选用包装完好的正品滤芯（若包装损坏，虽然滤芯完好，也可能不洁）。换油的同时清洗滤清器，安装滤芯前应用擦拭材料认真清除滤清器壳内部污物。

（2）定期过滤或更换油液。更换的新油液或补加的油液，必须为本系统规定使用牌号的油液，油的质量应符合规定的指标，油温在45～80℃之间，用大流量尽可能将系统中的杂质带走。液压系统要反复清洗三次以上，每次清洗完后趁油热时将其全部放出系统。液压系统清洗完毕后再清洗滤清器，更换新滤芯后加注新油。

（3）在更换油液时，应注意工作介质的期限。工作介质因工作条件、使用环境的不同而有很大差别，通常情况下，大约一年更换一次；在连续运转、高温、高湿、灰尘多的情况下，应缩短换油周期。

应根据液压介质的使用寿命定期更换油液，各种液压介质的更换周期见表1-1。

表 1-1　液压介质的更换周期

介质种类	普通液压油	专用液压油	机械油	汽轮机油	水包油乳化液	油包水乳化液	磷酸酯
更换周期/月	12～18	>12	6	12	2～3	12～18	>12

同时，科学的换油期限，应根据油样化验结果确定，普通液压油的更换极限指标见表 1-2。

表 1-2　普通液压油的更换极限指标

项　　目	指　标
40℃黏度变化（%）	±（10～15）
每 100mL 液压油中污垢含量/mg	10
水分（%）	0.1
碱值增加/(mgKOH/g)	0.3
相对密度/(液压油 15℃/水 4℃）变化	0.05
铜片腐蚀（100℃，3h)/mg	2
闪点/℃	60

（4）加油时液压油必须过滤，新油过滤后再注入油箱，过滤精度不得低于系统的过滤精度。加油工具应可靠清洁，加油人员应使用干净的手套和工作服。

（5）油箱应封闭严密，所有进入油箱的管道在穿过箱壁处应采取密封措施，油箱顶盖上应装设高效空气滤清器，防止外界灰尘、机械杂质、水分等进入油箱。

（6）液压缸活塞杆的防尘圈应密封可靠，在灰尘较多的场合，还应在外伸活塞杆表面装设防尘罩，防止灰尘沿活塞杆表面进入液压缸。

3. 涂漆

（1）在装置的外部清理和涂漆时，敏感材料应被保护以避免不相容的液体对其侵蚀。

（2）在涂漆时，所有铭牌、数据标记和不宜涂漆的区域（如活塞杆、指示灯等）应覆盖住，涂漆后应除去覆盖物。

4. 故障的诊断

首先要了解系统，分析容易被忽视的细节，同时注意安全要求和安全操作，加强工作的条理性，发现故障要及时进行诊断，并制定出相应的解决方案，排除故障。

1.4　钢结构基本知识

1.4.1　钢结构的特点

钢结构是由钢板、热轧型钢或冷加工成形的薄壁型钢制造而成的。和其他材料的结构相比，钢结构具有以下特点。

1. 钢材强度高，塑性和韧性好

钢材之所以适用于跨度大或荷载大的构件和结构，就是因为与其他建筑材料如混凝土、砖石和木材相比，其强度要高得多。钢材还具有塑性和韧性好的特点，塑性好决定了钢结构在一般条件下不会因超载而突然断裂；韧性好决定了钢结构对动力荷载的适应性强。同时，良好的吸能能力和延展性还使钢结构具有优越的抗振性能。但是，截面小而壁薄的钢材构件，在受压时需要满足稳定性的要求，钢材的高强度性能有时不能充分显现。

2. 钢材的材质均匀

钢材的内部组织结构比较接近于匀质和各向同性体，而且在一定的应力幅度内几乎是完全弹性的。因此，钢结构的实际受力情况和工程力学计算结果比较符合。钢材质量在冶炼和轧制过程中可以严格控制，因而材质波动的范围小。

3. 钢材耐热性好

钢材长期经受100℃辐射热时，强度不会有多大变化，具有一定的耐热性能；但温度达到150℃以上时，就须用隔热层对钢材加以保护。

4. 钢结构的质量轻

钢材的密度虽比混凝土等建筑材料的密度大，但钢结构却比钢筋混凝土结构轻，原因是钢材的强度与密度之比要比混凝土大得多。以同样的跨度承受同样荷载，钢屋架的质量最多不过是钢筋混凝土屋架质量的1/4～1/3，冷弯薄壁型钢屋架的质量甚至接近钢筋混凝土屋架质量的1/10，从而为吊装提供了便利条件。对于需要远距离运输的结构，如建造在交通不便的山区和边远地区的工程，质量轻也是一个重要的有利条件。屋盖结构的质量轻，对抵抗地震有利。另一方面，质量轻的屋盖结构对可变荷载的变动比较敏感，荷载超额的不利影响比较大。易受积灰荷载的结构如不注意及时清灰，可能会造成事故。风吸力可能造成钢屋架的拉、压杆反号，设计时不能忽视。

5. 钢结构制造简便，施工周期短

钢结构所用的材料品种单一而且是成材，加工比较简便，并能使用机械操作。因此，大量的钢结构一般在专业化的金属结构厂做成构件，精确度较高。构件在工地拼装，可以采用安装简便的普通螺栓和高强度螺栓，有时还可以在地面拼装和焊接成较大的单元，以缩短施工周期。小部分的钢结构和轻钢屋架，也可以在现场就地制造，随即用简便机具吊装。此外，对已建成的钢结构也比较容易进行改建和加固，用螺栓连接的结构还可以根据需要进行拆迁。

6. 钢材耐腐蚀性差

钢材耐腐蚀的性能比较差，必须注重对其结构的防护。特别是暴露在大气中的结构，如桥梁，更应特别注重锈蚀问题，这使其维护费用比钢筋混凝土结构高。不过在没有侵蚀性介质的一般厂房中，构件经过完全除锈并涂上合格的油漆，不易锈蚀。近年来出现的耐候钢具有较好的抗锈性能，已经逐步推广应用。

7. 钢材不耐火

钢材不耐火，其重要的结构必须注意采取防火措施。例如，利用蛭石板、蛭石喷涂层或石膏板等加以防护。添加防火层使钢结构造价提高，目前已经开始生产具有一定耐火性能的钢材。

1.4.2 钢结构的连接

钢结构是由钢板、型钢通过必要的连接组成构件（如梁、柱、桁架等），再通过一定的安装连接而形成的整体结构。在受力过程中，连接部位应有足够的强度，被连接杆件间应保持正确的相对位置，以满足传力和使用要求。连接的加工和安装比较复杂且费时。因此，选定连接方案是钢结构设计中很重要的环节。好的连接应当遵循安全可靠、节约钢材、构造简单和施工方便的原则。

钢结构的连接方式分为焊接连接、螺栓连接和铆钉连接三种。

1. 焊接连接

（1）焊接连接的形式。

1）按两焊件的相对位置分类。按两焊件的相对位置分类，可分为平接、搭接、顶接。

2）按焊缝连续性分类。按焊缝连续性分类，可分为以下两项。

a. 连续焊缝：受力较好。

b. 断续焊缝：易发生应力集中。

3）对接焊缝按受力与焊缝方向分类。对接焊缝按受力与焊缝方向分类，可分为以下两项。

a. 直缝：作用力方向与焊缝方向正交。

b. 斜缝：作用力方向与焊缝方向斜交。

4）按角焊缝按受力与焊缝方向分类。按角焊缝按受力与焊缝方向分类，可分为以下两项。

a. 端缝：作用力方向与焊缝长度方向垂直。

b. 侧缝：作用力方向与焊缝长度方向平行。

5）按施工位置分类。按施工位置分类，可分为俯焊、立焊、横焊、仰焊，其中以俯焊施工位置最好，所以焊缝质量也最好，仰焊最差。

（2）各类焊接连接方法。各类焊接连接方法见表1-3。

表1-3　　各类焊接连接方法对比

焊接方法		焊条	焊剂	操作方式	适应范围	质量状况
电弧焊	手工焊	短焊条（350～400mm）	附于焊条之药皮	全手动	工位复杂，形状复杂的焊缝	比自动焊略差
	自动焊	连续焊丝	焊剂	全自动	长而简单的焊缝	质量均匀、塑性、韧性好，抗腐蚀性强
	半自动焊	连续焊丝	CO_2 气体保护	人工操作前进	任意焊缝	质量均匀、塑性、韧性好，抗腐蚀性强
电阻焊		无	无	通电、加压、机械	薄板点焊	一般用作构造焊缝
气焊		短、光焊条	无（乙炔还原）	手工	薄板、小型、不同材质结构中	一般用作构造焊缝

（3）焊接结构的特性。

1）优点。焊接连接与铆钉、螺栓连接比较，有以下优点。

a. 不需打孔，省工省时。

b. 任何形状的构件可直接连接，连接构造方便。

c. 气密性、水密性好，结构刚度较大，整体性较好。

2）缺点。焊接连接与铆钉、螺栓连接比较，有以下缺点。

a. 焊接附近有热影响区，材质变脆。

b. 焊接的残余应力使结构易发生脆性破坏，残余变形使结构形状、尺寸发生变化。

c. 焊接裂缝一经发生，便容易扩展。

2. 螺栓连接

螺栓按照性能等级分3.6、4.6、4.8、5.6、5.8、6.6、8.8、9.8、10.9、12.9十个等级，其中8.8级以下的（不含8.8级）统称为普通螺栓；8.8级以上螺栓材质为低碳合金钢和中碳钢并经热处理，统称为高强度螺栓。

(1) 普通螺栓连接。普通螺栓连接所用螺栓材料强度较低，连接传力的机理是通过螺栓杆受剪、连接板孔壁承压来传送荷载。由于螺栓与连接板孔壁之间有间隙，接头受力后会产生较大的滑移变形，主要用于安装连接和需要经常拆装的结构。

1) 普通螺栓的规格。钢结构采用的普通螺栓形式为大六角头型，其代号用字母 M 和公称直径的毫米数表示。普通螺栓材料为普通碳素钢，强度较低。为了制造和施工方便，一般情况下同一结构中宜采用同一直径的螺栓，必要时也可采用 2～3 种不同直径的螺栓。

普通螺栓有 M16、M20、M24、M27、M30 等多种规格，受力螺栓一般应不小于 M16。工程上选用螺栓的直径和数量应根据结构的内力和连接尺寸经计算确定。

2) 普通螺栓的性能。普通螺栓连接按其传力方式，分为外力与栓杆垂直的受剪螺栓连接、外力与栓杆平行的受拉螺栓连接、同时受剪和受拉的螺栓连接。受剪螺栓依靠栓杆抗剪和栓杆对孔壁的承压来传力；受拉螺栓则由杆件使螺栓张拉传力；同时受剪和受拉的螺栓，则同时依靠栓杆抗剪和栓杆受拉来传力。

在不同类型的普通螺栓连接中，螺栓的规格和数量均需要由螺栓的受力计算来确定。

3) 普通螺栓连接施工的一般要求。

a. 对一般的螺栓连接，螺栓头和螺栓目下面应放置平垫圈，以增大承压面积。

b. 螺栓头下面放置的垫圈一般不应多于两个，螺母头下的垫圈一般不应多于一个。

c. 对于设计有要求防松动的螺栓、锚固螺栓应采用有防松装置的螺母或弹簧垫圈，或用人工方法采取放松措施。

d. 对于承受动荷载或重要部位的螺栓连接，应按设计要求放置弹簧垫圈，弹簧垫圈必须放置在螺母一侧。

e. 对于工字钢、槽钢类型钢应尽量使用斜垫圈，使螺母和螺栓头部的支撑面垂直于螺杆。

(2) 高强度螺栓连接。

1) 高强度螺栓的种类。高强度螺栓从外形上可分为大六角头和扭剪型两种；按性能等级可分为 8.8 级、10.9 级、12.9 级等。目前我国使用的大六角头高强度螺栓有 8.8 级和 10.9 级两种，扭剪型高强度螺栓只有 10.9 级一种。

2) 高强度螺栓的性能。高强度螺栓连接按其受力性能不同，分为摩擦型连接、承压型连接、摩擦—承压型连接和张拉型连接等几种类型。

高强度螺栓与普通螺栓的区别主要表现为以下几点。

a. 材质不同。制造高强度螺栓的材料是热处理钢或碳素结构钢中的中碳钢，材料的强度较普通螺栓高很多。

b. 预拉力不同。高强度螺栓安装时在栓杆中建立了极高的预拉力，其预拉力的大小与螺栓型号有关，而普通螺栓在紧螺母时栓杆中的预拉力很小，设计中不予考虑。

c. 施工方法不同。普通螺栓采用普通扳手施工，将螺母拧紧即可，而高强度螺栓则需要特制扳手施工，施工中要控制栓杆的预拉力。

3）高强度螺栓连接施工的一般要求。

a. 高强度螺栓连接在施工前应对连接副实物和摩擦面进行检验和复验，合格后才能进入安装施工。

b. 对每一个连接接头，都应先用临时螺栓或冲钉定位，对于一个接头来说，临时螺栓和冲钉的数量要符合一定的受力要求和设置原则。

c. 高强度螺栓连接中连接钢板的孔径略大于螺栓直径，并必须采取钻孔成型方法，并保证空边及附近钢板表面平整清洁。

d. 高强度螺栓连接板螺栓孔的孔距及边距符合有关要求，此外还应考虑专用施工工具的可操作空间。

e. 高强度螺栓在终拧以后，螺栓丝扣外露应为2～3扣，其中允许有10%的螺栓丝扣外露1扣或4扣。

f. 高强度螺栓的穿入，应在结构中心位置调整后进行，其穿入方向应以施工方便为准，力求一致；另外安装时还要注意垫圈的正反面。

g. 高强度螺栓的安装应能自由穿入孔中，严禁强行穿入，如不能自由穿入时，该孔应用绞刀进行修整，并防止铁屑落入板迭缝中，严禁气割扩孔。

3. 铆钉连接

铆钉连接是在钢材的焊接性能较差，或在主要承受动力载荷的重型结构中采用（如桥梁、吊车梁等）。建筑机械的钢结构一般不用铆钉连接。

铆钉连接可分为强固铆接、密固铆接和紧固铆接三种。

a. 强固铆接。该类铆钉连接可承受足够的压力和剪力，但对铆接处的密封性要求差。

b. 密固铆接。该类铆钉连接可承受足够的压力和剪力，且对铆接处的密封性要求高。

c. 紧固铆接。该类铆钉连接承受压力和剪力的性能差，但对铆接处有高度的密封性要求。

因铆钉连接制造费工费时，用料较多且结构重量较大，所以现在已经很少采用了。

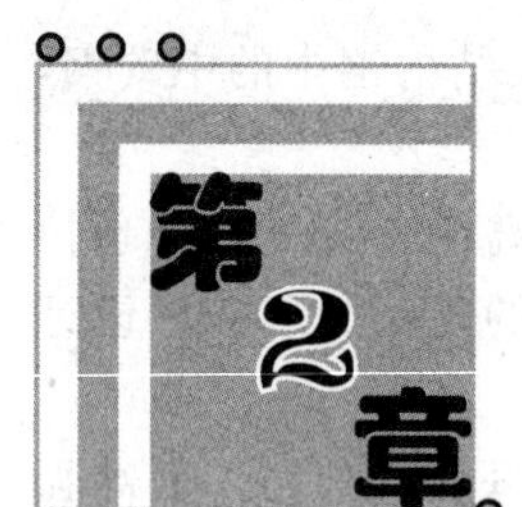

建筑识图与房屋构造

2.1 建筑识图

2.1.1 制图基础知识

在建筑工程中，图纸是重要的技术文件，是设计人员表达设计意图和思想的载体，是工程施工的依据。为了使建筑工程图表达统一、清晰简明、便于识图，满足设计和施工等要求，又便于技术交流，国家颁布了《房屋建筑制图统一标准》(GB/T 50001—2010)。此标准是所有建筑工程人员在设计、施工、管理中必须严格执行的国家标准，要严格遵守。

1. 图纸的幅面与格式

(1) 幅面。图纸的幅面是指图纸本身的规格。图框是图纸上所绘图的范围的边线。按照国家标准，幅面和图框尺寸应符合表 2 - 1 规定。

表 2 - 1　　幅面和图框的尺寸　　单位：mm

幅面代号 / 尺寸代号	A0	A1	A2	A3	A4
$b \times l$	841×1189	594×841	420×594	297×420	210×297
c	10			5	
a	25				

必要时允许选用规定的加长幅面，图纸的短边一般不应加长，长边可以加长，但应符合表 2 - 2 的规定。

表 2-2　　图纸长边加长尺寸　　单位：mm

幅面尺寸	长边尺寸	长边加长后尺寸
A0	1189	1486　1635　1783　1932　2080　2230　2378
A1	841	1051　1261　1471　1682　1892　2102
A2	594	743　891　1041　1189　1338　1486　1635　1783　1932　2080
A3	420	630　841　1051　1261　1471　1682　1892

注　有特殊需要的图纸，可采用 $b\times l$ 为 841mm×891mm 与 1189mm×1261mm 的幅画。

（2）格式。图纸幅面分横式幅面和立式幅面，两种幅面及图框尺寸如图 2-1～图 2-3 所示。

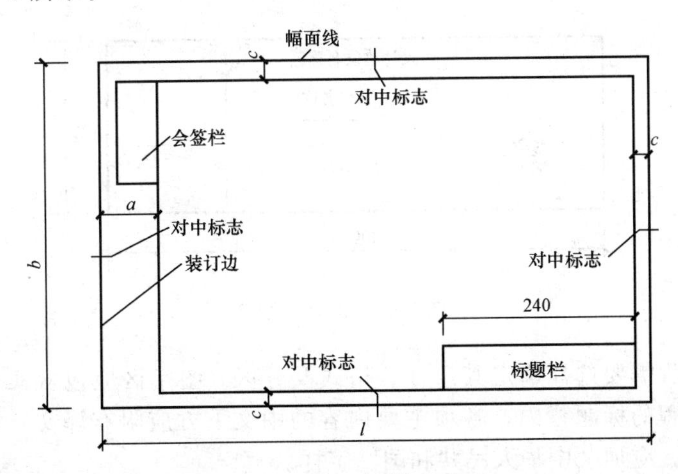

图 2-1　A0～A1 横式幅面

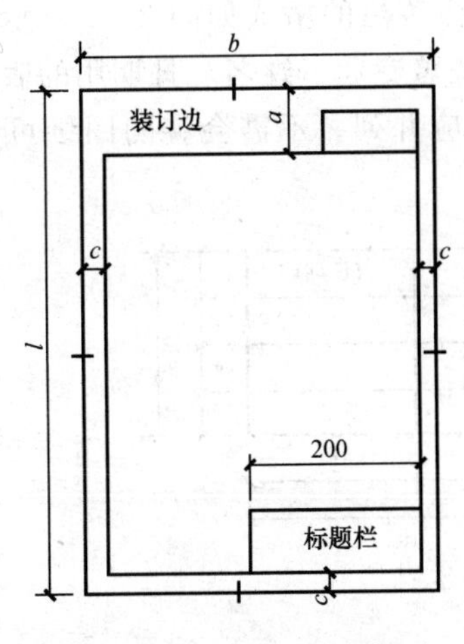

图 2-2　A2～A3 立式幅面

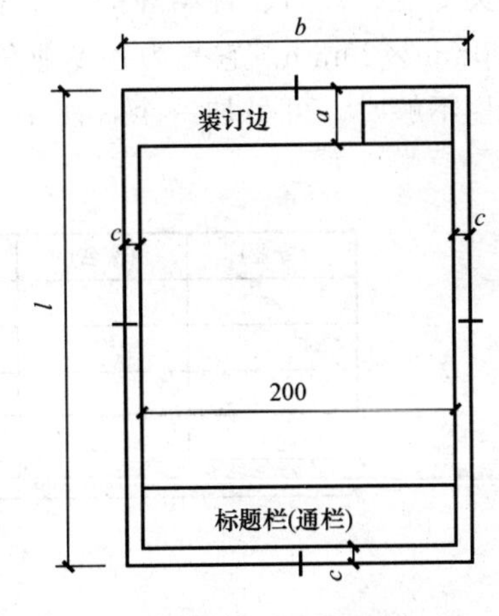

图 2-3　A4 立式幅面

2. 图纸的标题栏与会签栏

（1）标题栏。每张图纸的右下角都必须画出一个标题栏，即图标，图标用于填写工程图样的图名、图号、比例、设计单位、注册师姓名、设计人姓名、审核人姓名及日期等内容。图纸标题栏的格式如图 2-4 所示。

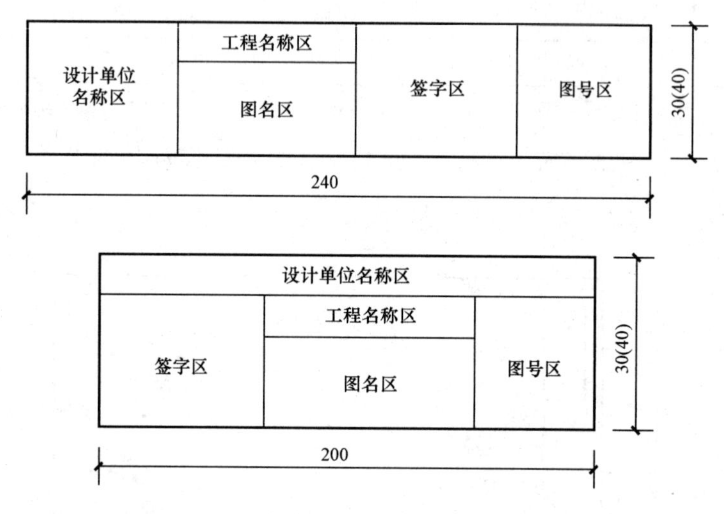

图 2-4　图纸标题栏

根据工程需要选择确定其尺寸、格式及分区。签字区应包含实名列和签名列。涉外工程的标题栏内，各项主要内容的中文下方应附有译文，设计单位的上方或下方，应加“中华人民共和国”字样。

（2）会签栏。会签栏又称图签，是指工程图样上由各工种负责人填写所代表的有关专业、姓名、日期等的一个表格。会签栏的格式如图 2-5 所示，尺寸应为 100mm×20mm。它是为各专业负责人签署专业、姓名、日期用的表格，一个会签栏不够时，可另加一个，两个会签栏应并列。不需会签的图纸可不设会签栏。

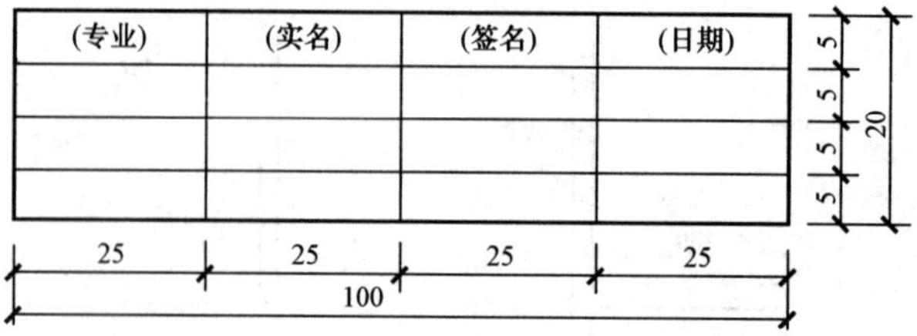

(专业)	(实名)	(签名)	(日期)

25　25　25　25　100；5　5　5　5　20

图 2-5　图纸会签栏

3. 图纸的比例

建筑工程图纸都是按照一定的比例，将建筑物缩小，在图纸上画出。所绘制的图形与实物相对应的线性尺寸之比称为比例。比例的符号为“：”，比例应以阿拉伯数字表示，如 1：1、1：2、1：100 等。

建筑工程图中常用的比例，见表 2-3。

表 2-3　建筑工程图常用比例

图　　名	比　　例
总平面图	1：500，1：1000，1：2000
平面图、剖面图、立面图	1：50，1：100，1：200
不常见平面图	1：300，1：400
详图	1：1，1：2，1：5，1：10，1：20，1：25，1：50

比例分为原值比例、放大比例和缩小比例三种。原值比例即比值为 1：1 的比例；放大比例即为比值大于 1 的比例，如 2：1 等；缩小比例即为比值小于 1 的比例，如 1：2 等，如图 2-6 所示。

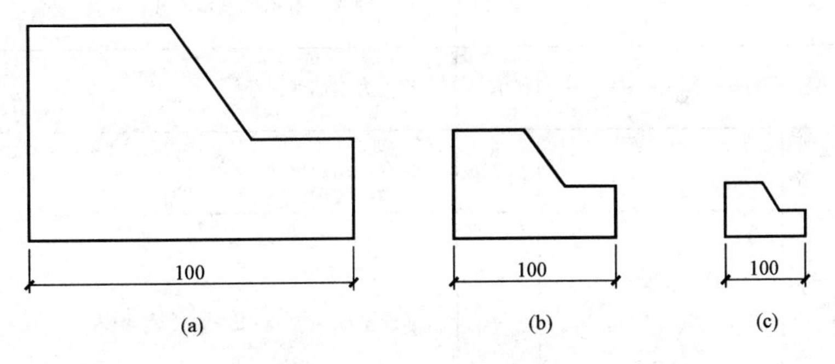

图 2-6　不同比例的图形

（a）放大比例；（b）原值比例；（c）缩小比例

4. 图线

图样主要是采用不同线型的图线来表达不同的设计内容。图线是构成图样的基本元素。

（1）图线的种类及用途。建筑制图采用的图线分为实线、虚线、点画线、折断线、波浪线几种。图线的线型、宽度及用途见表 2-4。

表 2-4　　　　　　　　　　　　图　　线

名称		线型	线宽	主要用途
实线	粗		b	螺栓、主钢筋线、结构平面图中的单线结构构件线、钢木支撑及杆件线、图名下横线、剖切线
	中		0.5b	结构平面图及详图中剖线或可见的墙身轮廓线、基础轮廓线、钢、木结构轮廓线、箍筋线、板钢筋线
	细		0.25b	可见的钢筋混凝土构件的轮廓线、尺寸线、标注引出线，标高符号、索引符号
虚线	粗		b	不可见的钢筋或螺栓线、结构平面图中的不可见的单线结构构件线及钢、木支撑线
	中		0.5b	结构平面图中的不可见构件、墙身轮廓线及钢、木构件轮廓线
	细		0.25b	基础平面图中的管沟轮廓线、不可见的钢筋混凝土构件轮廓线
单点长划线	粗		b	柱间支撑、垂直支撑、设备基础轴线图中的中心线
	细		0.25b	定位轴线、对称线、中心线
双点长划线	粗		b	预应力钢筋线
	细		0.25b	原有结构轮廓线
折断线		30° 30°	0.25b	断开界线
波浪线			0.25b	断开界线

（2）图线宽度。为了使图样表达统一和使图面清晰，国家标准规定了结构施工图中图线的宽度 b，绘图时，应根据图样的复杂程度与比例大小，从下列线宽系列中选取粗线宽度 b：2.0mm、1.4mm、1.0mm、0.7mm、0.50mm、0.35mm，常用的 b 值为 0.35～1.0mm。按表 2-5 所规定的线宽比例确定中线、细线，由此得到绘图所需的线宽组。

表 2-5　　线　宽　组　　单位：mm

线宽比	线　宽　组					
b	2.0	1.4	1.0	0.7	0.5	0.35
$0.5b$	1.0	0.7	0.5	0.35	0.25	0.18
$0.25b$	0.5	0.35	0.25	0.18	—	—

注　1. 需要微缩的图纸，不宜采用 0.18mm 及更细的线宽。
2. 同一张图纸内，各不同线宽中的细线，可统一采用较细的线宽组的细线。

建筑图纸的图框和标题栏线，可采用表 2-6 所示的线宽。

表 2-6　　图框、标题栏的线宽　　单位：mm

幅面代号	图框线	标题栏外框线	标题栏分格线、会签栏线
A0、A1	1.4	0.7	0.35
A2、A3、A4	1.0	0.7	0.35

(3) 图线的要求及注意事项。

1) 同一张图纸内，相同比例的各个图样，应选用相同的线宽组，同类线应粗细一致。

2) 相互平行的图线，其间隙不宜小于其中的粗线宽度，且不宜小于 0.7mm。

3) 图线接头处要整齐，不要留有空隙。

4) 虚线、点划线的线段长度和间隔宜各自相等。

5) 点划线的两端不应是点。各种图线彼此相交处，都应画成线段，而不应是间隔或画成“点”。虚线为实线的延长线时，两者之间不得连接，应留有空隙，如图 2-7 所示。

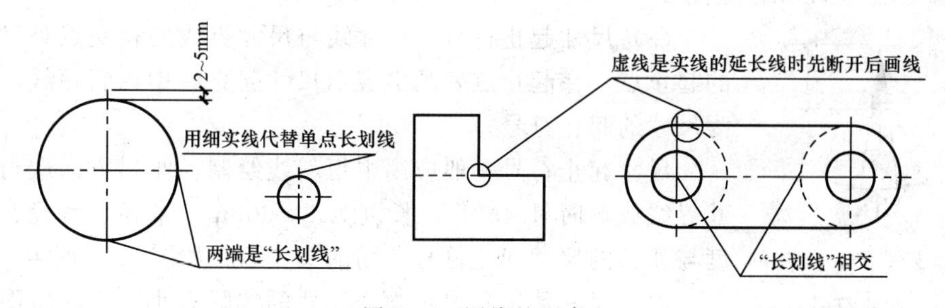

图 2-7　图线的要求

6) 图线不得与文字、数字或符号重叠、混淆，不可避免时，应首先保证文字的清晰。

5. 尺寸

图形只能表达形体的形状，而形体的大小则必须依据图样上标注的尺寸来确定。尺寸是图纸的重要内容，图样中除了要画出建筑物的形状外，还必须认真细致、清晰明确、准确无误地标注尺寸，以作为施工的依据。

图样上的尺寸由尺寸界线、尺寸线、尺寸起止符号和尺寸数字组成，如图2-8所示。

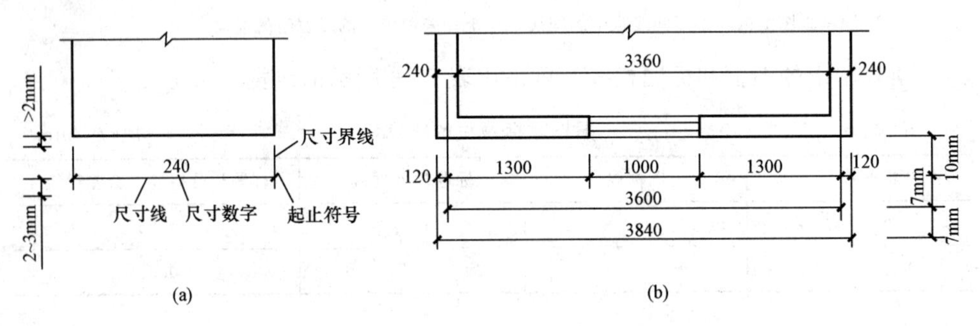

图 2-8　尺寸的组成及标注示例

（a）尺寸的组成；（b）标注示例

（1）尺寸界线。尺寸界线表示被注尺寸的范围。尺寸界线应用细实线。一般情况下，线性尺寸的尺寸界线垂直于尺寸线，并超出尺寸线约 2～3mm。尺寸界线不宜与需要标注尺寸的轮廓线相接，应留出不小于 2mm 的间隙。当连续标注尺寸时，中间的尺寸界线可以画得较短。图样的轮廓线以及中心线可用作尺寸界线，如图 2-8（b）所示的“240”和“3360”。

（2）尺寸线。尺寸线表示被注线段的长度。用细实线绘制，不能用其他图线代替。尺寸线应与被注长度平行，且不宜超出尺寸界线。每道尺寸线之间的距离一般为 7mm，见图 2-8（b）。

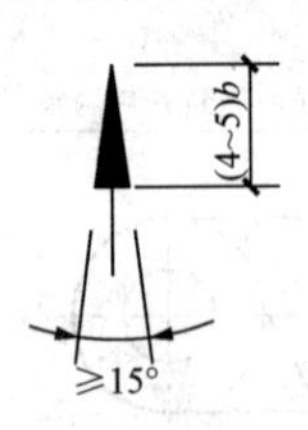

图 2-9　箭头尺寸起止符号

（3）尺寸起止符号。尺寸线与尺寸界线的相交点是尺寸的起止点。在起止点处画出表示尺寸起止的中粗斜短线，称为尺寸的起止符号。

尺寸起止符号一般应用中粗斜线绘制。倾斜方向应与尺寸界线成顺时针 45°角，长度为 2～3mm。半径、直径、角度与弧长的尺寸起止符号，用箭头表示，如图 2-9 所示。

（4）尺寸数字。表示被注尺寸的实际大小，它与绘图所选用的比例和绘图的准确程度无关。图样上的尺寸应以尺寸数字为准，不得从图上直接量取。尺寸数字的读取方向，应按图 2-10（a）中所示的规定注写，若尺寸数字在 30°斜线区内，可按图 2-10（b）中所示形式注写。

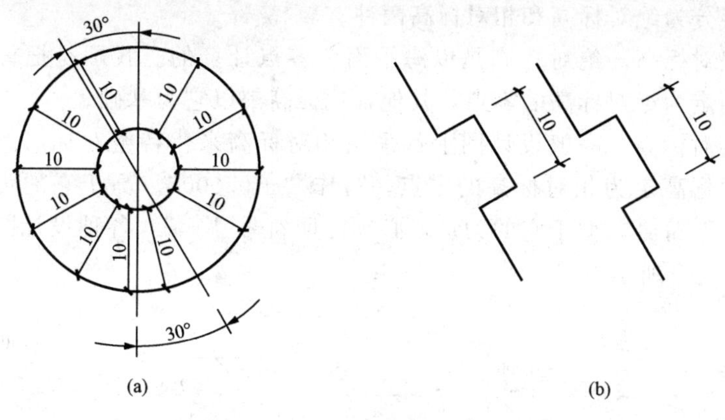

图 2-10　尺寸数字的读数方向

（a）圆内尺寸标注；（b）斜线尺寸标注

尺寸数字一般应依据其读数方向注写在靠近尺寸线的上方中部，如没有足够的注写位置，最外边的尺寸数字可注写在尺寸界线的外侧，中间相邻的尺寸数字可错开注写，也可以引出注写，如图 2-11 所示。

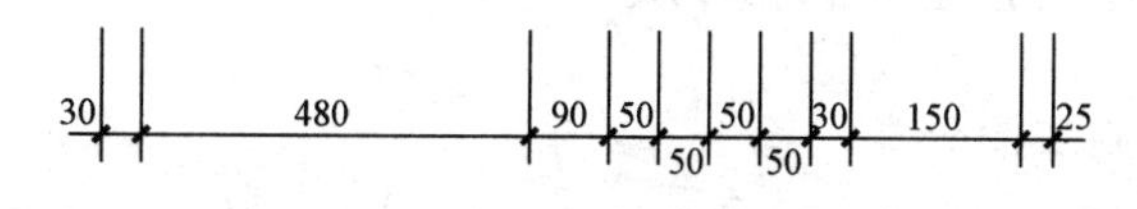

图 2-11　尺寸数字的注写位置

6. 定位轴线及编号

在建筑工程施工图中，凡是主要的承重构件如墙、柱、梁的位置都要用轴线来定位。定位轴线用细单点长画线绘制。

轴线编号应写在轴线端部的圆圈内，圆圈的圆心应在轴线的延长线上或延长线的折线上。横向编号应用阿拉伯数字标写，从左至右按顺序编号；纵向编号应用大写拉丁字母，从前至后按顺序编号。拉丁字母中的 I、O、Z 不能用于轴线号，以避免与 1、0、2 混淆。

除了标注主要轴线之外，还可以标注附加轴线。附加轴线编号用分数表示。两根轴线之间的附加轴线，以分母表示前一根轴线的编号，分子表示附加轴线的编号。

通用详图的定位轴线只画圆圈，不标注轴线号。

7. 标高

标高以“m”为单位，表示建筑物某一部位以某点为基准的相对高度，一般要求精确到小数点后三位数，在总平面图上可精确到小数点后两位数。

标高可分为绝对标高和相对标高两种。

(1) 绝对标高。绝对标高是以海平面为零点计算的。我国是把青岛的黄海平均海平面定为绝对标高的零点，其他各地标高都以它为基础。

(2) 相对标高。一般设计图上都采用相对标高来代替绝对标高。通常把室内首层地面标高定为相对标高的零点，写作"±0.000"。高于它的为正，但一般不注"+"符号，低于它的为负，必须注明符号"—"。各种设计图上的标高注法如图 2-12 所示。

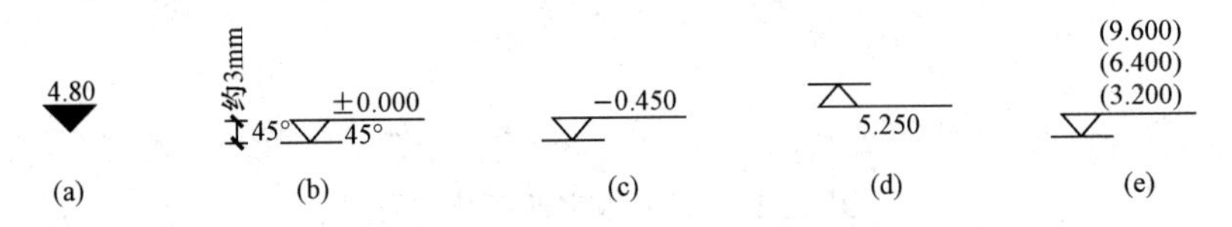

图 2-12　符号及标高数字的注写

(a) 室外标高符号；(b) 地面标高符号（一）；(c) 地面标高符号（二）；(d) 地面标高符号（三）；(e) 多层楼地面标高符号

2.1.2　建筑工程施工图识读

1. 建筑工程施工图分类

建筑工程施工图是表示工程项目总体布局，建筑物的外部形状、内容布置、结构构造、内外装修、材料做法，以及设备、施工等要求的图样。建筑工程施工图一般按工种分类，根据施工图的内容和作用的不同分为建筑施工图、结构施工图、设备施工图。

(1) 建筑施工图。建筑施工图简称建施，是表示房屋的总体布局、外部形状、内部布置、内外装修、细部构造、施工要求等情况的图样。它是房屋施工放线、砌筑墙体、门窗安装、室内外装修等工作的主要依据。

(2) 结构施工图。结构施工图简称结施，是表示建筑物各承重构件（基础、承重墙、柱、梁、板、屋架等）的布置、形状、大小、材料及相互连接的图样。

(3) 设备施工图。设备施工图简称设施，主要表达建筑物的给水排水、采暖、通风、电气照明等设备的布置和施工要求等。

2. 建筑工程施工图编排顺序

一项工程中各工种图纸的编排一般是全局性图纸在前，说明局部的图纸在后；先施工的在前，后施工的在后；重要的图纸在前，次要的图纸在后。一般顺序为：图纸目录、总说明、总平面图、建筑施工图、结构施工图、设备施工图（顺序为水、暖、电）。

(1) 图纸目录。先列新绘的图纸，后列所选用的标准图纸或重复利用的图纸。

（2）设计总说明。设计总说明即首页，包括：施工图的设计依据、本项目的设计规模和建筑面积、本项目的相对标高与绝对标高的对应关系、室内室外的用料说明、门窗表。

（3）建筑施工图。建筑施工图包括总平面图、平面图、立面图、剖面图和构造详图。

（4）结构施工图。结构施工图包括结构平面布置图和各构件的结构详图。

（5）设备施工图。设备施工图包括给水排水、采暖通风、电气等设备的布置平面图和详图。

3. 建筑工程施工图的识读

（1）建筑总平面图的识读。

1）总平面图的形成。总平面图是水平正投影图，即投影线与地面垂直，从上往下照射，在地面（图纸）上所形成的建筑物、构筑物及设施等的轮廓线和交线的投影图。也就是从上往下看，并且视线始终与地面垂直，所能看到的各个形体的轮廓线和交线构成的图形。

2）总平面图的用途。总平面图表达建筑工程的总体布局。主要表示原有和新建建筑物的位置、标高以及道路、管线、构筑物的布置、地形地貌等情况。总平面图也是作为新建房屋的定位、施工放线、标高控制、土石方施工以及施工总平面布置的依据。

3）总平面图的基本内容。

a. 表明拟建建筑物的总体布局。如建筑占地范围，各建筑物、构筑物、地上及地下设施的布置等。

b. 确定建筑物的平面位置。表明建筑物、构筑物及道路、管网等的坐标，或表明新建建筑物与原有建筑物的相互关系。

c. 表明建筑物的标高。如建筑物的首层地面标高，室外场地整平标高，道路中心线的标高。通常把总平面图上的标高，全部推算成绝对标高。根据标高可以看出地势坡向、水流方向，并可计算出施工中土方填挖数量。

d. 表明建筑的朝向。通常用指北针表示建筑物的朝向，有时还要用风向频率玫瑰图表明当地的主导风向。

e. 表明水、暖、电、卫设施的室外布置。

f. 表明室外环境绿化布置。如哪些是草坪、树丛、乔木、灌木、松墙等；标明花坛、桌、凳、长椅、林荫小路、矮墙、栏杆等各种物体的具体位置、尺寸、做法及建造要求和选材说明。

g. 同一张总平面图内，若应该表示的内容过多，则可以分别画几张总平面图，如绿化布置图；若一张总平面图还表示不清楚道路网的全部内容，则还要画纵剖面图和横剖画图；引进的电缆线，供热、供煤气管线、自来水管线及向外连通的污水管线等，都应分别画出总平面图，甚至还要画配合管线纵断面图：若地形起伏变化较大，除了总平面图外，还要画竖向设计图。

4）总平面图读图要点。

a. 熟悉建筑总平面图的图例，了解比例，阅读文字说明。常用的建筑总平面图图例符号见表2-7。

表2-7　　常用建筑总平面图图例符号

名　　称	图　　例	说　　明
新建的建筑物	8 ▲	1. 需要时可用▲表示出入口，可在图形内用数字或点表示层数； 2. 用粗实线表示
原有的建筑物		用细实线表示
计划扩建的预留地或建筑物		用中粗虚线表示
拆除的建筑物		用细实线表示
坐标	X115.00 Y300.00	表示测量坐标
	A135.50 B255.75	表示建筑坐标
围墙及大门		表示实体性质的围墙
		表示通透性质的围墙
新建的道路	5 45.00 R8 50.00	“R8”表示转弯半径为8m；“50.00”表示路面中心点标高；5表示5%，为纵向坡度；“45.00”表示边坡点间距离

续表

名　称	图　例	说　明
原有的道路		
计划扩建的道路		
拆除的道路		
桥梁		表示铁路桥
		表示公路桥
护坡		边坡较长时，可在一端或两端局部表示，下边线为虚线时，表示填方
填挖边坡		

b. 了解工程占地范围，地形、地物、地貌、周边环境及绿化情况。

c. 明确新建建筑物的位置，与周边原有建筑物、道路、环境等相互关系。

d. 了解新建房屋的室内、外高差，道路标高，坡度，以及水、暖、电源及各种管线引入的位置及方向。

(2) 建筑平面图的识读。

1) 建筑平面图的形成。建筑平面图是用一个假想平面在窗台略高一点位置作水平剖切，将上面部分拿走，对剩余部分做的水平正投影图；在图中，剖切面上的线画成粗实线，可见的非剖切面上的线画成细实线，不可见（按遮挡）的线画成虚线。如首层平面图，将上面部分拿走后，从上往下垂直地看，可以看到：墙厚、门的开启方向；窗的具体位置；室内、外台阶；花池、散水、落水管位置等。阳台、雨篷等则应表示在二层及以上的平面图上。

2) 建筑平面图的用途。建筑平面图的主要用途如下。

a. 建筑平面图是施工放线，砌墙、柱，安装门窗框、设备的依据。

b. 建筑平面图是编制和审查工程预算的主要依据。

3）建筑平面图的基本内容。建筑平面图主要包括以下基本内容。

a. 反映房屋的平面形状、内部布置及房间组成。通常房屋有几层就画出几个平面图，若房屋有几层是一样的，则画一个标准层平面图即可。在各层平面图中表明主要房间及门厅入口、楼梯间及其辅助用房的相互关系，注明房间名称或编号。

b. 表明建筑物及其各部分的平面尺寸。平面图一般标注三道外部尺寸。平面图中用轴线和尺寸线标注各部分的长宽尺寸和位置。

第一道尺寸，表示建筑物总长度和总宽度尺寸的称外包尺寸。

第二道尺寸，是轴线之间的尺寸，表示开间和进深，称轴线尺寸。

第三道尺寸，表示门窗洞口、窗间墙、墙厚等局部尺寸，称细部尺寸。

平面图内除标注内墙、门、窗洞口尺寸外，还标注内墙厚以及内部设备等内部尺寸。此外，平面图还应标注柱、墙垛、台阶、花池、散水等局部尺寸。

c. 反映出房屋的结构性质和主要建筑材料。

d. 标注各层地面标高，如底层室内地面标高定为“±0.000”，其他各层地面标高、房间、阳台和室内外的高差、坡度都有相应的标注。

e. 表明各种门、窗位置，代号和编号，以及门的开启方向。门的代号用M表示，窗的代号用C表示，编号数用阿拉伯数字表示。

f. 表明剖切面的平面位置及剖切方向，标注详图索引号和标准构配件的索引号及其编号。

g. 表明室内装修做法。

h. 设计施工说明，包括施工要求，各部分的材料做法等文字说明。

4）建筑平面图读图要点。

a. 熟悉建筑构造及配件图例、图名、图号、比例及文字说明。

b. 定位轴线。所谓定位轴线是表示建筑物主要结构或构件位置的点画线。凡是承重墙、柱、梁、屋架等主要承重构件都应画上轴线，并编上轴线号，以确定其位置；对于次要的墙、柱等承重构件，则编注附加轴线号确定其位置。

c. 房屋平面布置，包括平面形状、朝向、出入口、房间、走廊、门厅、楼梯间等的布置组合情况。

d. 阅读各类尺寸。图中标注房屋总长及总宽尺寸，各房间开间、进深、细部尺寸和室内外地面标高。阅读时，应依次查阅总长和总宽尺寸，轴线间尺寸，门窗洞口和窗间墙尺寸，外部及内部局（细）部尺寸和高度尺寸（标高）。

e. 门窗的类型、数量、位置及开启方向。

f. 墙体、（构造）柱的材料、尺寸。涂黑的小方块表示构造柱的位置。

g. 阅读剖切符号和索引符号的位置和数量。

（3）建筑立面图的识读。

1）建筑立面图的形成。建筑立面图，简称立面图，是在与建筑物立面平行的投影面上所作的正投影图，是建筑物的侧视图，主要表示房屋的外貌特征和立面处理要求。主要有正立面、背立面和侧立面（也有按朝向分东、西、南、北立面图）。立面图的名称宜根据两端定位轴线号编注。

2）立面图的用途。立面图反映房屋的外貌和立面的装修做法。主要为室外装修用。房屋的各个立面均画有立面图，各立面的名称，按该立面两端轴线的编号标注。

3）建筑立面图的基本内容。建筑立面图主要包括以下基本内容。

a. 表示房屋的外貌。

b. 表示门窗的位置、外形与开启方向（用图例表示）。

c. 表示主要出入口、台阶、勒脚、雨篷、阳台、檐沟及雨水管等的布置位置、立面形状。

d. 外墙装修材料与做法。

e. 标高及竖向尺寸，表示建筑物的总高及各部位的高度。

f. 另画详图的部位用详图索引符号表示。

4）建筑立面图读图要点。

a. 明确立面图的竖向尺寸。立面图中竖向尺寸均用标高表示。要明确标高的零点位置，楼层间的尺寸要用标高换算，读图时，要大致算一算，以明确各楼层间的尺寸关系。

b. 明确各立面的装修做法。一般建筑正立面是装修的重点，其余各面与之有差别，读图时，要分别读各立面的装修做法。

（4）建筑剖面图的识读。

1）建筑剖面图的形成。假想用一个平行于投影面的剖切平面沿着房屋的横向或纵向，将房屋垂直剖切后，移开一部分，所观察得到的切面一侧部分的投影图，所得图样为建筑剖面图，简称剖面图。

2）建筑剖面图的用途。建筑剖面图主要表示建筑物内部垂直方向的结构形式、分层情况，内部构造及各部位的高度等，用于指导施工。编制工程预算时，与平、立面图配合计算墙体、内部装修等的工程量。

3）建筑剖面图的基本内容。

a. 表示建筑物各层各部位的高度。在剖面图中用标高和尺寸线标注建筑物的总高、室内外高差，门窗、檐口等处的高度。

b. 标注梁、板、墙、柱等构件的相互关系和结构形式。

c. 标注楼地面、屋顶、顶棚及内墙粉刷等构造做法。

4）建筑剖面图的读图要点。

a. 熟悉建筑材料图例。

b. 了解剖切位置、投影方向和比例。注意图名及轴线编号应与底层平面图相对应。

c. 了解建筑分层、楼梯分段与分级情况。

d. 标高及竖向尺寸。图中的主要标高有：室内外地坪、入口处、各楼层、楼梯休息平台、窗台、檐口、雨篷底等；主要尺寸有：房屋进深、窗高度、上下窗间墙高度、阳台高度等。

e. 主要构件间的关系，图中各楼板、屋面板及平台板均搁置在砖墙上，并设有圈梁和过梁。

f. 屋顶、楼面、地面的构造层次和做法。

4. 读图方法

看图的基本方法是："由外向里看，由大到小看，由粗向细看，图样与说明互相看，建筑施工图与结构施工图对着看。"此外，根据不同的读图目的和习惯，还有一些方法：如读图与笔记相结合；读图与计算相结合；选择重点详细读；对照现场情况读等。

5. 读图步骤

(1) 清理图纸。当我们拿到一套图纸后，首要工作是认真清理图纸，其方法是根据图纸目录清查总共多少张，各类图纸分别为多少张，有无残缺或模糊不清的，应及时查明原因补齐图纸。涉及本工程有哪些标准构件图和配件图，是否齐全应及时配齐，供看图时查阅。

(2) 粗看一遍。认真清理图纸后，可先粗略地看一遍，通常按图纸目录的先后次序，依次进行阅读，其目的是对本工程建立一个基本概念，了解工程的概况。如本工程修建地点、建筑物周围地形、地貌和相互关系、建筑形式、建筑面积、层数、结构情况、建筑的主要特点和关键部位等，应在思想上建立一般工程的基本形象。

(3) 对照阅读。图纸全部看完一遍之后，可按不同工种、不同的读图目的有选择地细读，进一步熟悉所必须掌握的内容。通常是先看建筑施工图，然后是结构施工图，再看水、电、暖通等施工图纸。阅读中特别注意对照阅读，如平面图与立面图，平面图与剖面图对照起来，整体和详图对照起来，图形和文字说明对照起来，建筑和结构对照起来等。只有通过反复对照比较，才能深入找出问题和矛盾，以及还不理解的东西。看图时还应记忆重要的部位和尺寸，如开间、进深、轴线、层高等，看图时还可多与有关技术人员研究和分析。

在读图的整个过程中，应认真做好记录，也可用铅笔在图上打上记号，以便查阅，但严禁擅自修改设计。

6. 读图的注意事项

（1）记住重要部位的尺寸，如平面图中房屋开间数量、开间、进深尺寸、总长度、总宽度等关键尺寸；立面图中的室内外高差、窗台标高、房屋总高度、层高、层数、屋架下弦标高等；基础施工图中基础埋深尺寸和基底宽度；主体结构施工图中的各种钢筋混凝土梁、柱、板构件在建筑中的部位、数量、长度、断面尺寸等。

（2）注意图纸中的文字说明，图纸上的文字说明是设计意图表现方式之一。许多构造做法、施工要求等都是通过文字说明表述的，读图时必须结合文字说明才能全面理解设计意图。

（3）注意有关资料和数字的互相核对，如建筑施工图与总平面图的尺寸是否一致；建筑施工平面图与结构施工平面图的轴线尺寸是否一致；建筑平面图与建筑立面、剖面图上的相关尺寸是否一致；设备施工图与建筑施工、结构施工图的尺寸是否一致等。若发现问题，应做好记录，尽快与有关人员联系解决。

（4）不要随便修改图纸。对模糊的、不清楚的甚至有问题的地方，都不能按自己的设想修改图纸。工程图上的所有问题，都只能通过正常渠道与设计人员联系解决。

2.2 房屋构造

2.2.1 民用建筑构造

民用建筑构造是研究一般民用建筑各部分构造的类型、作用、要求、材料和构造方法的科学。

1. 民用建筑的分类

民用建筑是供人们工作、学习、生活、文化娱乐、居住等方面活动的建筑物。

（1）按用途分类。民用建筑按用途分类，可分为居住建筑和公共建筑。

1）居住建筑。居住建筑是供人们起居、学习、生活、休息的建筑。

2）公共建筑。公共建筑则供人们工作、学习、进行各种文化、娱乐活动，以及各种福利设施等方面的建筑。

（2）按结构类型分类。民用建筑按结构类型分类，可分为砖木结构、砖混结构、钢筋混凝土结构和钢结构。

1）砖木结构。砖木结构主要承重结构构件由砖、木构成。如砖柱、砖墙、木楼板、木屋架等。我国古代建筑和边远地区、林区较多采用，城市中较少采用。

2）砖混结构。砖混结构主要承重结构构件由多种材料构成。一般为砖墙、砖柱、钢筋混凝土楼板、屋面板或木屋架屋顶等组成。目前我国建筑大多数属于此类建筑。

3）钢筋混凝土结构。钢筋混凝土结构主要承重结构构件由钢筋混凝土制成。如钢筋混凝土柱、梁、板、屋面等，砖或其他材料只做围护墙。目前国内多层或高层建筑大部分为此类结构。

4）钢结构。钢结构主要承重结构构件由钢材制成。不少高层建筑和大跨度的影剧院、体育馆等均采用此类结构。

2. 民用建筑构造组成

一般的民用建筑是由基础、墙或柱、楼板层及地坪层（楼地层）、屋顶、楼梯和门窗等主要部分组成，如图 2 - 13 所示。

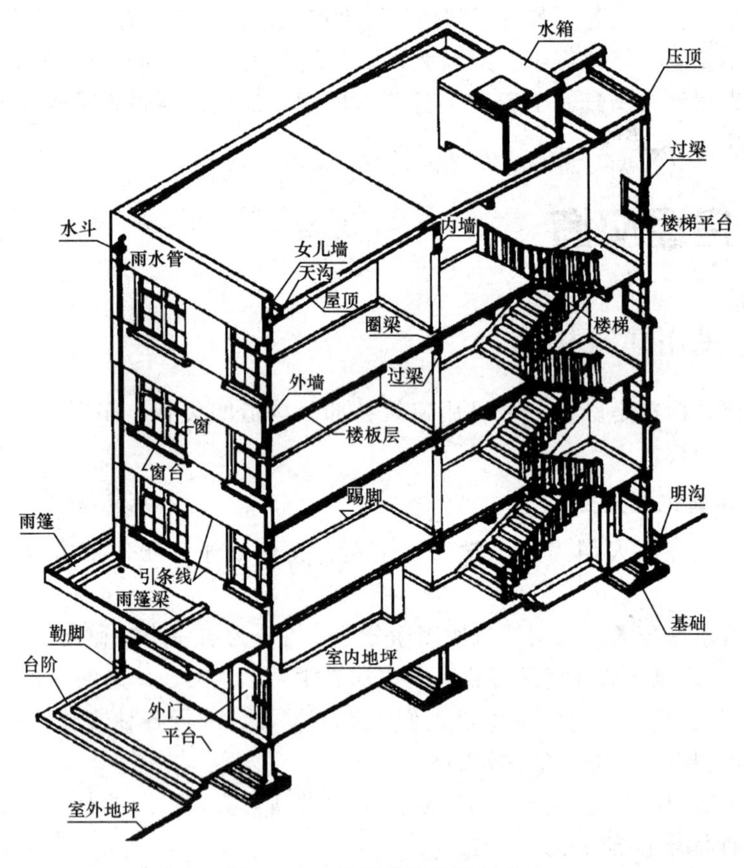

图 2 - 13　民用建筑构造组成

（1）基础。基础位于建筑物最下部，起支撑作用。它承担建筑的全部荷载，并要把这些荷载有效地传给地基。

（2）墙或柱。墙或柱是建筑物的承重构件，它承受屋顶、楼板传下来的各种荷载，并连同自重一起传给基础。还作为围护构件同时起着抵御自然界的侵袭，内墙起着分隔房间的作用。

（3）楼层、地层。楼层和地层是建筑中水平方向的承重构件。楼层的主要作用是将建筑从高度方向分隔成若干层，楼层将楼面上的各种荷载传到墙上去。地层位于底层，将底层房间内的荷载直接传递到地基上去。

（4）楼梯。楼梯是多层建筑的主要垂直交通设施，供人们上下楼和紧急疏散之用。除楼梯之外，根据建筑功能需要，还可设置电梯、坡道、自动楼梯等垂直交通设施。

（5）屋顶。屋顶也称屋盖，是房屋顶部的围护和承重构件。它一般由承重层、防水层和保温（隔热）层三大部分组成，主要抵御阳光辐射和风、霜、雨、雪的侵蚀，承受外部荷载以及自身重量。

（6）门和窗。门和窗是房屋的围护构件。门主要供人们出入通行，窗主要供室内采光、通风、眺望之用。同时，门窗还具有分隔和围护作用。

建筑各部分均由许多结构构件和建筑配件组成。因此，除了解上述主要构造之外，还应了解各种构配件的名称、作用和构造方法。如梁、过梁、圈梁、挑梁、梯梁、板、梯板、平台板、散水、明沟、勒脚、踢脚线、墙裙、檐沟、天沟、女儿墙、水斗、水落管、阳台、雨篷、顶棚、花格、凹廊、烟囱、通风道、垃圾道、卫生间、盥洗室等。

2.2.2　工业厂房构造

工业建筑是指从事工业生产和为生产服务的各类建筑物、构筑物。工业建筑是根据生产工艺流程和机械设备布置的要求而设计的，因此，在工厂企业中把这类工业厂房称为生产车间，而把生产附属设施，如烟囱、水塔、各种管道支架、运输通廊等称为构筑物。不同用途的生产车间和构筑物，组成一个完整的工业企业。

工业建筑就是为生产服务的，必须符合生产工艺流程，保证产品质量。同时工业建筑又是广大工人进行生产活动的场所，应具有良好的安全生产条件。

1. 工业建筑的分类

工业厂房与民用建筑相比较，除具有建筑物的共同性质外，由于工业生产工艺复杂、技术要求高，从结构形式到细部构造都有明显的差别。工业厂房按照常用的分类标准可分为以下几种类型。

(1) 按工业建筑的用途分类。

1) 生产车间。生产车间是企业的主要车间，生产各种成品或半成品，如机械制造厂的铸工车间、机械加工车间、装配车间等。

2) 辅助车间。辅助车间是指为生产车间服务的厂房，如机械制造厂中的机修车间，工具车间等。

3) 动力设施。动力设施是指为供应全厂能源的厂房，如发电站、锅炉房、煤气发生站、空气压缩机房等。

4) 材料仓库。材料仓库是指储备生产用的原材料、燃料、备用设备、零配件、半成品或成品等的工业建筑。

5) 行政建筑。行政建筑是指工业企业的行政、生活服务建筑。如办公楼、中心实验室、技术研究所、食堂、医务所、托儿所、消防站、车库、技工学校等。

(2) 按工业建筑的层次分类。

1) 单层厂房。单层厂房便于在水平方向组织生产工艺流程，对于运输量大、设备、加工件及产品笨重的生产有较大的适应性，因而广泛应用于机械制造、冶金、重型工业。单层厂房可分为单跨、双跨和多跨三种形式，如图 2-14 所示。

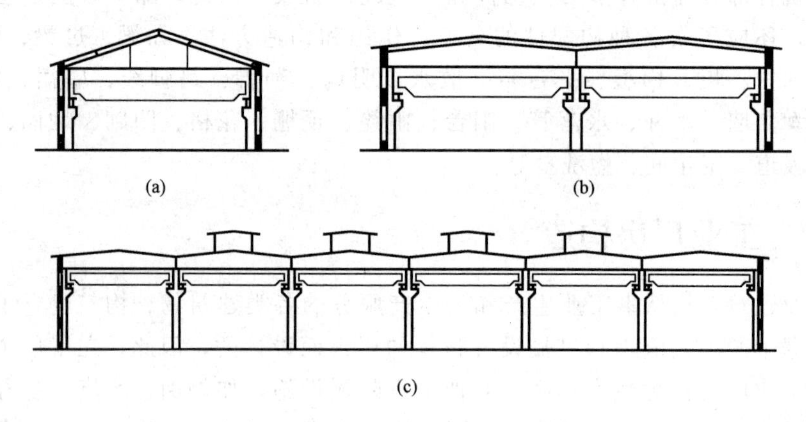

图 2-14 单层厂房

(a) 单跨；(b) 双跨；(c) 多跨

2) 多层厂房。多层厂房的设备和产品重量轻，适合垂直方向布置工艺流程，因而广泛应用于轻纺、仪表、食品、电子、精密仪器等工业部门。其剖面形式如图 2-15 所示。

3) 混合层次厂房。混合层次厂房是指同一厂房既有单层跨也有多层跨。它是单层和多层的有机组合，因而具有以上两种厂房的特点，适用于化工业和电力业等的主厂房。混合层次厂房剖面形式如图 2-16 所示。

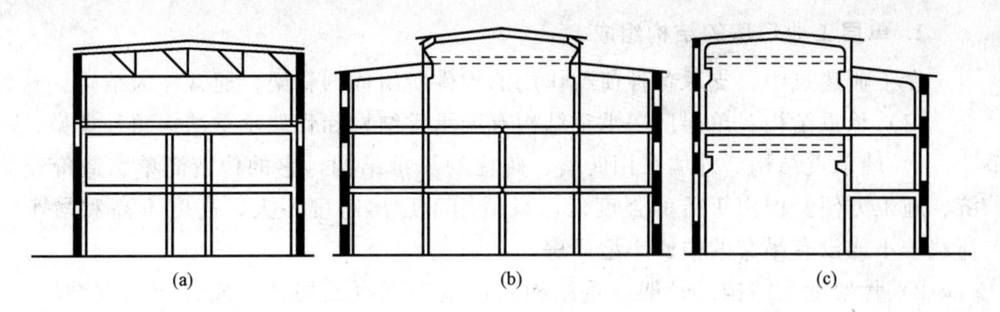

图 2-15 多层厂房

(a) 热电厂；(b) 化工车间；(c) 垃圾处理厂

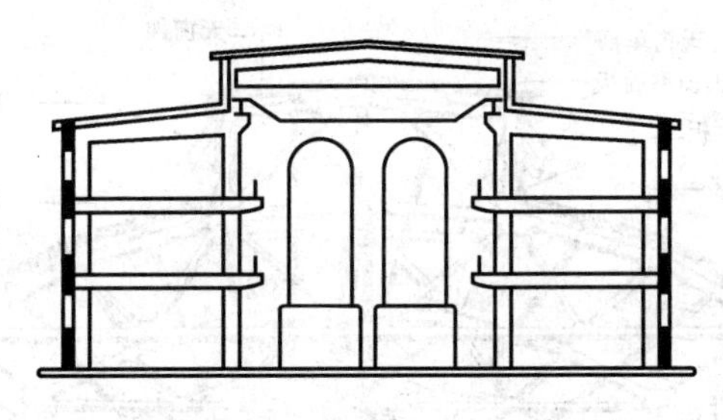

图 2-16 混合层次厂房

(3) 按工业建筑的跨数分类。

1) 单跨工业厂房。这种厂房宽度较小，依靠两侧窗采光，自然通风，一些重工业中的车间常采用这种形式。

2) 双跨工业厂房。两跨并在一起组成一个车间，可等跨等高，也可不等跨不等高。不少车间采用此种形式，将辅助工段设在低跨中。

3) 多跨工业厂房。这种厂房连成一片，采用天窗采光和通风，也可人工采光和空调组织通风，多用于自动化生产流水线，如汽车制造厂、纺织厂等。

(4) 按生产特征分类。

1) 热加工车间。热加工车间是指在高温状态下进行生产的车间，如铸造、热锻、冶炼、热轧等，这类车间在生产中散发大量余热，并伴随着产生烟雾、灰尘和有害气体。

2) 冷加工车间。冷加工车间是指在正常温、湿度条件下生产的车间，如机械加工车间、机械修理车间和装配车间。

3) 恒温恒湿车间。恒温恒湿车间是指为保证产品的质量，需在恒定的温度湿度条件下生产的车间，如纺织车间、精密仪器车间等。

4) 洁净车间。洁净车间是指根据产品的要求，需在高度洁净状况下进行生产的车间，如集成电路车间、药品生产车间和食品车间等。

2. 单层工业厂房的结构组成

在工业建筑中，支承各种荷载作用的构件所组成的骨架，通常称为结构。

（1）承重结构。单层厂房承重结构有墙承重结构和骨架承重结构两种类型。

1）墙承重结构。外墙采用砖墙、砖柱的承重结构，它的构造简单、造价经济、施工方便。但由于砖的强度低，只适用于厂房跨度不大、高度不高和吊车荷载较小或没有吊车的中、小型厂房。

2）骨架承重结构。骨架承重结构是由钢筋混凝土构件组成骨架承重结构，如图 2-17 所示。厂房的骨架由基础、柱、屋架、天窗架、屋面板、基础梁、吊车梁、连系梁和支撑系统等构件组成。墙体为围护构件。

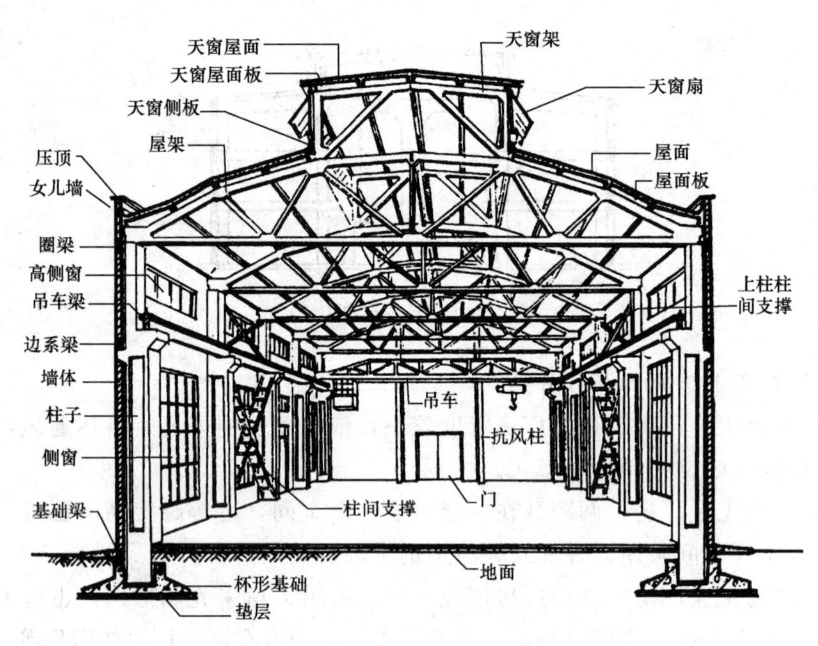

图 2-17　单层工业厂房组成

（2）围护结构。单层厂房的外围护结构包括外墙、屋顶、地面、门窗、天窗等。

（3）其他。如散水、地沟（明沟或暗沟）、坡道、吊车梯、室外消防梯、内部隔墙、作业梯、检修梯等。

第3章 脚手架基础知识

脚手架是建筑施工中不可缺少的临时设施。它是为解决在建筑物高部位施工而专门搭设的操作平台，用于施工作业和运输通道，也可用于临时堆放施工材料和机具等。因此，脚手架在砌筑工程、混凝土工程、装修工程中有着广泛的应用。

我国脚手架工程的发展大致经历了三个阶段。第一阶段是新中国成立初期到20世纪60年代，脚手架主要利用竹、木材料。20世纪60年代末到20世纪70年代，出现了扣件式钢管脚手架、钢制工具式脚手架等，此阶段为钢与竹、木脚手架并存的第二阶段。20世纪80年代至今，随着土木工程的发展，国内一些研究、设计、施工单位在从国外引入的新型脚手架基础上，经多年研究、应用，开发出门式、碗扣式等一系列新型脚手架，由此进入了多种脚手架并存的第三阶段。

采用金属制作的、具有多种功用的组合式、工具式脚手架，可以适用不同情况作业的要求。金属脚手架必将取代竹、木脚手架将是脚手架未来的发展趋势。

3.1 脚手架概述

3.1.1 脚手架的作用与要求

1. 脚手架的作用

脚手架是指为建筑施工而搭设的上料、堆料及用于施工作业要求的各种临时结构架。脚手架是建筑施工中不可缺少的空中作业工具，无论结构施工还是室外装修施工，以及设备安装都需要根据操作要求搭设脚手架。

建筑脚手架的作用主要表现为以下几个方面。

(1) 可以使施工作业人员在不同部位进行操作。

（2）能堆放及运输一定数量的建筑材料。

（3）保证施工作业人员在高空操作时的安全。

2. 脚手架的基本要求

脚手架在使用过程中应注意符合以下基本要求。

（1）满足施工使用需要。脚手架应有足够的作业面，如适当的宽度、步架高度、离墙距离等，以确保施工人员操作、材料堆放和运输的需要。

（2）稳固安全脚手架必须有足够的强度、刚度和稳定性，确保施工期间在规定的天气条件和允许荷载的作用下，脚手架稳定不倾斜、不摇晃、不倒塌，以确保施工人员的人身安全。

（3）设计合理，易搭设。以合理的设计减少材料和人工的耗用，节省脚手架费用。脚手架的构造要简单，便于搭设和拆除，脚手架材料能多次周转使用。

（4）搭设脚手架所用的材料规格、质量和构造，必须符合安全技术操作规程。

（5）架子地基应平整夯实或做基础，并抄平加设垫木或垫板，不得在未经处理、起伏不平和软硬不一的地面上直接搭设脚手架。

（6）要注意落地式脚手架的绑扎扣和螺栓的拧紧程度，桥式架的节点质量，吊、挂式架的挑梁、挑架、吊架、挂架、挂钩和吊索的质量，必须符合规定和质量要求。落地式单排脚手架要按规定留设脚手眼。

（7）垂直运输架的缆风应按规定拉好，并且锚固牢靠，与楼层或作业面高度相适应，以确保材料垂直运输的需要。脚手架要铺满、铺稳，不能有空头板。

（8）应考虑多层作业，交叉流水作业和多工种作业的要求，减少多次搭拆。

3.1.2 脚手架的分类

常用建筑脚手架的种类很多，主要有以下几种类型。

1. 按用途分类

（1）操作（作业）脚手架，俗称“砌筑脚手架”，又分为结构作业脚手架和装修作业脚手架，其架面施工荷载标准值分别规定为 $3kN/m^2$ 和 $2kN/m^2$。

（2）防护用脚手架，架面施工（搭设）荷载标准值可按 $1kN/m^2$ 计。

（3）承重、支撑用脚手架架面荷载按实际使用值计。

2. 按使用材料分类

按照使用材料划分，脚手架主要有木脚手架、竹脚手架、金属脚手架（包含扣件式钢管脚手架、碗扣式脚手架、门式脚手架、爬架）。

3. 按构架方式分类

（1）框架组合式脚手架，简称“框组式脚手架”，指由简单的平面框架（如门架、梯架、“口”字架、“日”字架和“目”字架等）与连接、撑拉杆件组合而成的脚手架，如门式钢管脚手架、梯式钢管脚手架和其他各种框式构件组装的鹰架等。

（2）杆件组合式脚手架，俗称“多立杆式脚手架”，简称“杆组式脚手架”。

（3）格构件组合式脚手架，指由桁架梁和格构柱组合而成的脚手架，如桥式脚手架。

（4）台架，指具有一定高度和操作平面的平台架，多为定型产品，其本身具有稳定的空间结构。可单独使用或立拼增高与水平连接扩大，并常带有移动装置。

4. 按搭设位置分类

（1）封圈型外脚手架，指沿建筑物周边交圈设置的脚手架。

（2）开口型脚手架，指沿建筑物周边非交圈设置的脚手架。

（3）外脚手架，指搭设在建筑物外围的架子。

（4）里脚手架，指搭设在建筑物内部楼层上的架子。

5. 按构造形式分类

（1）落地式脚手架，指搭设在地面、楼面、屋面或其他平台结构之上的脚手架。

（2）悬挑脚手架，简称“挑脚手架”，指采用悬挑方式支固的脚手架，其挑支方式又有以下3种，如图3-1所示。

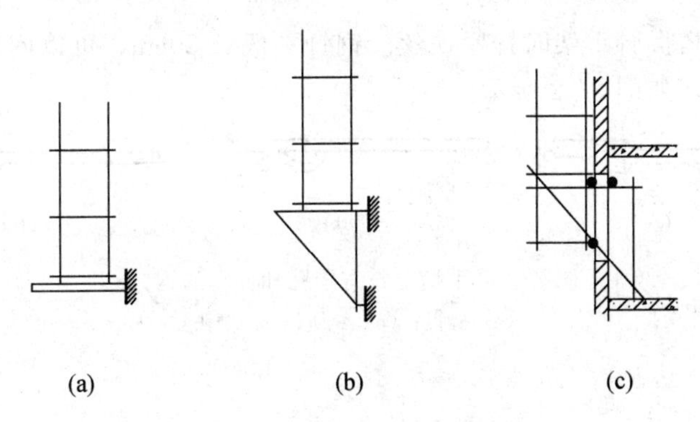

图3-1 挑脚手架的挑支方式

（a）悬挑梁；（b）悬挑三角桁架；（c）杆件支挑结构

1）悬挑梁。架设于专用悬挑梁上。

2）悬挑三角桁架。架设于专用悬挑三角桁架上。

3）杆件支挑结构。架设于由撑拉杆件组合的支挑结构上。其支挑结构有斜撑式、斜拉式、拉撑式和顶固式等多种。

（3）附墙悬挂脚手架，简称“挂脚手架”，指在上部或（和）中部挂设于墙体挑挂件上的定型脚手架。

（4）悬吊脚手架，简称“吊脚手架”，指悬吊于悬挑梁或工程结构之下的脚手架。

（5）水平移动脚手架，指带行走装置的脚手架（段）或操作平台架。

（6）附着升降脚手架，简称“爬架”，指附着于工程结构、依靠自身提升设备实现升降的悬空脚手架（其中实现整体提升者，也称为“整体提升脚手架”）。

6. 按脚手架平、立杆的连接方式分类

（1）承插式脚手架，指在平杆与立杆之间采用承插连接的脚手架。

（2）扣件式脚手架，指使用扣件箍紧连接的脚手架，即靠拧紧扣件螺栓所产生的摩擦作用构架和承载的脚手架。

（3）销栓式脚手架，指采用对穿螺栓或销杆连接的脚手架，此种型式已很少使用。

3.2 脚手架工具

3.2.1 脚手架常用工具

1. 钢钎

钢钎用于搭拆脚手架时拧紧铁丝。钢钎一般长 30cm，可以附带槽孔用来拔钉子或紧螺栓，如图 3-2 所示。

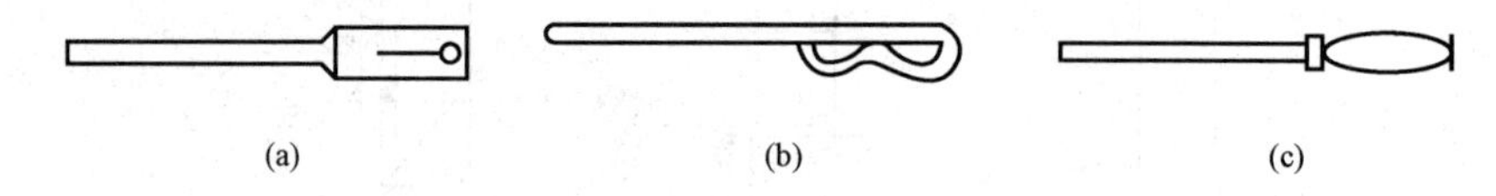

图 3-2 手柄上带有槽孔和栓孔的钢钎

（a）撬棍；（b）套筒；（c）磨头

2. 扳手

扳手是一种旋紧或拧松有角螺栓、螺钉、螺母螺丝钉或螺母的开口或套孔固件的手工工具，通常用碳素结构钢或合金结构钢制造。使用时沿螺纹旋转方向在柄部施加外力，就能拧转螺栓或螺母。

扳手是架子工在作业时经常用到的工具。常用的扳手类型主要有活络扳手、开口扳手、扭力扳手、梅花扳手等。

（1）活络扳手。活络扳手，又叫活扳手，如图 3-3 所示，活络扳手由呆扳唇、活扳唇、蜗轮、轴销和手柄组成。常用250mm、300mm等两种规格，使用时应根据螺母的大小选配。

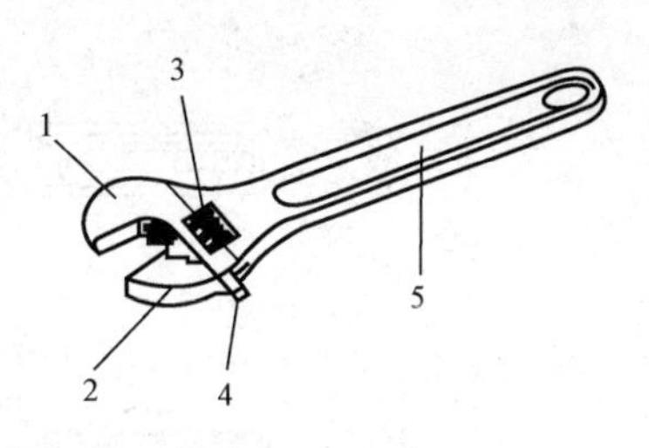

图3-3　活络扳手
1—呆扳唇；2—活扳唇；3—蜗轮；4—轴销；5—手柄

(2) 开口扳手。开口扳手，也称呆扳手，有单头和双头两种，其开口和螺钉头、螺母尺寸相适应的，并根据标准尺寸做成一套，如图3-4所示。

(3) 梅花扳手。梅花扳手的两端具有带六角孔或十二角孔的工作端，它只要转过30°，就可改变扳动方向，所以在狭窄的地方工作较为方便，如图3-5所示。

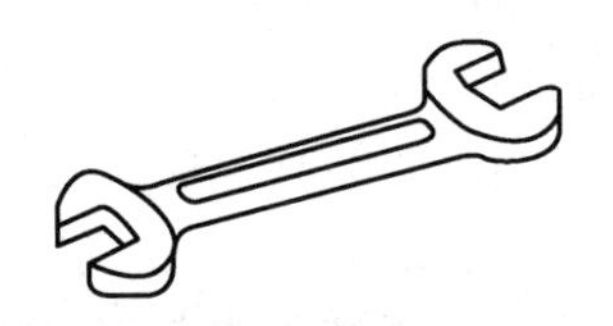
图3-4　开口扳手

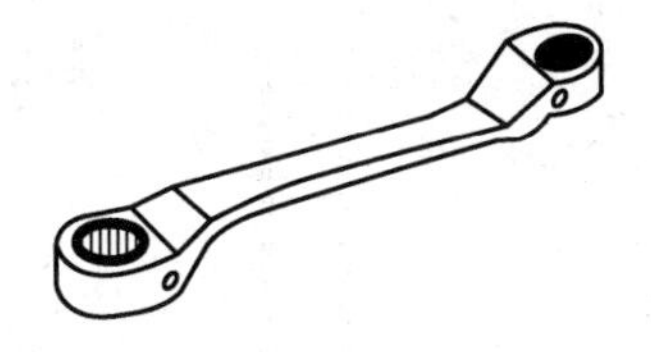
图3-5　梅花扳手

(4) 两用扳手。两用扳手的一端与单头呆扳手相同，另一端与梅花扳手相同，两端拧转相同规格的螺栓或螺母，如图3-6所示。

(5) 扭力扳手。扭力扳手，又叫力矩扳手、扭矩扳手、扭矩可调扳手等，如图3-7所示。

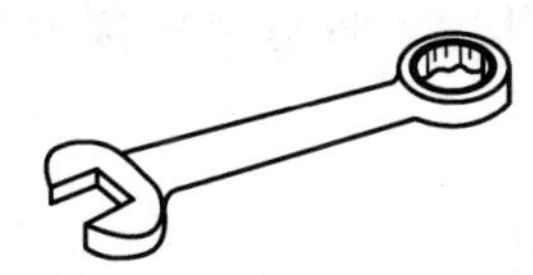
图3-6　两用扳手

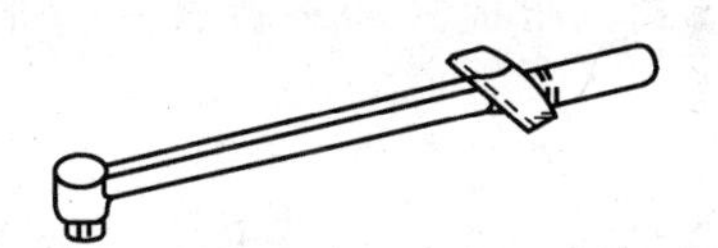
图3-7　扭力扳手

扭力扳手手柄上有窗口，窗口内有标尺，标尺显示扭矩值的大小，窗口边上有标准线。当标尺上的线与标准线对齐时，该点的扭矩值代表当前的扭矩预紧值。设定预紧扭矩值的方法是，先松开扭矩扳手尾部的尾盖，然后旋转扳手尾部手轮。管内标尺随之移动，将标尺的刻线与管壳窗口上的标准线对齐。

3.2.2　脚手架升降工具

1. 松紧螺杆

松紧螺杆，又称花篮螺栓或拉紧器，能拉紧和调节钢丝绳的松紧程度，用于捆绑运输中的构件，如图3-8所示。

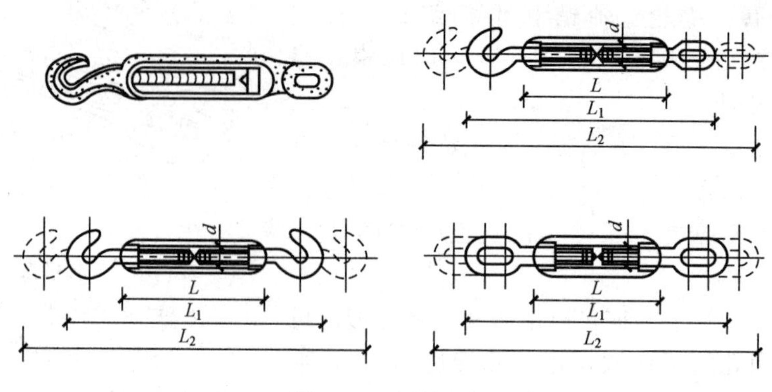

图 3-8　松紧螺杆

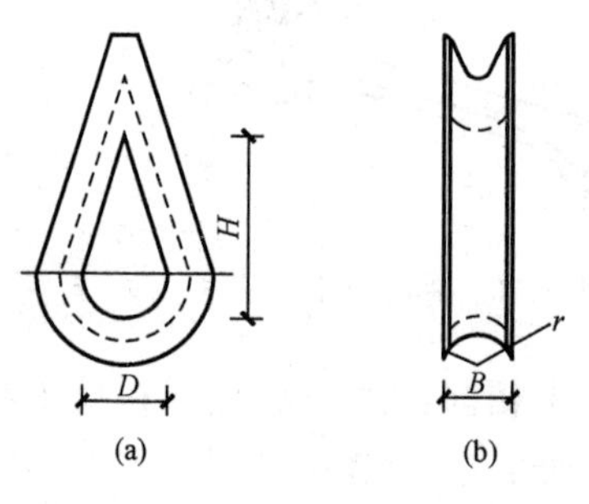

图 3-9　套环
(a) 立面；(b) 侧面

2. 吊具

吊具是吊装时的重要工具，主要包括套环、钢丝绳卡、卡环、吊钩等。

(1) 套环。套环装置在钢丝绳的端头，使钢丝绳在弯曲处呈弧形，不易折断。其装置如图 3-9 所示。

(2) 钢丝绳卡。钢丝绳卡用于钢丝绳的连接、接头等，是脚手架和起重吊装作业中应用较广泛的钢丝绳夹具。其装置如图 3-10 所示。主要有骑马式、压板式和拳握式三种形式。其中，骑马式连接力最强、应用最广。

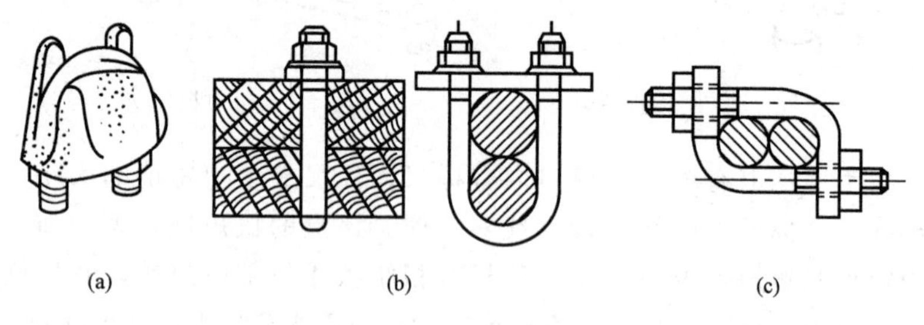

图 3-10　钢丝绳卡
(a) 骑马式；(b) 压板式；(c) 拳握式

(3) 卡环。卡环，又称卸甲，用于吊索与吊索或吊索同构件吊环之间的连接。卡环由一个止动锁和一个 U 形环组成，如图 3-11 所示。

(4) 吊钩。吊钩是起重装置钩挂重物的吊具。吊钩有单钩、双钩两种形式。常用单钩形式有直柄单钩和吊环圈单钩两种，如图 3-12 所示。

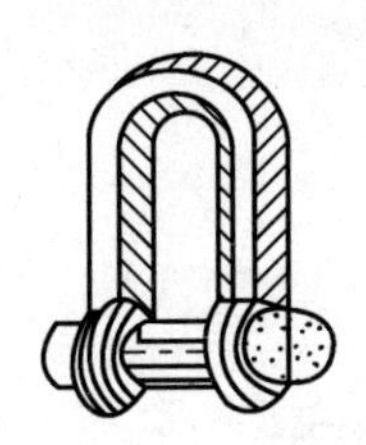

图3-11　卡环

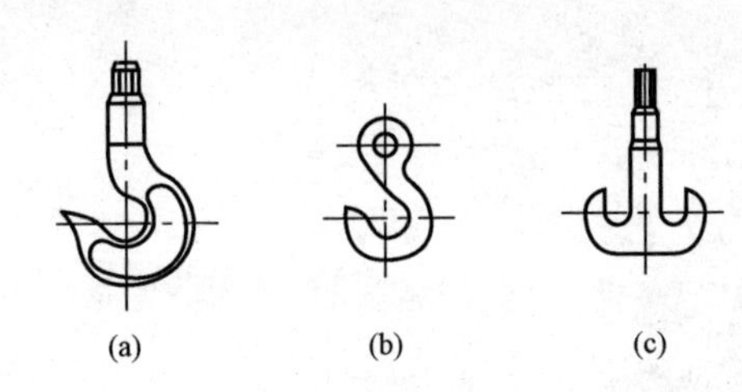

图3-12　吊钩

(a) 直柄单钩；(b) 吊环圈单钩；(c) 双钩

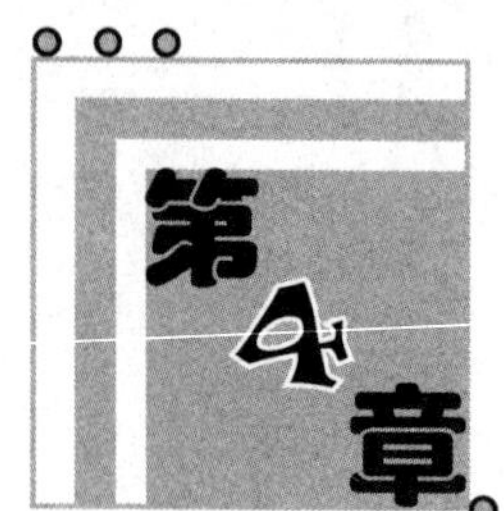

第4章 扣件式钢管脚手架

4.1 构造与构件

4.1.1 构造

扣件式钢管脚手架是由专用扣件和钢管组成的，具有搭拆方便、灵活，能适应建筑物平立面的变化的特点，强度高，坚固耐用，在建筑工程施工中被广泛使用。

扣件式钢管脚手架的构造如图 4 - 1 所示。

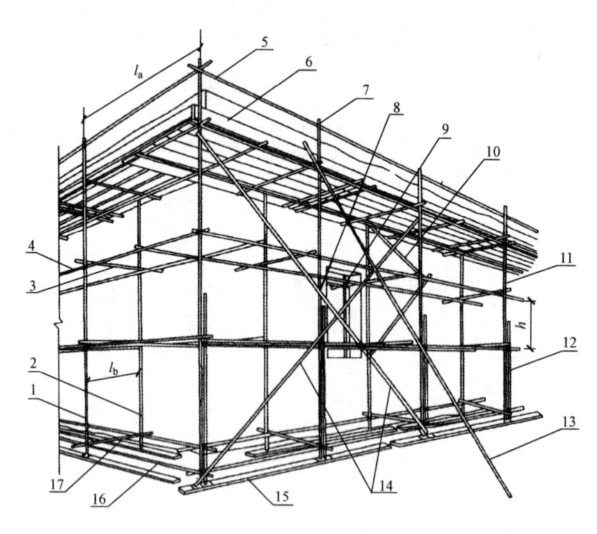

图 4 - 1　扣件式钢管脚手架构造

1—外立杆；2—内立杆；3—横向水平杆；4—纵向水平杆；5—安全防护栏；6—挡脚板；7—直角扣件；8—旋转扣件；9—连墙件；10—横向斜撑；11—主立杆；12—副立杆；13—抛撑；14—剪刀撑；15—垫板；16—纵向扫地杆；17—横向扫地杆

1. 构造形式

扣件式钢管脚手架的基本构造形式有双排和单排两种，如图4-2所示。

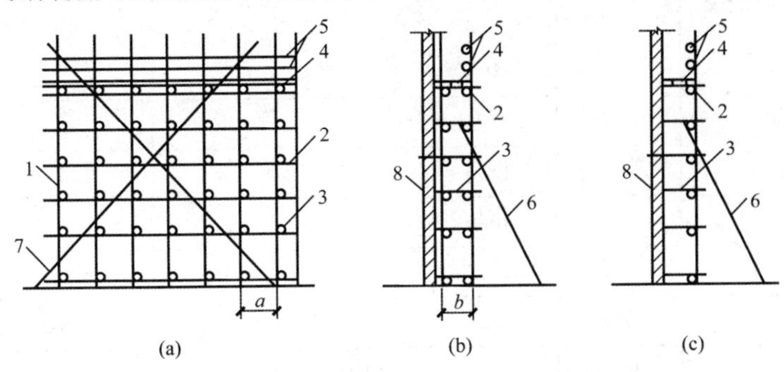

图4-2　扣件式钢管脚手架示意图

(a) 立面；(b) 侧面（双排）；(c) 侧面（单排）

1—立杆；2—纵向水平杆；3—横向水平杆；4—脚手板；

5—栏杆；6—抛撑；7—斜撑（剪刀撑）；8—墙体

a—立杆纵距；b—立杆横距

2. 构造尺寸

常用密目式安全立网全封闭单、双排脚手架结构的设计尺寸，可按表4-1、表4-2采用。

表4-1　常用密目式安全立网全封闭式单排脚手架的设计尺寸　单位：m

连墙件设置	立杆横距 $/l_b$	步距 $/h$	下列荷载时的立杆纵距 l_a		脚手架允许搭设高度 $[H]$
			2+0.35 /(kN/m²)	3+0.35 /(kN/m²)	
二步三跨	1.20	1.50	2.0	1.8	24
		1.80	1.5	1.2	24
	1.40	1.50	1.8	1.5	24
		1.80	1.5	1.2	24
三步三跨	1.20	1.50	2.0	1.8	24
		1.80	1.2	1.2	24
	1.40	1.50	1.8	1.5	24
		1.80	1.2	1.2	24

注　1. 表中所示2+2+2×0.35（kN/m²），包括下列荷载：2+2（kN/m²）为二层装修作业层施工荷载标准值；2×0.35（kN/m²）为二层作业层脚手板自重荷载标准值。

2. 作业层横向水平杆间距，应按不大于 $l_a/2$ 设置。

3. 地面粗糙度为8类，基本风压 $w_0=0.4$（kN/m²）。

表 4-2　　常用密目式安全立网全封闭式双排脚手架的设计尺寸　　单位：m

连墙件设置	立杆横距 l_b	步距 h	下列荷载时的立杆纵距 l_a				脚手架允许搭设高度 [H]
			2+0.35 /(kN/m²)	2+2+2×0.35 /(kN/m²)	3+0.35 /(kN/m²)	3+2+2×0.35 /(kN/m²)	
二步三跨	1.05	1.50	2.0	1.5	1.5	1.5	50
		1.80	1.8	1.5	1.5	1.5	32
	1.30	1.50	1.8	1.5	1.5	1.5	50
		1.80	1.8	1.2	1.5	1.2	30
	1.55	1.50	1.8	1.5	1.5	1.5	38
		1.80	1.8	1.2	1.5	1.2	22
三步三跨	1.05	1.50	2.0	1.5	1.5	1.5	43
		1.80	1.8	1.2	1.5	1.2	24
	1.30	1.50	1.8	1.5	1.5	1.2	30
		1.80	1.8	1.2	1.5	1.2	17

注　同表 4-1。

4.1.2　构件

1. 基础

脚手架基础的施工必须根据脚手架搭设高度、搭设场地地层情况与现行国家标准《建筑地基基础工程施工质量验收规范》(GB 50202) 的有关规定进行。

脚手架基础的主要构造形式，如图 4-3 所示。

脚手架基础的一般要求如下。

(1) 搭设高度在 25m 以下时，可素土夯实找平，上面铺设垫板，并设底座。脚手架底座底面标高宜高于自然地坪 50mm。

(2) 搭设高度在 25～50m 时，可采用回填土分层夯实找平，可铺设枕木作垫木，或在地基上加铺 20cm 厚道碴，其上铺设混凝土板，再仰铺 12～16 号槽钢。

(3) 搭设高度超过 50m 时，可于地面下 1m 深处采用灰土地基，或浇筑 50cm 厚混凝土基础，其上采用槽钢支垫。

(4) 脚手架基础外侧应设置排水沟进行有组织排水，防止积水浸泡地基。排水沟应素土夯实，铺设 100mm 厚 C10 混凝土。排水沟一般为上宽下窄的梯形，上口宽为 300～400mm，下底宽为 200～300mm；深度为 150～200mm。沟底设 3%～5%的坡度，便于沟内积水及时排出。

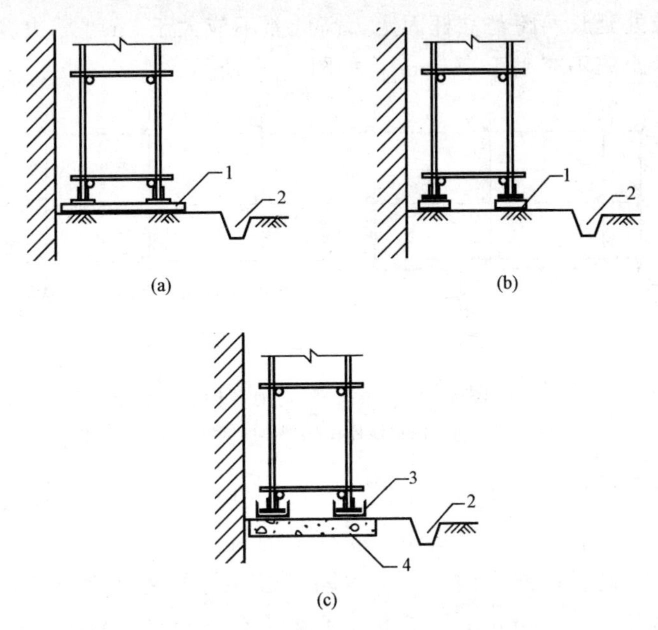

图 4-3　脚手架基础的主要构造形式
（a）垫板垂直墙面；（b）垫板平行墙面；（c）高层脚手架基底
1—垫板；2—排水沟；3—槽钢；4—混凝土垫层

（5）位于通道处的脚手架底部垫木（板）应低于其两侧地面，并在其上加设盖板，避免扰动。

（6）遇有坑槽时，立杆应下到槽底或在槽上加设底梁（一般可用枕木或型钢梁）。

（7）脚手架旁有开挖的沟槽时，应控制外立杆距沟槽边的距离：当架高在30m以内时，不小于1.5m；架高为30～50m时，不小于2.0m；架高在50m以上时，不小于2.5m。

2. 立杆

立杆的设置通常有单立杆和双立杆两种形式。立杆应均匀设置，通常其纵向间距不大于2m。立杆的构造应符合以下要求。

（1）每根立杆底部应设置底座和垫板。

（2）立杆必须用连墙件与建筑物可靠连接。

（3）立杆与水平杆应采用直角扣件扣紧，不能隔步设置或遗漏。

（4）脚手架必须设置纵、横向扫地杆，纵向扫地杆应采用直角扣件固定在立杆上，杆距底座上皮不大于200mm。横向扫地杆也应采用直角扣件固定在紧靠纵向扫地杆下方的立杆上。当立杆基础不在同一高度上时，必须将高处的纵向扫地杆向低处延长两跨与立杆固定，高低差不应大于 1m。靠边坡上方的立杆轴线到边坡的距离不应小于 500mm，如图 4－4 所示。

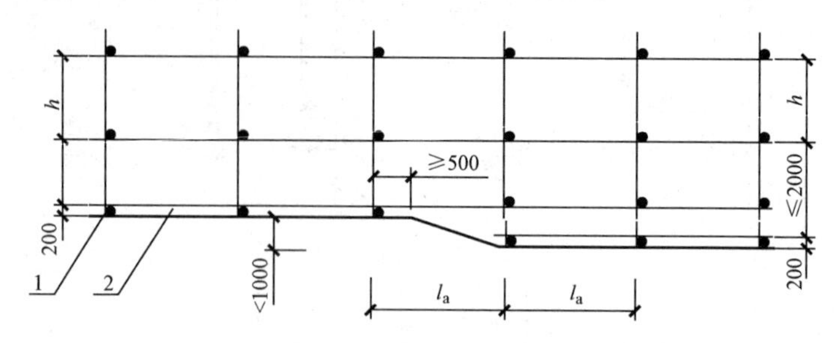

图 4－4 纵、横向扫地杆构造

1—横向扫地杆；2—纵向扫地杆

（5）立杆接长除顶层顶部可采用搭接外，其余各步接头必须采用对接扣件连接。对接、搭接应符合的要求是：立杆上的对接扣件应交错布置，两根相邻立杆的接头不应设置在同步内，同步内隔一根立杆的两个相隔接头在高度方向错开的距离不宜小于 500mm；各接头中心至主节点的距离不宜大于步距的 1/3。

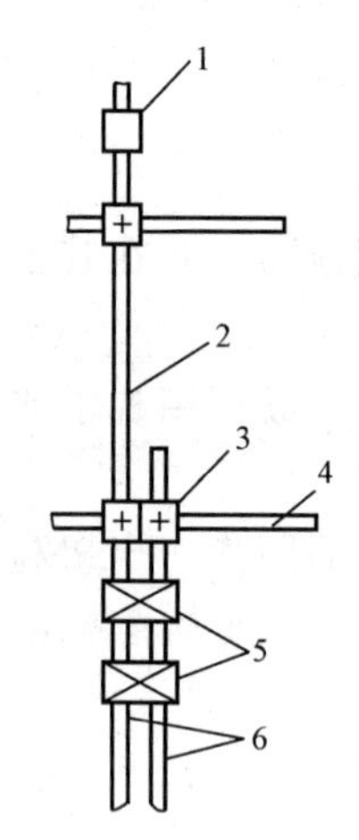

图 4－5 单立杆和双立杆的连接构造

1—对接扣件；2—上单立杆；3—直角扣件；4—纵向水平杆；5—旋转扣件；6—下双立杆

（6）搭接长度不应小于 1m，应采用不少于 2 个旋转扣件固定，端部扣件盖板的边缘至杆端距离不应小于 100mm。

（7）立杆上部应始终高出操作层 1.5m，并进行安全防护。立杆顶端宜高出女儿墙上皮 1m，高出檐口上皮 1.5m。

（8）当采用双立杆时，双立杆中副立杆的高度不应低于 3 步，钢管长度不应小于 6m。单立杆和双立杆的连接构造如图 4－5 所示。上部单立杆与下部双立杆中的一根用对接扣件连接，两根钢管必须同时用直角扣件与纵向水平杆扣紧，以保证两根钢管共同工作。

3. 水平杆

（1）纵向水平杆。纵向水平杆的构造应符合下列要求。

1）纵向水平杆步距，底层不得大于 2m，其他不宜大于 1.8m。

2）普通脚手架的纵向水平杆和横向水平杆应与立杆连接。双排脚手架的纵向水平杆宜设置在立杆内侧，其长度不宜小于 3 跨。

3）纵向水平杆接头宜采用对接扣件连接，也可采用搭接。

4）纵向水平杆对接时，接头应交错布置，两根相邻纵向水平杆的接头不宜设置在同步或同跨内，不同步或不同跨的两个相邻接头在水平方向错开的距离不应小于500mm，各接头中心至最近主节点的距离不宜大于纵距的1/3，如图4-6所示。

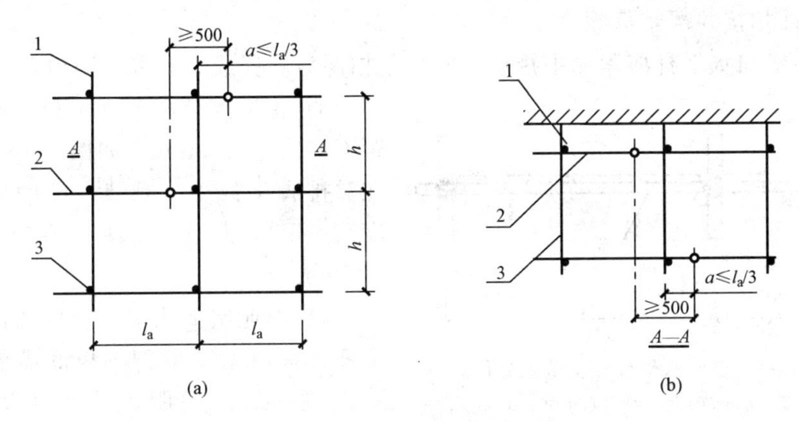

图4-6 纵向水平杆对接接头布置

（a）接头不在同步内（立面）；（b）接头不在同跨内（平面）

1—立杆；2—纵向水平杆；3—横向水平杆

5）纵向水平杆如搭接时，搭接长度不应小于1m，应等间距设置3个旋转扣件固定，端部扣件盖板边缘至搭接纵向水平杆杆端的距离不应小于100mm。

6）在双排脚手架中，当使用冲压钢脚手板、木脚手板、竹串片脚手板时，纵向水平应作为横向水平杆的支座，用直角扣件固定在立杆上。

7）在双排脚手架中，当使用竹笆脚手板时，纵向水平杆应采用直角扣件固定在横向水平杆上，并等间距设置，间距不应大于400mm，如图4-7所示。

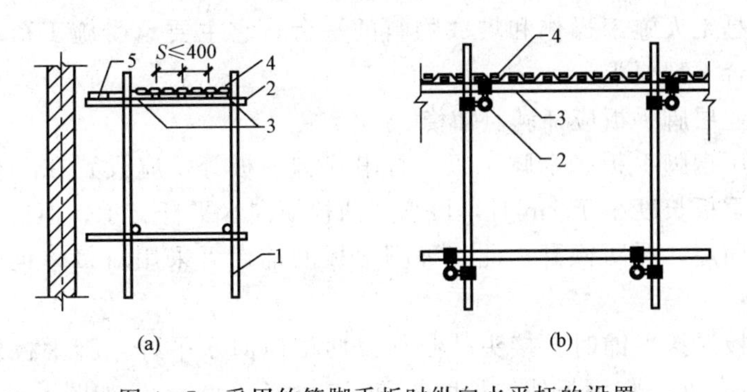

图4-7 采用竹笆脚手板时纵向水平杆的设置

（a）侧立面图；（b）正立面图

1—立杆；2—横向水平杆；3—纵向水平杆；4—竹笆脚手板；5—其他脚手板

（2）横向水平杆。设置横向水平杆的作用是与纵向水平杆组成一个刚性平面，缩小立杆的长细比，提高立杆的承载能力，同时承受脚手板或纵向水平杆传来的荷载，增强脚手架横向平面的刚度，约束立杆的侧向变形。

横向水平杆的构造应符合下列要求。

1）在立杆与纵向水平杆的交点处，即主节点处应设置一根横向水平杆，用直角扣件扣接并严禁拆除。

2）横向水平杆应紧靠主接点，用直角扣件与立杆或纵向水平杆扣牢。

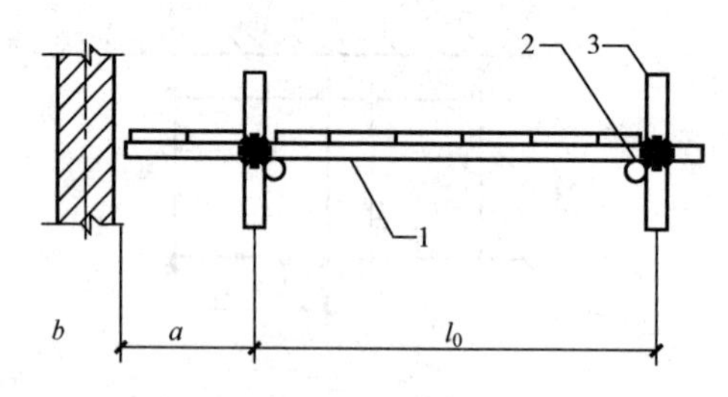

图 4-8 横向水平杆在主节点处设置
1—横向水平杆；2—纵向水平杆；3—立杆

3）主节点处两个直角扣件的中心距不应大于 150mm。如图 4-8 所示，在双排脚手架中，靠墙一端的外伸长度 a 不应大于 $0.4l_0$，且不应大于 500mm。

4）作业层上非主节点处的横向水平杆，宜根据支承脚手板的需要等间距设置，最大间距不应大于纵距的 1/2。

5）当使用冲压钢脚手板、木脚手板、竹串片脚手板时，双排脚手架的横向水平杆两端应采用直角扣件固定在纵向水平杆上；单排脚手架的横向水平杆两端均应采用直角扣件固定在纵向水平杆上，另一端应插入墙内，插入长度不应小于 180mm。

6）当使用竹笆脚手板时，双排脚手架的横向水平杆两端，应采用直角扣件固定在立杆上；单排脚手架的横向水平杆的一端，应用直角扣件固定在立杆上，另一端应插入墙内，插入长度也不应小于 180mm。

4. 脚手板

脚手板是工人施工操作和堆放物料的平台，它主要承受施工荷载。脚手板的构造应符合下列要求。

（1）作业层脚手板应铺满、铺稳。

（2）冲压钢脚手板、木脚手板、竹串片脚手板等，应设置在三根横向水平杆上。当脚手板长度小于 2m 时，可采用两根横向水平杆支承，但应将脚手板两端与其可靠固定，严防倾翻。此三种脚手板的铺设可采用对接平铺，也可采用搭接铺设。

当脚手板对接平铺时，接头处必须设两根横向水平杆，脚手板外伸长应取 130～150mm，两块脚手板外伸长度的和不应大于 300mm，如图 4-9（a）所示。

当脚手板搭接铺设时，接头必须支在横向水平杆上，搭接长度应大于 200mm，其伸出横向水平杆的长度不应小于 100mm，如图 4-9（b）所示。

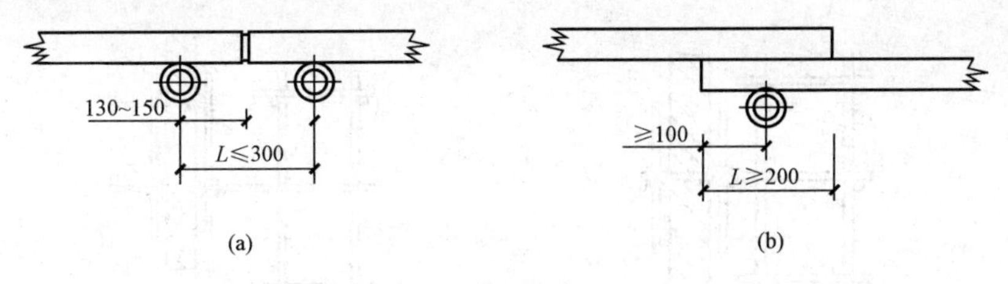

图 4 - 9　脚手板对接、搭接构造

(a) 脚手板对接示意图；(b) 脚手板搭接示意图

(3) 竹笆脚手板应按其主竹筋垂直于纵向水平杆方向铺设，且采用对接平铺，四个角应用直径 1.2mm 的镀锌钢丝固定在纵向水平杆上。

(4) 作业层端部脚手板探头长度应取 150mm，其板长两端均应与支承杆可靠地固定。

5. 连墙件

在脚手架与建筑物之间，必须设置足够数量、分布均匀的连墙件，以对脚手架侧向提供约束，防止脚手架横向失稳或倾覆。

(1) 连墙件的构造类型。按照构造形式，连墙件可分为刚性连墙件和柔性连墙件，一般情况下应当优先采用刚性连墙件。

1) 刚性连墙件。用钢管、扣件或预埋件等变形较小的材料将立杆与主体结构连接在一起，可组成刚性连墙件。刚性连墙件既能承受拉力，又能承受压力作用，又有一定的抗弯和抗扭能力，能抵抗脚手架相对于墙体的里倒和外张变形，也能对立杆的纵向弯曲变形有一定的约束作用。

扣件式钢管脚手架的刚性连墙构造有以下几种常用形式。

a. 单杆穿墙夹固式。单根小横杆穿过墙体，在墙体两侧用短钢管（长度 0.6m，立放或平放）塞以垫木（6cm×9cm 或 5cm×10cm 木方）固定，如图 4 - 10所示。

b. 单杆窗口夹固式。单杆小横杆通过门窗洞口，在洞口墙体两侧用适长的钢管（立放或平放）塞以垫木固定，如图 4 - 11 所示。

c. 双杆穿墙夹固式。一对上下或左右相邻的小横杆穿过墙体，在墙体的两侧用小横杆塞以垫木固定。

d. 双杆窗口夹固式。一对上下或左右相邻的小横杆通过门窗洞口，在洞口墙体两侧用适长的钢管塞以垫木固定。

e. 单杆箍柱式。单杆适长的横向平杆紧贴结构的柱子、用 3 根短横杆将其固定于柱侧，如图 4 - 12 所示。

f. 双杆箍柱式。用适长的横向平杆和短钢管各 2 根抱紧柱子固定。

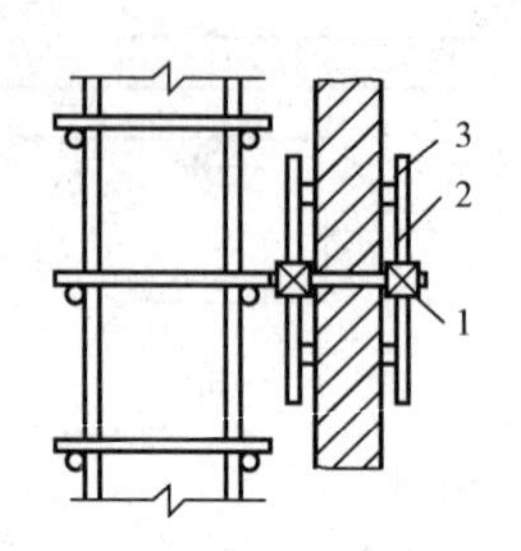

图 4-10 单杆穿墙夹固式
1—直角扣件；2—短钢管；3—垫木

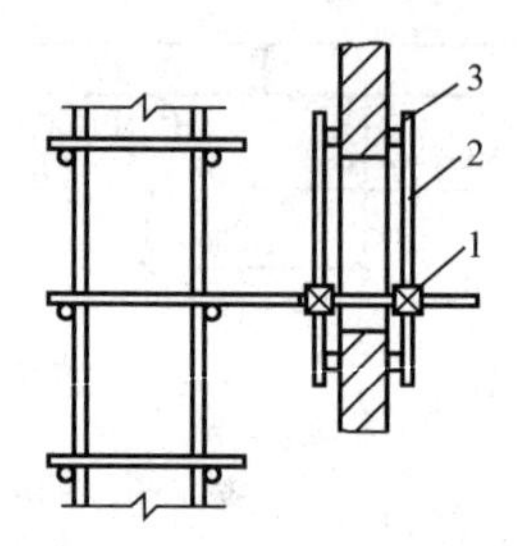

图 4-11 单杆窗口夹固式
1—直角扣件；2—短钢管；3—垫木

g. 埋件连固式。在混凝土墙体（或框架的柱、梁）中埋设连墙件，用扣件与脚手架立杆或纵向平杆连接固定。预埋的连墙件形式有带短钢管埋件和预埋钢管法两种：带短钢管埋件是指在普通埋件的钢板上焊以适长的短钢管，钢管的长度应能满足与立杆或纵向水平杆可靠连接。拆除时需用气割从钢管焊接处割开。预埋钢管法是在混凝土浇筑前用一竖向短钢管埋设于梁内约 200mm，露出梁背约 200mm，待混凝土浇筑完成后，用水平长钢管连接立杆与竖向短钢管即可，如图 4-13 所示。

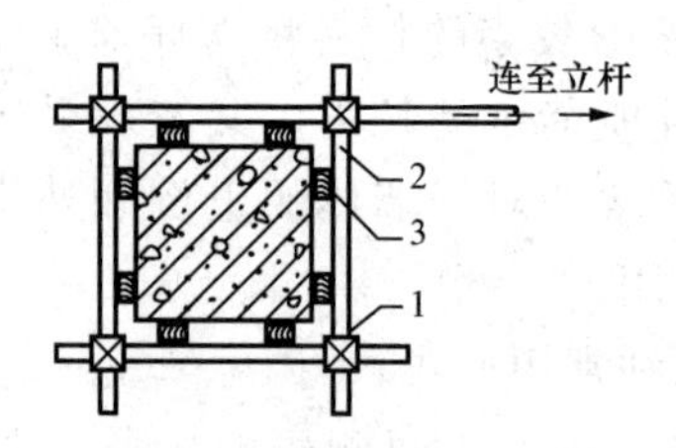

图 4-12 单杆箍柱式
1—直角扣件；2—短钢管；3—垫木

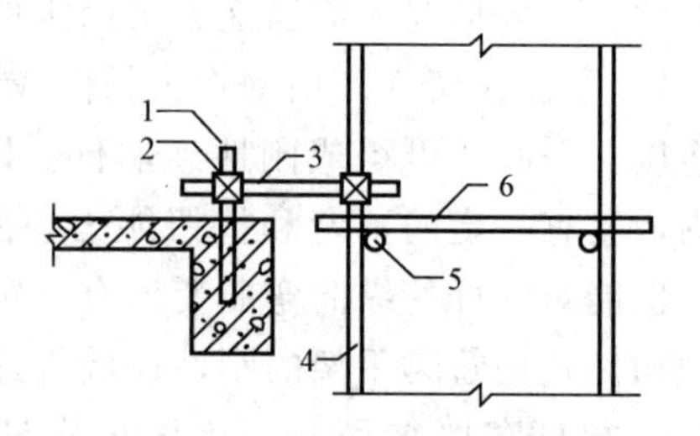

图 4-13 预埋钢管法刚性连接
1—混凝土内预埋短钢管；2—直角扣件；
3—连接杆件（短钢管）；4—脚手架里排立杆；
5—纵向水平杆；6—横向水平杆

h. 绑挂连固式。采用绑或挂的方式固定螺栓套管连墙件。绑式应采用适长的双股 8 号钢丝，一端套入短钢筋横杆后埋入墙体（或穿过墙体贴靠在墙体里表面上），伸出外墙面足够长度，穿入套管（套管的里端焊有带中心孔的支承板，外端带有可卡置短钢筋的半圆形槽口）后，加 $\phi16$ 短钢筋绑扎固定。挂式是指在墙体中埋入用圆钢制作的挂环件（或另一端弯起、勾于里墙面上），伸出外墙面形成适合的挂环，将 M12～M16 螺栓带弯头的一端卡入挂环，穿入带支承板的套管后，另一端加垫板以螺母拧紧固定。这种形式，既可用于混凝土墙体，也可用于砖砌墙体。

i. 插杆绑固式。在使用单排脚手架的墙体中设预埋件，在墙外侧设短钢管，塞以垫木用双股8号钢丝绑扎固定。亦可使用短钢筋将双股8号铁丝一端埋入墙体或贴固于里墙面。

2）柔性连墙件。采用钢丝、钢筋等作拉结筋将立杆与主体结构连接在一起，可组成柔性连墙件。柔性连墙件只能承受拉力作用，不具有抗弯、抗扭作用，只能限制脚手架向外倾倒，不能防止脚手架向里倾斜，因此应与顶撑配合使用。

如图4-14所示，扣件式钢管脚手架的柔性连墙件构造有以下形式。

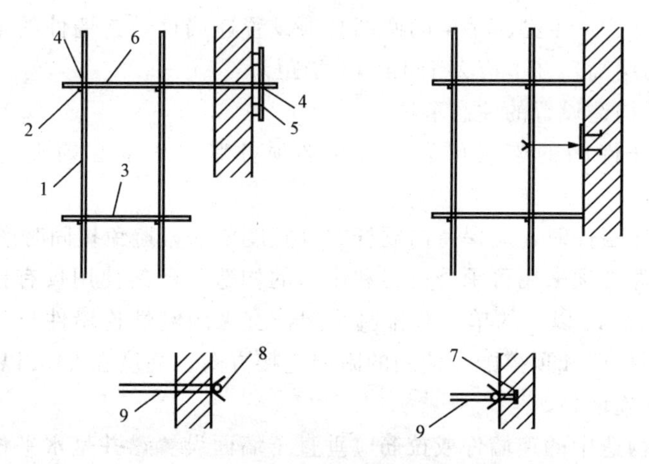

图4-14　柔性连墙件构造形式

1—立杆；2—纵向平杆（大横杆）；3—横向平杆（小横杆）；4—直角扣件；5—短钢管；6—适长钢管（或用小横杆）；7—预埋件；8—短钢筋；9—双股8号钢丝

a. 单拉式。只设置仅抵抗拉力作用的拉杆或拉绳。前述采用单杆（或双杆）穿墙（或通过窗口）的夹固构造，如果只在墙的里侧设置挡杆时，则就成为单拉式。

b. 拉顶式。将脚手架的小横杆顶于外墙面（也可根据外墙装修施工操作的需要，加适厚的垫板，抹灰时可撤去），同时设双股8号钢丝拉结。

（2）连墙件的布置间距。连墙件的布置间距应符合表4-3所列数据。

表4-3　　连墙件最大布置间距

脚手架高度		竖向间距/h	水平间距/l_a	每根连墙件覆盖面积/m^2
双排	≤50m	$3h$	$3l_a$	≤40
	>50m	$2h$	$3l_a$	≤27
单排	≤24m	$3h$	$3l_a$	≤40

(3) 连墙件的构造要求。连墙件的构造应符合下列规定。

1) 宜靠近主节点设置，偏离主节点的距离不应大于 300mm。

只有连墙件在主节点附近方能有效地阻止脚手架发生横向弯曲失稳或倾覆，若远离主节点设置连墙件，因立杆的抗弯刚度较差，将会由于立杆产生局部弯曲，减弱甚至起不到约束脚手架横向变形的作用。

2) 应从底层第一步纵向水平杆处开始设置，当该处设置有困难时，应采用其他可靠措施固定。

3) 宜优先采用菱形布置，也可采用方形、矩形布置。

4) 开口型、一字型脚手架的两端必须设置连墙件，连墙件的垂直间距不应大于建筑物的层高，并不应大于 4m (2 步距)。

(4) 连墙构造设置的注意事项。

1) 确保杆件间的连接可靠。扣件必须拧紧；垫木必须夹持稳固，防止脱出。

2) 装设连墙件时，应保持内立杆的垂直度要求，避免拉固时产生变形。

3) 连墙件必须采用可承受拉力和压力的构造，严禁使用仅有拉筋的柔性连墙件。高度在 24m 以下的单、双排脚手架，宜采用刚性连墙件与建筑物可靠连接，也可采用拉筋和顶撑配合使用的附墙连接方式；高度在 24m 以上的脚手架，必须采用刚性连墙件。

4) 连墙构造中的连墙件或拉筋应垂直于墙面设置，并呈水平位置或稍可向脚手架一端倾斜，但不容许向上翘起，如图 4-15 所示。

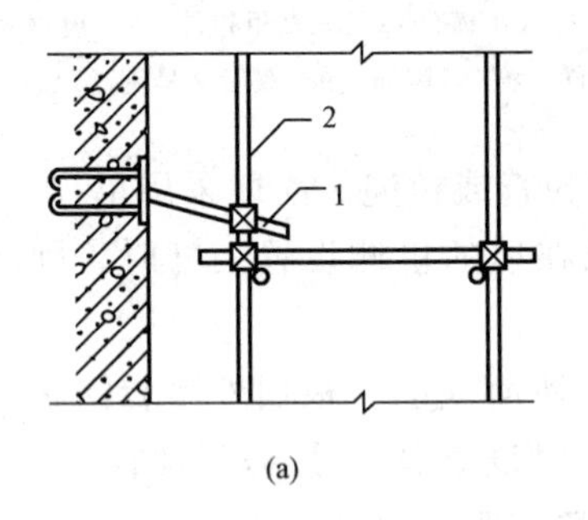

(a)

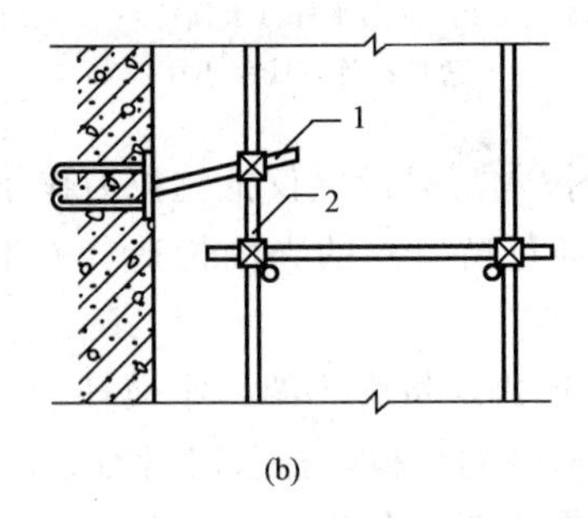

(b)

图 4-15 连墙件的构造

(a) 连墙件下斜 (允许)；(b) 连墙件上斜 (不允许)

1—连墙件；2—内立杆

5) 当脚手架下部暂不能设连墙件时应采取防倾覆措施。当搭设抛撑时，抛撑应采用通长杆件，并用旋转扣件固定在脚手架上，与地面的倾角应在 40°～60° 之间；连接点中心至主节点的距离不应大于 300mm。抛撑应在连墙件搭设后再拆除。

6）架高超过40m且有风涡流作用时，应采取抗上升翻流作用的连墙措施。

6. 门洞

脚手架遇到施工过程中需通行的门洞时，为了施工方便和不影响通行和运输，位于洞口处的立杆无法设置。这样洞口上方的立杆不能落到基底上，这时可挑空1～2根立杆，并将悬空的立杆用斜杆逐根连接，使荷载分布到两侧立杆上。

门洞上方的立杆从洞口上方的纵向水平杆开始扣接，洞口上方的内、外纵向水平杆可用两根钢管加强。

（1）门洞桁架的型式。门洞宜采用上升斜杆、平行弦杆桁架结构形式，斜杆与地面的倾角 a 应在40°～60°之间。门洞桁架的型式宜按下列要求确定。

1）当步距 h=1.8m，纵距不应大于1.5mm。

2）当步距 h=2.0m，纵距不应大于1.2mm。

（2）门洞桁架的构造要求。门洞桁架的构造应符合下列规定。

1）单排脚手架门洞处，应在平面桁架［图4-16中（a）～（d）］的每一节间设置一根斜腹杆；双排脚手架门洞处的空间桁架，除下弦平面外，应在其余5个平面内的图示节间设置一根斜腹杆（图4-16中1—1剖面～3—3剖面）。

2）斜腹杆宜采用旋转扣件固定在与之相交的横向水平杆的伸出墙上，旋转扣件中心线至主节点的距离不宜大于150mm。当斜腹杆在1跨内跨越2个步距时，如图4-16（a）、（b），宜在相交的纵向水平杆处，增设一根横向水平杆，将斜腹杆固定在其伸出端上。

3）斜腹杆宜采用通长杆件，当必须接长使用时，宜采用对接扣件连接，也可采用搭接，搭接构造应符合立杆搭接的规定。

4）单排脚手架过窗洞时应增设立杆或增设一根纵向水平杆，如图4-17所示。

5）门洞桁架下的两侧立杆应为双管立杆，副立杆高度应高于门洞口1～2步。

6）门洞桁架中伸出上下弦杆的杆件端头，均应增设一个防滑扣件，该扣件宜紧靠主节点处的扣件。

7. 剪刀撑和横向斜撑

脚手架应设置剪刀撑和横向斜撑，使脚手架具有足够的纵向和横向整体刚度。双排脚手架应设剪刀撑与横向斜撑，单排脚手架应设剪刀撑。

（1）剪刀撑。剪刀撑的构造应符合下列要求。

1）每道剪刀撑跨越立杆的根数宜按表4-4的规定确定。

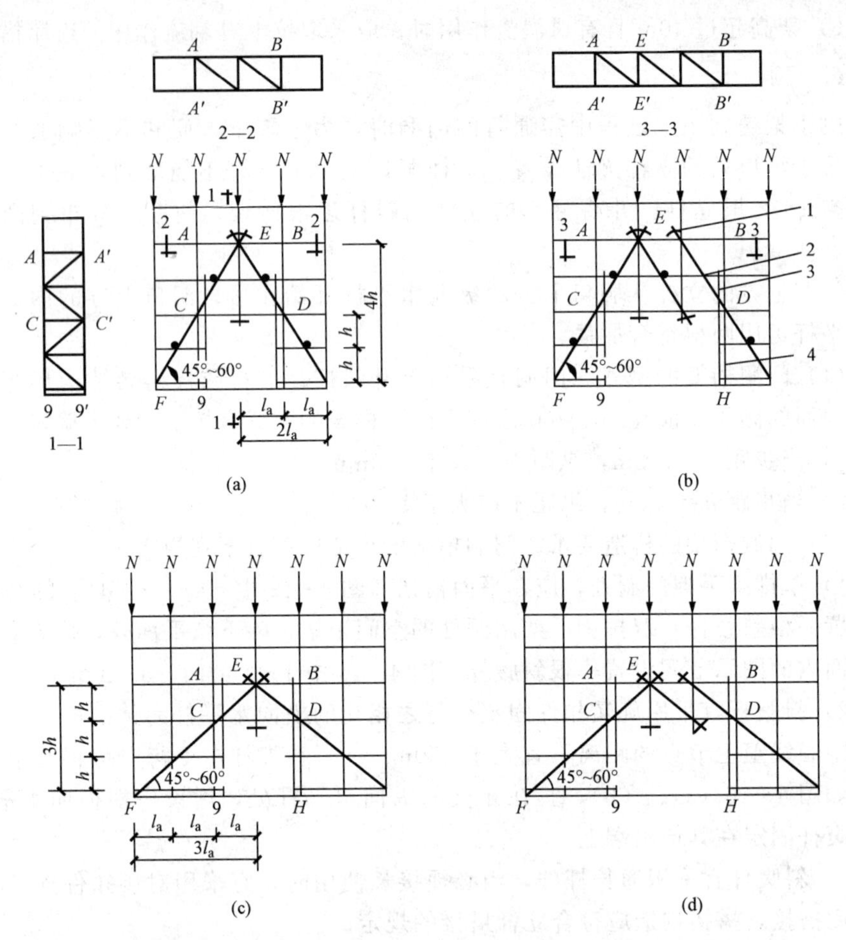

图 4-16　门洞处上升斜杆、平行弦杆桁架

（a）挑空一根立杆（A 型）；（b）挑空二根立杆（A 型）；

（c）挑空一根立杆（B 型）；（d）挑空二根立杆（B 型）

1—防滑扣件；2—增设的横向水平杆；3—副立杆；4—主立杆

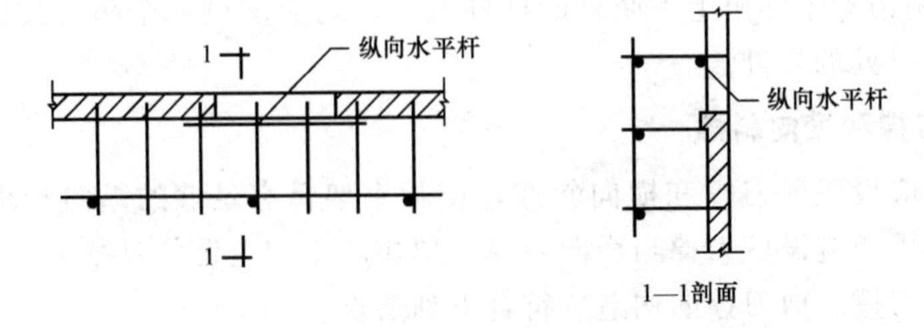

图 4-17　单排脚手架过窗洞构造

表 4-4　　剪刀撑跨越立杆的最多根数

剪刀撑斜杆与地面的倾角 α	45°	50°	60°
剪刀撑跨越立杆的最多根数 n	7	6	5

2）每道剪刀撑宽度不应小于 4 跨，且不应小于 6m，斜杆与地面的倾角宜在 45°～60°之间，如图 4-18 所示。

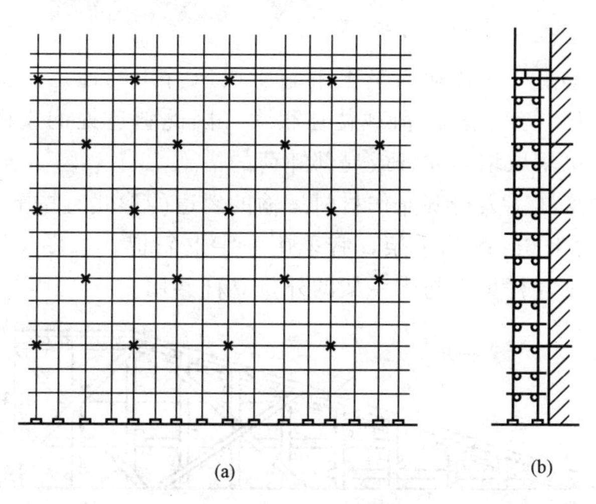

图 4-18　连墙件节点立面和侧面布置图
(a) 立面；(b) 侧面

3）高度在 24m 以上的双排脚手架应在外侧立面整个长度和高度上连续设置剪刀撑。

4）高度在 24m 以下的单、双排脚手架，均必须在外侧立面的两端各设置一道剪刀撑，并应由架底至架顶连续设置；中间各道剪刀撑之间的净距不应大于 15m。

5）剪刀撑斜杆应用旋转扣件固定在与之相交的横向水平杆的伸出端或立杆上，旋转扣件中心线至主节点的距离不宜大于 150mm。

(2) 横向斜撑。横向斜撑，又称为“之”字撑，是与双排脚手架内、外立杆或水平杆斜交呈“之”字形的斜杆，主要是为了增强脚手架横向平面的刚度。

横向斜撑的构造应符合下列要求。

1）横向斜撑应在同一节间，从底到顶层呈“之”字形连续布置，斜撑杆宜采用旋转扣件固定在与之相交的横向水平杆的伸出端上，旋转扣件中心线至主节点的距离不宜大于 150mm。

2）当斜撑杆在 1 跨内跨越 2 个步距时，宜在相交的纵向水平杆处，增设一根横向水平杆，将斜腹杆固定在其伸出端上。

3）斜撑杆宜采用通长杆件，当必须接长时，宜采用对接扣件连接，也可采用搭接。

4）一字形、开口形双排脚手架的两端必须设置横向斜撑，中间宜每隔 6 跨设置一道。

5）高度在 24m 以下的封闭形双排脚手架可不设横向斜撑，高度在 24m 以上的封闭形脚手架，除拐角应设置横向斜撑外，中间应每隔 6 跨设置一道。

8. 斜道

斜道，又称马道，是作业人员上下施工层通行用的通道。斜道每层都设有脚手架板及挡脚板，其立杆的荷载往往很大，因此斜道处的立杆要验算其稳定性，若不足时，可采取增加立杆或局部卸荷的措施。

（1）斜道的形式。人行并兼作材料运输的斜道的形式宜按下列要求确定。

1）高度不大于 6m 的脚手架，宜采用一字形斜道，如图 4 - 19 所示。一字形普通斜道的里排立杆可以与脚手架的外排立杆共用。

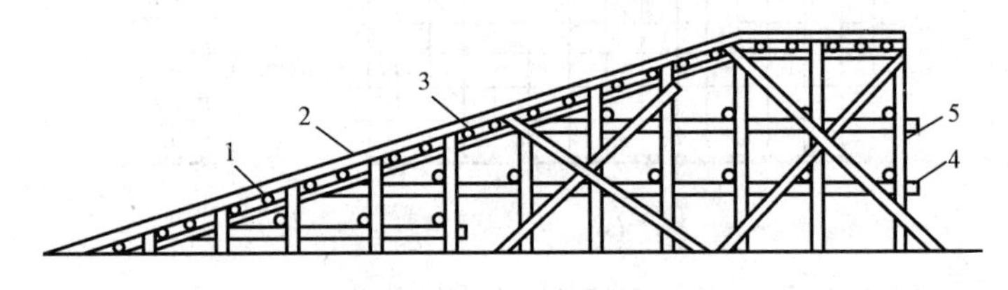

图 4 - 19　一字形斜道

1—横向水平杆；2—斜道板；3—斜向杆；4—纵向水平杆；5—立杆

2）高度大于 6m 的脚手架，宜采用之字形斜道。之字形普通斜道和运料斜道因架板自重和施工荷载较大，其构架应单独设计和验算，以确保使用安全。

（2）斜道的构造要求。斜道的构造要求应符合下列规定。

1）斜道宜附着外脚手架或建筑物设置，但斜道必须与建筑物结构进行有效拉结。

2）运料斜道宽度不宜小于 1.5m，坡度宜采用 1∶6，人行斜道宽度不宜小于 1m，坡度宜采用 1∶3。

3）拐弯处应设置平台，其宽度不应小于斜道宽度。

4）斜道两侧、端部及平台外围，必须设置剪刀撑。斜道两侧及平台外围均应设置栏杆及挡脚板。栏杆高度应为 1.2m，挡脚板高度不应小于 180mm。

5）宽度大于 2m 的斜道，在脚手板下的横向水平杆下，应设置之字形横向支撑。

6）运料斜道两侧、平台外围和端部均应按设计和施工交底的规定设置连墙件；每两步应加设水平斜杆；应按设计要求设置剪刀撑和横向斜撑。

（3）斜道脚手板的构造。斜道脚手板的构造应符合下列规定。

1）脚手板顺铺时，接头宜采用搭接；下面的板头应压住上面的板头，板头的凸棱处宜采用三角木填顺。

2）脚手板横铺时，应在横向水平杆下增设纵向支托杆，纵向支托杆间距不应大于500mm。

3）人行斜道和运料斜道的脚手板上应每隔250～300mm设置一根防滑木条，木条厚度宜为20～30mm。

4.2　特点与材料

4.2.1　特点

扣件式钢管外脚手架是目前应用最广泛的一种脚手架。其具有如下特点。

1. 优点

扣件式钢管外脚手架的优点主要表现为以下几个方面。

（1）架子稳定，整体承载能力大。按照脚手架安全技术规范和设计计算的有关规定搭设落地扣件式钢管外脚手架时，一般情况下，架子比较稳定，整体承载力较大。

（2）加工、搭拆方便。落地扣件式钢管外脚手架所用钢管和扣件均有国家标准，加工简单，通用性好，扣件连接简单，易于操作，装拆灵活，搬运方便。

（3）适用范围广。落地扣件式钢管外脚手架适用于各种类型建筑物结构的施工。扣件式钢管脚手架适用于：构筑各种形式的脚手架、模板和其他支撑架；组装井字架；搭设坡道、工棚、看台及其他临时构筑物；作其他两种脚手架的辅助、加强杆件。

2. 缺点

落地扣件式钢管外脚手架用材量较大，搭拆耗费人工较多，材料费用和人工费用也消耗大，施工工效不高，安全保证性一般。

4.2.2　材料要求

1. 钢管杆件

（1）钢管的尺寸。脚手架钢管宜采用ϕ8.3mm×3.6mm的钢管。每根钢管的最大质量不应大于25.8kg，尺寸应按表4-5采用。

表 4-5　　脚手架钢管尺寸　　单位：mm

钢管类别	截面尺寸		最大长度	
	外径 ϕ，d	壁厚 t	双排架横向水平杆	其他杆
低压流体输送用焊接钢管、直缝电焊钢管	48.3	3.6	2200	6500

（2）钢管的要求。

1）脚手架钢管应采用现行国家标准《直缝电焊钢管》（GB/T 13793—2008）或《低压流体输送用焊接钢管》（GB/T 3091—2008）中规定的 Q235 普通钢管，其质量应符合现行国家标准《碳素结构钢》（GB/T 700—2006）中 Q235 级钢的规定。

2）钢管上严禁打孔。

3）脚手架杆件使用的钢管必须进行防锈处理，即对购进的钢管先行除锈，然后外壁涂防锈漆一道和面漆两道。在脚手架使用一段时间以后，由于防锈层会受到一定的损伤，因此需重新进行防锈处理。

（3）钢管的检查。

1）新钢管的检查。新钢管的检查应符合下列规定。

a. 应有产品质量合格证和质量检验报告。

b. 钢管表面应平直光滑，不应有裂缝、结疤、分层、错位、硬弯、毛刺、压痕和深的划道。同时，钢管表面应涂有防锈漆。

c. 钢管外径、壁厚、端面等的允许偏差应分别符合表 4-6 的规定。

表 4-6　　钢管的允许偏差

序号	项目	允许偏差 Δ/mm	示意图	检查工具
1	焊接钢管尺寸/mm 外径 48.3 壁厚 3.5 外径 51 壁厚 3.0	 −0.5 −0.5 −0.5 −0.45	—	游标卡尺
2	钢管两端面切斜偏差	1.70	2°	塞尺，拐角尺
3	钢管外表面锈蚀深度	≤0.5	Δ	游标卡尺

续表

序号	项目	允许偏差 Δ/mm	示意图	检查工具
4	钢管弯曲 a. 各种杆件钢管的端部弯曲 $L\leqslant 1.5$m	≤5		钢板尺
	b. 立杆钢管弯曲 3m<$L\leqslant$4m 4m<$L\leqslant$6.5m	≤12 ≤20		
	水平杆、斜杆的钢管弯曲 $L\leqslant$6.5m	≤30		

2）旧钢管的检查。旧钢管的检查应符合下列规定。

a. 钢管弯曲变形应符合表4-6中序号4的规定。

b. 钢管上严禁打孔，钢管有孔时不得使用。

c. 表面锈蚀深度应不大于0.5mm。锈蚀检查应每年一次。检查时，应在锈蚀严重的钢管中抽取三根，在每根锈蚀严重的部位横向截断取样检查，当锈蚀深度超过规定值时不得使用。

2. 底座

扣件式钢管脚手架的底座用于承受脚手架立杆传递下来的荷载，用可锻铸铁制造的标准底座的构造如图4-20和图4-21所示。底座也可用厚8mm、边长150mm的钢板作底板与外径60mm、壁厚3.5mm、长150mm的钢管作套筒焊接而成。

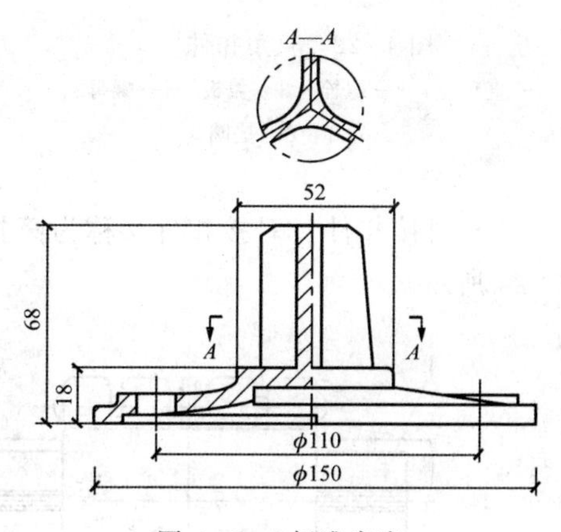

图4-20　标准底座

3. 扣件

脚手架的扣件为钢管杆件之间的连接件。扣件应采用可锻铸铁或铸钢制作。

（1）扣件的基本形式。锻铸铁扣件主要有以下三种基本形式。

1）直角扣件。直角扣件又称为十字扣，是用来连接两根垂直相交的杆件，如图4-22所示。

2）旋转扣件。旋转扣件又称为回旋扣，是用来连接两根垂直木胶的杠件，如图4-23所示。

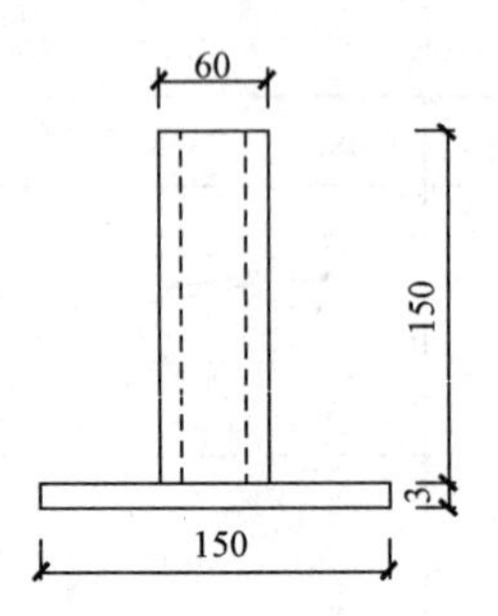

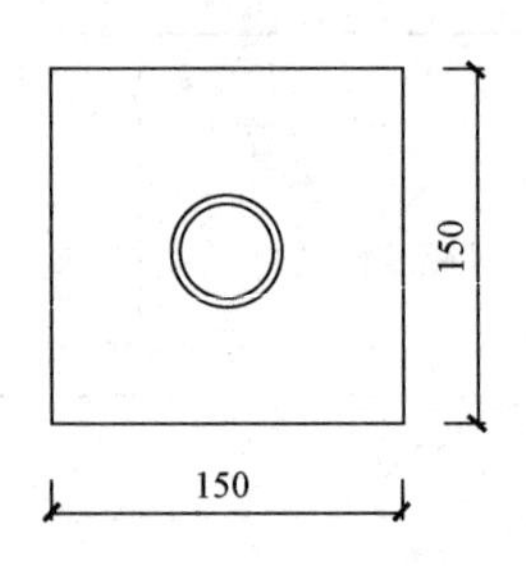

图 4-21　焊接底座

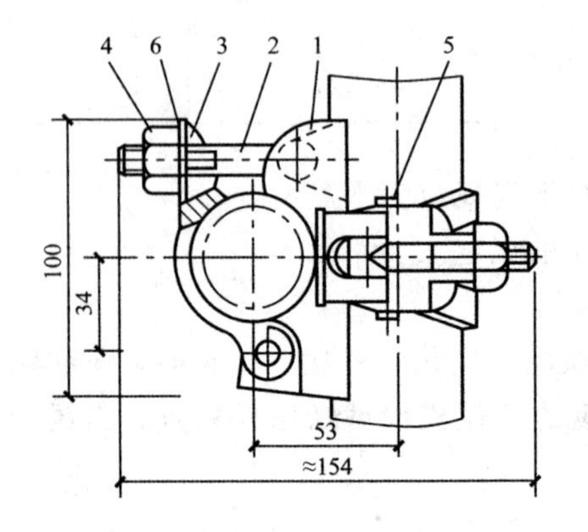

图 4-22　直角扣件

1—直角座；2—螺栓；3—盖板；4—螺母；5—销钉；6—垫圈

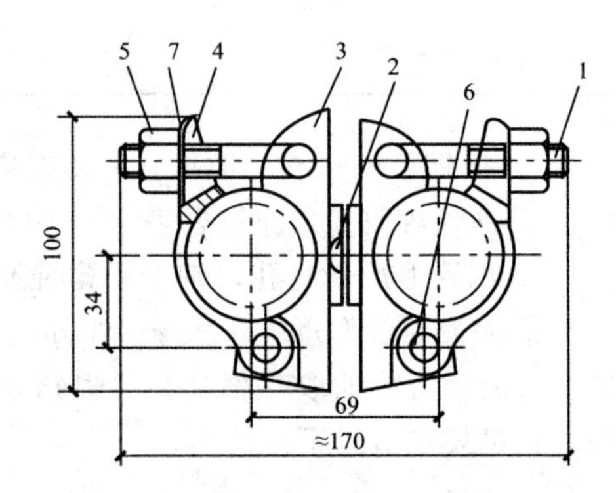

图 4-23　旋转扣件

1—螺栓；2—铆钉；3—旋转座；4—盖板；5—螺母；6—销钉；7—垫圈

3）对接扣件。对接扣件又称为筒扣、一字扣，用于两根杆件的对接，如图 4-24 所示。

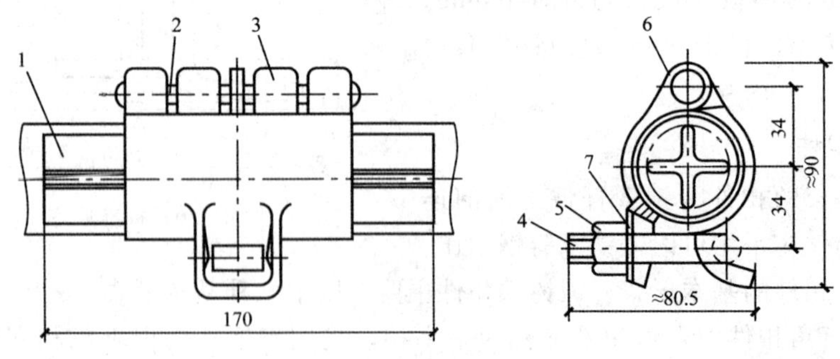

图 4-24　对接扣件

1—杆芯；2—铆钉；3—对接座；4—螺栓；5—螺母；6—对接盖；7—垫圈

（2）扣件的技术要求。

1）可锻铸铁扣件式钢管外脚手架的材质应符合现行国家标准《钢管脚手架扣件》（GB 15831—2006）的规定；采用其他材料制作的扣件，其质量必须经实验证明符合该标准的规定后，才能使用。

2）扣件应经过60N·m扭力矩试压，扣件各部位不应有裂纹，在螺栓拧紧扭力矩达65N·m时，不得发生破坏。

3）扣件用脚手架钢管应采用《低压流体输送用焊接钢管》（GB/T 3091—2008）中公称外径为48.3mm的普通钢管，其他公称外径、壁厚的允许偏差及力学性能应符合《低压流体输送用焊接钢管》（GB/T 3091—2008）的规定。

4）扣件用T形螺栓、螺母、垫圈、铆钉采用的材料应符合《碳素结构钢》（GB/T 700—2006）的有关规定。螺栓与螺母连接的螺纹均应符合《普通螺纹基本尺寸》（GB/T 196—2003）的规定，垫圈的厚度应符合《平垫圈 C级》（GB/T 95—2002）的规定，铆钉应符合《半圆头铆钉》（GB 867—1986）的规定。T形螺栓M12，其总长应为（72±0.5）mm，螺母对边宽应为（224±0.5）mm，厚度应为（14±0.5）mm；铆钉直径应为（8±0.5）mm，铆钉接头应大于铆孔直径1mm；旋转扣件中心铆钉直径应为（14±0.5）mm。T形螺栓和螺母不得滑丝。

5）扣件的外观和附件质量要求。

a. 扣件各部位不得有裂纹、气孔等影响使用的铸造缺陷。

b. 当钢管公称外径为48.3mm时，盖板与底座的张开距离不得小于50mm；当钢管公称外径为51mm时，盖板与底座的张开距离不得小于55mm。

c. 当扣件夹紧钢管时，开口处距离应小于5mm。扣件与钢管接触部位不应有氧化皮，其他部位氧化皮面积累计不应大于150mm^2。

d. 扣件表面大于10mm^{2}的砂眼不应超过3处，且累计面积不应大于50mm^2；扣件表面粘砂面积累计不应大于150mm^2。

e. 扣件表面凸（或凹）的高（或深）值不应大于1mm。

f. 错箱不应大于1mm。

g. 铆接处应牢固，不应有裂纹。

h. 活动部位应能够灵活转动，旋转扣件两旋转面间隙应小于1mm。

i. 扣件表面应进行防锈处理，油漆应均匀美观，不应有堆漆或露钢。

j. 产品的型号、商标、生产年号应在醒目处铸出，字迹、图案应清晰完整。

4. 脚手板

扣件式钢管外脚手架的作业层面可根据所用脚手板的支承要求设置横向平杆，因而可使用各种形式的脚手板。

（1）脚手板的种类。脚手板，又称跳板，是用于构造作业层架面的板材。

脚手板可采用钢、木、竹等材料制作，每块质量不宜大于 30kg。

1）木脚手板。木脚手板应用杉木或松木制作，其材质应符合现行国家标准《木结构设计规范》（GB 50005—2003）中Ⅱ级材质的规定。

2）竹脚手板。竹脚手板主要有竹串片脚手板和竹笆片脚手板两种，一般用生长期不少于两年的成年毛竹或楠竹劈成竹片制作而成。凡腐朽、发霉的竹片不得用于脚手板的加工。

a. 竹串片脚手板。竹串片脚手板由立放（并列）竹片侧叠穿制而成。如图 4-25 所示，一般用毛竹或楠竹劈成宽度不小于 50mm 的竹片侧叠而成，沿纵向每隔 500～600mm 用直径 10mm 的螺栓穿透拧紧，端部螺栓离板端 200～250mm。

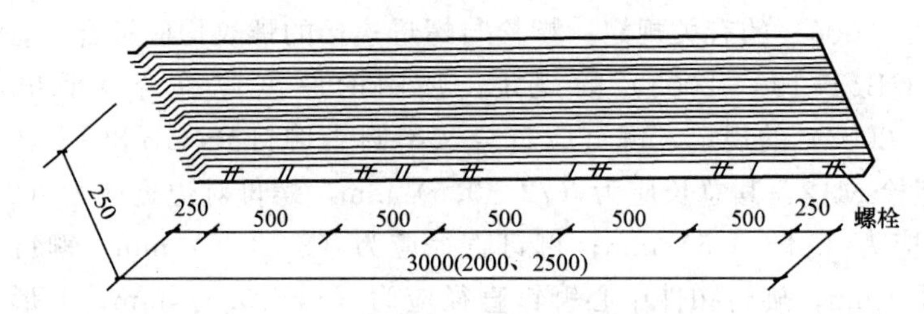

图 4-25　竹串片脚手板

b. 竹笆片脚手板。竹笆片脚手板由平放竹片编制而成。如图 4-26 所示，一般用毛竹或楠竹劈成宽度不小于 30mm、厚度不小于 8mm 的竹片编制成长为 2～2.5m、宽为 0.8～1.2m 的脚手板。编制时，纵向每道用双片，且不少于 5 道，横向用一正一反竹片密编。四周边用两面相对夹紧，并打眼穿钢丝扎牢。每张竹笆片脚手板应沿纵向用镀锌钢丝绑扎两道宽度 40mm 的双面夹筋。

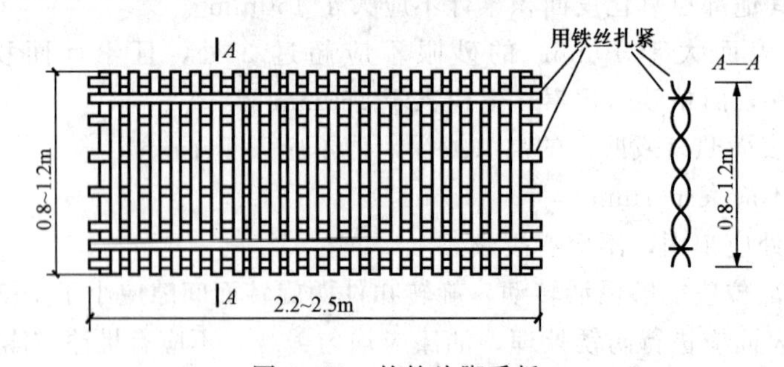

图 4-26　竹笆片脚手板

3）钢脚手板。钢脚手板一般用 2mm 厚的钢板冲压而成，其材质应符合 Q235A 级钢的规定。新脚手板应有产品质量合格证；长度在 4m 以内的板面挠曲不得大于 12mm，长度大于 4m 的板面挠曲不得大于 16mm，板面任一角翘起不得大于 5mm；不得有裂纹、开焊和硬弯，使用前应涂刷防锈漆。

钢脚手板通常板面冲成很多圆孔，板的一端附有接头板，接头板上有套环和环孔，当两块板对头接长时，套环套入环孔中。脚手板的长度通常为1.5～3.6m，宽度230～250mm，如图4-27所示。

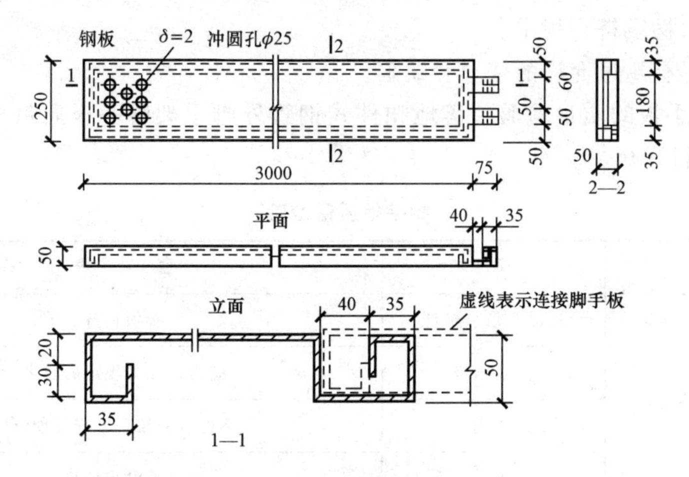

图4-27 钢脚手板

4）钢木脚手板。钢木脚手板是用角钢作边框，用钢筋作纵挡及横挡，中间密拼木板条的一种组合脚手板，如图4-28所示。

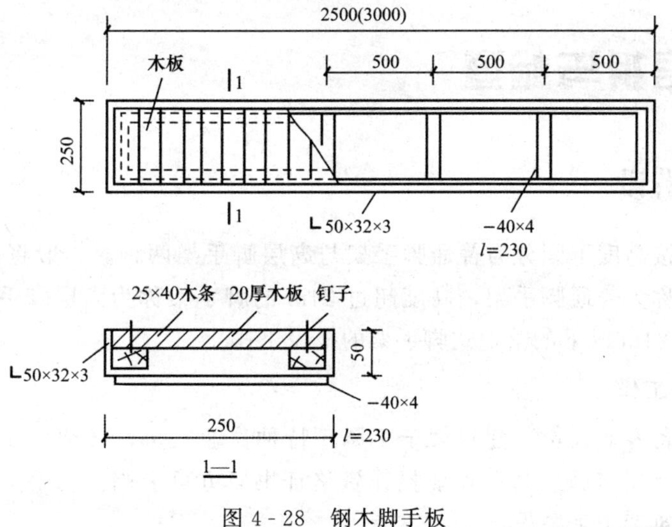

图4-28 钢木脚手板

脚手板种类较多，但必须按照适用、安全的要求进行选择。实际使用时，竹串片脚手板因不好掌握推车方向，易发生翻车事故，不宜用于有水平运输的脚手架；薄钢板脚手板因易滑和生锈，不宜用于冬季或多雨潮湿地区。

（2）脚手板的技术要求。落地扣件式脚手架脚手板的技术要求如下。

1）脚手板的厚度不宜小于 50mm，宽度不宜小于 200mm，重量不宜大于 30kg。

2）确保材质符合规定。

3）不得有超过允许的变形和缺陷。

（3）脚手板的质量检验。落地扣件式钢管外脚手架脚手板质量检验应按表 4－7所列项目进行。

表 4－7 脚手板质量检验

项次	项目	要　　求
钢脚手板	产品质量合格证	必须具备
	尺寸偏差	应符合相关规定的要求
	缺陷	不得有裂纹、开焊与硬弯
	防锈	必须涂防锈漆
木脚手板	尺寸	宽应大于、等于 20mm，厚度宜大于 50mm
	缺陷	不得有开裂、腐朽

4.3 搭拆与检查

4.3.1 搭设

脚手架按高度不同分为普通脚手架与高层脚手架两种。一般将高度 24m 以下的脚手架称为普通脚手架，高度超过 24m 的脚手架称为高层脚手架。这里主要介绍高度 24m 以下的落地式脚手架的搭设工作。

1. 准备工作

（1）配备专业人员。建筑架子工属于特种作业人员，必须持住房和城乡建设部颁发的《建筑施工特种作业操作资格证书》方可上岗。脚手架的搭设应当由专业的建筑架子工搭设。

（2）准备防护及搭设工具。作业人员应每人配备一套合格的安全防护用品（安全帽、安全带、工作服、防滑鞋等）。搭架工具应根据搭架要求和现场实际情况准备。采用普通固定扳手作扣件的紧固工具时，宜事先用测力计测定操作人员的“手劲”，以便操作时掌握力度。

（3）熟悉搭设方案。搭架以前，应参加搭架方案的技术交底会议，了解房屋主体结构、地基及主体工程施工概况，明确脚手架布置方案及技术要求。同时，要到施工现场熟悉情况，明确脚手架使用性质、使用要求以及搭设环境、架料准备、工期要求等有关情况。

（4）做好地基处理。单排或双排落地式脚手架基础应设置在夯实的回填土上，以免发生过量下降，致使脚手架倒塌。脚手架的地基处理要求有：若地面平整、牢实，可在做好排水处理后，直接在地面搭设；若地基起伏较大或为回填土，则要做必要的处理。对地基起伏较大的可采用铲平、设垫块、砌垫墩等方法，也可按地面标高分为若干层，各层分别平整。而对回填土，应分层夯实并设垫块或垫板。

（5）进行架料检查。搭架前，对钢管、扣件、脚手板、安全网等架料进行清理检查。对于旧架料中材料的一些问题和缺陷可按表4-8进行检查处理，未经处理的架料不得上架使用。

表4-8　　搭架前架料检查项目

序号	架料	项目	处理
1	钢管	弯曲	剔除、修整
		压扁	剔除、修整
		严重锈蚀	剔除不用
2	扣件	脆弱	剔除不用
		变形	剔除不用
		乱牙	换螺栓
3	木脚手板	腐朽、断裂	剔除不用
		变形	剔除、修整
4	竹脚手板	扭曲、变形	剔除不用
		腐朽、断裂	剔除不用
		螺栓松动	紧固修复
5	安全网	断绳、腐朽	报废
		局部松散	编织、加固

2. 搭设步骤

脚手架按形成基本构架单元的要求，逐排、逐跨、逐步地进行搭设。脚手架一次搭设的高度不应超过相邻连墙件以上 2 步距。

封闭形脚手架可在其中的一个转角的两侧各搭设一个 1～2 根杆长和 1 根杆高的架体，并按规定要求设置剪刀撑或横向斜撑，形成一个稳定的架体，如图 4 - 29所示。然后向两边延伸搭设好后，再分步向上搭设。

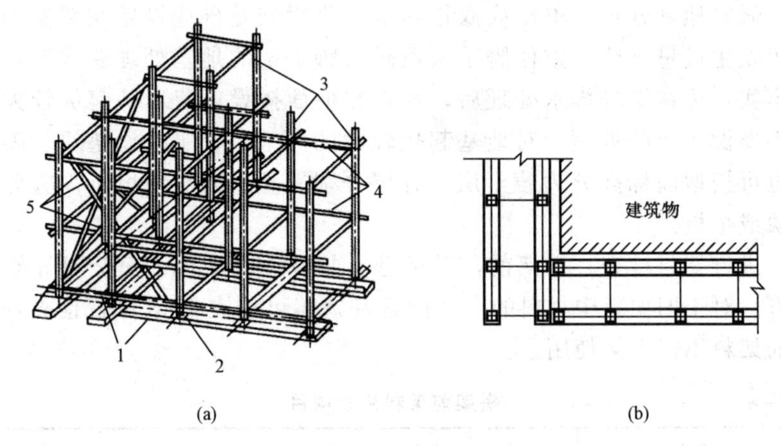

图 4 - 29　脚手架开始搭设示意图

(a) 轴测图；(b) 平面图

1—垫板；2—底座；3—立杆；4—水平杆；5—剪刀撑

扣件式钢管脚手架的搭设可分为以下具体步骤。

(1) 清理、检查基底，定位放线、铺垫板、设置底座或标定立杆位置。

(2) 一字形脚手架应从一端开始并向另一端延伸搭设；周边脚手架应从一个角部开始并向两边延伸交圈搭设。

(3) 放置纵向扫地杆（贴近地面的纵向水平杆）。

(4) 按定位依次竖起立杆，将立杆与纵、横向扫地杆连接固定。

(5) 装设第 1 步的纵向和横向平杆，随校正立杆垂直之后予以固定。

(6) 按此要求继续向上搭设。

(7) 搭设第 2 步后加设临时抛撑，抛撑每隔 6 个立杆设一道，待连墙件固定后拆除。

(8) 架高 7 步以上时随施工进度，逐步加设剪刀撑。剪刀撑、斜撑等整体拉结杆件和连墙件应随搭升的架子同时设置，连墙件和剪刀撑设置时滞后不得超过 2 步。

(9) 每搭设完一步脚手架后，应当校正步距、纵距、横距和立杆垂直度。

(10) 在操作层上铺脚手板，安装防护栏杆和挡脚板，挂设安全网。

3. 注意事项

搭设扣件式钢管脚手架时需要注意以下问题。

（1）严禁不同规格钢管及其相应扣件混用。

（2）底立杆应按立杆接长要求选择不同长度的钢管交错设置，至少应有两种适合不同长度的钢管作立杆。

（3）在架杆的同时，就要装扣件并紧固。架杆时，可在立杆上预定位置留置扣件，横杆依该扣件就位。先上好螺栓，再调平、校正，然后紧固。移动扣件位置时，不能猛力敲打扣件螺栓。

（4）一定要采取先搭设起始段从后向前延伸的方式，当两组作业时，可分别从相对角开始搭设。

（5）剪刀撑的斜杆与基本构架结构杆件之间至少有3道连接，其中斜杆的对接或搭接接头部位至少有1道连接。

（6）杆件端部伸出扣件之外的长度不得小于100mm。

（7）周边脚手架的纵向平杆必须在角部交圈并与立杆连接固定，因此，东西两面和南北两面的作业层（步）有一交汇搭接固定所形成的小错台，铺板时应处理好交接处的构造。当要求周边铺板高度一致时，角部应增设立杆和纵向平杆（至少与3根立杆连接）。

（8）当建筑底层层高较大，或因其他原因下部不能设置连墙杆时，可采用设抛撑的办法来支撑、稳定脚手架。抛撑用长钢管（一般不接长）斜撑住脚手架外侧，与地面倾斜，夹角为45°～60°，其间距不多于六根立杆，抛撑根部应埋入土中或与地面其他固定物可靠抵撑。地面无抵撑物时，应打木桩或钢管桩作为抛撑的抵撑物。设置有抛撑的脚手架上部要设置连墙杆。

（9）对接平板脚手板时，对接处的两侧必须设置间横杆。作业层的栏杆和挡脚板一般应设在立杆的内侧。栏杆接长亦应符合对接或搭接的相应规定。

4.3.2 拆除

1. 准备工作

脚手架使用完毕，确信所有施工操作均不再用脚手架时，便可开始拆除。脚手架拆除作业的危险性远远大于搭设作业，因此，在进行拆除工作之前，必须做好充分的准备工作。拆除前，要由单位工程负责人确认不再使用脚手架，并下达拆除通知，方可开始拆除。对于复杂的脚手架，还需制订拆除方案，由专人指挥，各工种配合操作。

拆除脚手架要按照“先搭的后拆、后搭的先拆，先拆上部、后拆下部，先拆外面、后拆里面，次要杆件先拆、主要杆件后拆”的原则。

扣件式钢管脚手架拆除作业的准备工作。具体包括如下内容。

（1）当工程施工完成后，必须经单位工程负责人检查验证，确认不再需要脚手架后，方可拆除。拆除脚手架必须由施工现场技术负责人下达正式通知。

（2）拆除脚手架应制订拆除方案，并向操作人员进行技术交底。

（3）全面检查脚手架是否安全。

（4）拆除前应清理脚手架上的材料、工具和杂物，清理地面障碍物。

2. 拆除步骤

拆除脚手架严禁上下同时作业。架子拆除程序应由上而下，按层按步拆除。按照拆除架体原则先拆后搭的杆件，先架面材料后构架材料、先结构件后附墙件的顺序。剪刀撑、连墙件不能一次性全部拆除，杆拆到哪一层，剪刀撑、连墙件才能拆到哪一层。

拆除脚手架一般应按如下工艺流程进行。

拆安全网→拆防护栏杆→拆挡脚板→拆脚手板→拆横向水平杆→拆纵向水平杆→拆剪刀撑→拆连墙件→拆立杆→杆件传递至地面→清除扣件→按规格堆码→拆横向水平扫地杆→拆纵向水平扫地杆→底座→垫板。

3. 注意事项

拆除扣件式钢管脚手架时，需要注意以下问题。

（1）拆除过程中，应指派一名责任心强、技术水平高的人员担任指挥，负责拆除工作的安全作业。

（2）拆除大横杆、立杆及剪刀撑等较长杆件，要由三人配合操作。两端人员拆卸扣件，中间人员负责接送（向下传送）。若用吊车吊运，要两点绑扎，平放吊运。小横杆、扣件包等可通过建筑室内楼梯由工人运送。

（3）杆件拆除时要一步一清，不得采用踏步式拆法。对剪刀撑、连墙件，不能一次拆除，只能随架子整体的下拆而逐层拆除。

（4）拆除的扣件与零配件用工具包或专用容器收集，用吊车或吊绳吊下，不得向下抛掷。也可将扣件留置在钢管上，待钢管吊下后，再拆卸。

（5）拆架过程中遇有管线阻碍时，不得任意割移，同时要注意避免踩在滑动的杆件上操作。

（6）在电力线路附近拆除脚手架时，应停电进行；不能停电时，应采取有效防护措施。

（7）拆除下来的脚手架杆件、配件，应及时检验、整修和保养，并按照品种、规格、分类堆放，以便运输保管。

（8）拆除时要设置警戒线，由专人负责安全警戒，禁止无关人员进入。

（9）作业人员要穿戴好安全帽、工作手套，穿防滑鞋上架作业，衣服要轻便，高处作业必须系安全带。拆架时不准坐在架子上或不安全的地方休息，严禁在拆架时嬉戏打闹。拆架人员应配备工具套，工具用后必须放在工具套内，手拿钢管时，不准同时拿扳手等工具。

(10) 拆除作业连续进行时，若中途下班休息，要清理架上已拆卸的杆件、扣件，加临时拉杆稳定架子，并派人值班看守，防止他人动用脚手架。拆除过程中如更换人员，必须重新进行安全技术交底。

4.3.3　检查验收

脚手架搭到设计高度后，应对脚手架的质量进行检查、验收，经检查合格者方可验收交付使用。高度 24m 及以下的脚手架，应由单位工程负责人组织技术安全人员进行检查验收；高度大于 24m 的脚手架应由上一级技术负责人组织安全人员、单位工程负责人及有关的技术人员进行检查验收。

1. 检查验收的阶段

脚手架的检查验收包括以下阶段。

(1) 基础完工后及脚手架搭设前。

(2) 每搭设完 10～13m 高度后。

(3) 达到设计高度后。

(4) 作业层上施加荷载前。

(5) 遇有 6 级及 6 级以上大风与大雨、大雪后，寒冷地区开冻后。

(6) 连续使用达到 6 个月或者停用超过一个月。

(7) 使用过程中，发现有显著的变形、沉降、拆除杆件和拉结以及安全隐患存在。

2. 检查验收的内容

扣件式钢管脚手架的检查验收包括以下主要内容。

(1) 地基是否积水，基础是否平整、坚实，底座是否松动，立杆是否悬空。

(2) 脚手架的架杆、配件设置和连接是否齐全，质量是否合格，构造是否符合要求，扣件连接是否紧固可靠。

(3) 连墙杆的数量、位置和设置是否符合规定。

(4) 脚手架的垂直度与水平度的偏差是否符合规定。

(5) 是否超载。

(6) 安全网的张挂及安全栏杆的设置是否符合规定。

3. 检查验收的技术文件

检查验收的技术文件主要包括下列内容。

(1) 施工组织设计脚手架搭设施工方案及变更文件。

(2) 技术交底文件。

(3) 脚手架工程的施工记录及检查验收的记录表。

(4) 脚手架搭设过程中的重要问题及处理记录。

(5) 脚手架的杆件、配件的出厂合格证。

4. 检查验收的技术要求

(1) 评定标准。扣件紧固质量用扭力扳手检查，抽样按随机均布原则确定，检查数量与质量判定标准按表4-9的规定，不合格者必须重新拧紧并达到紧固要求。

表4-9　扣件紧固抽样检查的数量及质量评定标准

项次	检查项目	安装扣件数量/个	抽检数量/个	允许的不合格数
1	连接立杆与纵（横）向水平杆或剪刀撑的扣件；接长立杆、纵向水平杆或剪刀撑的扣件	51～90	5	0
		91～150	8	1
		151～280	13	1
		281～500	20	2
		501～1200	32	3
		1201～3200	50	5
2	连接横向水平杆与纵向水平杆的扣件（非主节点处）	51～90	5	1
		91～150	8	2
		151～280	13	3
		281～500	20	5
		501～1200	32	7
		1201～3200	50	10

(2) 允许偏差与检验方法。扣件式钢管脚手架搭设的技术要求、允许偏差及检验方法见表4-10。

表4-10　扣件式钢管脚手架搭设技术要求、允许偏差与检验方法

项次	项目		技术要求	允许偏差Δ/mm	示意图	检验方法与工具
1	地基基础	表面	坚实平整	—	—	观察
		排水	不积水			
		垫板	不晃动			
		底座	不滑动	-10		
			降沉			

续表

<table>
<tr><th>项次</th><th colspan="2">项目</th><th>技术要求</th><th>允许偏差
Δ/mm</th><th colspan="2">示意图</th><th>检验方法
与工具</th></tr>
<tr><td rowspan="6">2</td><td rowspan="6">立杆
垂直度</td><td>最后验收
垂直度
20～80m</td><td>—</td><td>±100</td><td colspan="2"> 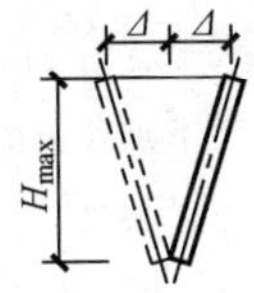</td><td rowspan="6">用经纬仪
或吊线和
卷尺</td></tr>
<tr><td colspan="5">下列脚手架允许水平偏差/mm</td></tr>
<tr><td rowspan="2">搭设中的检查
偏差的高度/m</td><td colspan="4">总高度</td></tr>
<tr><td colspan="2">50m</td><td>40m</td><td>20m</td></tr>
<tr><td>$H=2$
$H=10$
$H=20$
$H=30$
$H=40$
$H=50$</td><td>±7
±20
±40
±60
±80
±100</td><td>—</td><td>±7
±25
±50
±75
±100</td><td>±7
±50
±100</td></tr>
<tr><td colspan="5">中间档次用插入法</td></tr>
<tr><td>3</td><td>间距</td><td>步距
纵距
横距</td><td>—</td><td>±20
±50
±20</td><td colspan="2">—</td><td>钢板尺</td></tr>
<tr><td rowspan="2">4</td><td rowspan="2">纵向水平
杆高差</td><td>一根杆的两端</td><td>—</td><td>±20</td><td colspan="2"> 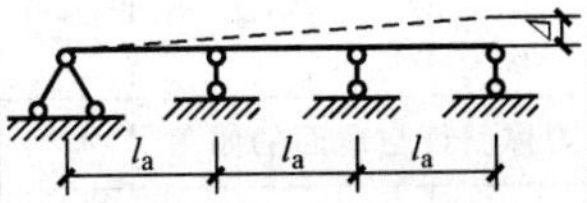</td><td rowspan="2">水平仪或
水平尺</td></tr>
<tr><td>同跨内两根纵
向水平杆高差</td><td>—</td><td>±10</td><td colspan="2"> 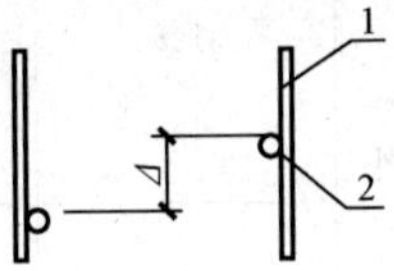</td></tr>
<tr><td>5</td><td>双排脚手
架横向水
平杆外伸
长度偏差</td><td>外伸 500mm</td><td>—</td><td>−50</td><td colspan="2">—</td><td>钢板尺</td></tr>
</table>

续表

项次	项目		技术要求	允许偏差 Δ/mm	示意图	检验方法与工具
6	扣件安装	主节点处各扣件中心点相互距离	$a\leqslant150$mm	—	1 a 2 a 3 4	钢板尺
		同步立杆上两个相隔对接扣件的高差	$a\geqslant150$mm	—	1 2 a h a ①　②　③	钢卷尺
		立杆上的对接扣件至主节点的距离	$a\leqslant h/3$	—		
		纵向水平杆上的对接扣件至主节点的距离	$a\leqslant l_a/3$	—	1 2 a l	钢卷尺
		扣件螺栓拧紧扭力矩	40～5N·m	—	—	扭力扳手
7	剪刀撑斜杆与地面的倾角		45°～60°	—	—	角尺
8	脚手板外伸长度	对接	$a=130\sim150$mm $l\leqslant300$mm	—	a l≤300	卷尺
		搭接	$a\geqslant100$mm $l\geqslant200$mm	—	a l≥200	卷尺

注　1. 中间档次用插入法。

2. 表中杆件编号说明：1—立柱；2—纵向水平杆；3—横向水平杆；4—剪刀撑。

5. 安全管理

搭设、拆除扣件式钢管脚手架时，需要注意以下安全问题。

（1）搭设脚手架的工作人员必须戴安全帽、系安全带、穿防滑鞋。

（2）作业层上的施工荷载应符合设计要求，不得超载。不得将模板支架、缆风绳、泵送混凝土和砂浆的输送管等固定在脚手架上；严禁悬挂起重设备。

（3）在脚手架上进行电、气焊作业时，必须有防火措施和专人看守。

（4）工地临时用电线路的架设及脚手架接地、避雷措施等，应按现行行业标准《施工现场临时用电安全技术规范》（JGJ 46—2005）的有关规定执行。

（5）在脚手架使用期间，严禁拆除下列杆件：主节点处的纵、横向水平杆，纵、横向扫地杆，连墙件。

（6）不得在脚手架基础及其邻近处进行挖掘作业，否则应采取安全措施。

（7）临街搭设脚手架时，外侧应有防止坠物伤人的防护措施。

（8）当遇到6级及6级以上大风和雾、雨、雪天气时应停止脚手架搭设与拆除作业。雨、雪后上架作业应有防滑措施，并应扫除积雪。

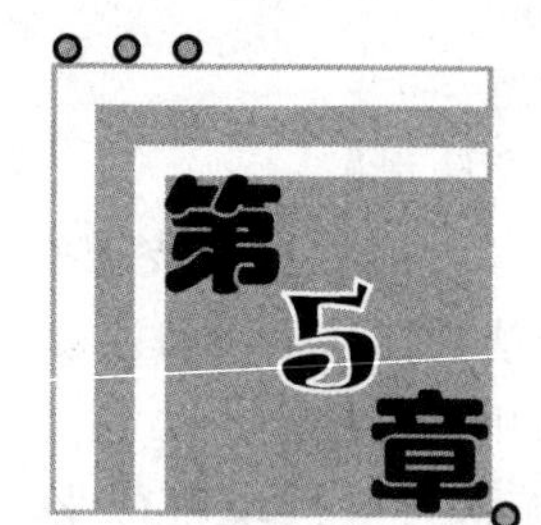

第5章 碗扣式钢管脚手架

5.1 构造与构件

5.1.1 构造

碗扣式钢管脚手架的核心部件是连接各杆件的带齿碗扣接头，它由钢管立杆、横杆、碗扣接头等组成。其基本构造形式和组成如图5-1所示。碗扣接头是由上碗扣、下碗扣、横杆接头和上碗扣的限位销等组成；在立杆上焊接下碗扣和上碗扣的限位销，将上碗扣套入立杆内；在横杆和斜杆上焊接插头；组装时，将横杆和斜杆插入下碗扣内，压紧和旋转上碗扣，利用限位销固定上碗扣。

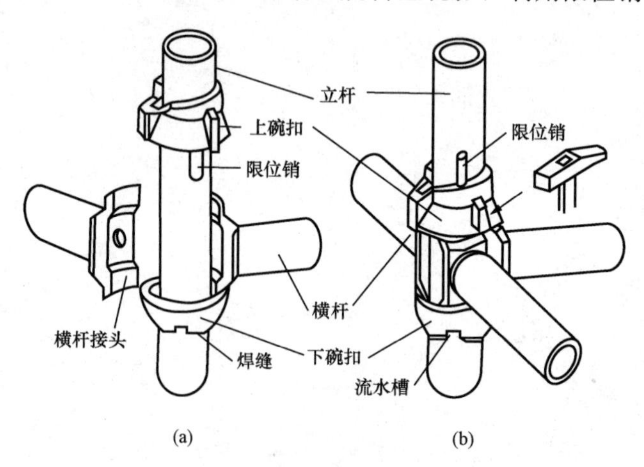

图5-1 碗扣式钢管脚手架的构造

（a）连接前；（b）连接后

1. 构造形式

碗扣式钢管脚手架可分为双排架或单排架两种基本结构，如图 5-2 所示。

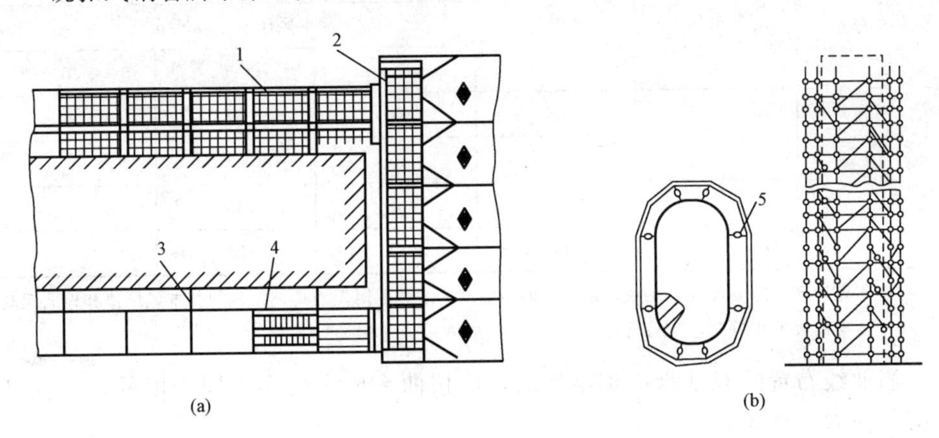

图 5-2　碗扣式钢管脚手架的基本结构

(a) 双排架；(b) 单排架

1—脚手板；2—直角撑；3—连接撑；4—梯子；5—连墙撑

双排架用碗扣式钢管脚手架分轻型架、普通架及重型架，其平面有直线形或曲线形两种。可方便地搭设双排脚手架，拼装快速省力，且特别适用于搭设曲面脚手架和高层脚手架。

双排架及单排架中各杆间距应符合表 5-1 中的要求。

表 5-1　　碗扣式钢管脚手架组架要求

类别	组架形式	立杆横距/m	立杆纵距/m	横杆步距/m
双排架	轻型架	1.2	2.4	2.4
	普通架	1.2	1.8	1.8
	重型架	1.2	1.2	1.8
单排架	Ⅰ型	—	1.8	1.8
	Ⅱ型	—	1.2	1.2
	Ⅲ型	—	0.9	1.2

2. 构造尺寸

当连墙件按二步三跨设置，二层装修作业层、二层脚手板、外挂密目安全网封闭，双排脚手架的允许搭设高度宜符合表 5-2 的规定。

表 5-2　　双排落地脚手架允许搭设高度

步距/m	横距/m	纵距/m	允许搭设高度/m		
			基本风压 w_0/(kN/m^2)		
			0.4	0.5	0.6
1.8	0.9	1.2	68	62	52
		1.5	51	43	36
	1.2	1.2	59	53	46
		1.5	41	34	26

注　本表计算风压高度变化系数，系按地面粗糙度为 c 类采用，当具体工程的基本风压值和地面粗糙度与此表不相符时，应另行计算。

当曲线布置的双排脚手架组架时，应按曲率要求使用不同长度的内外横杆组架，曲率半径应大于 2.4m。

5.1.2　构件

1. 主构件

（1）立杆。立杆是脚手架的主要受力杆件，有 3.0m 和 1.8m 两种规格，由一定长度的 ϕ48mm×3.5mm、Q235 钢管上每隔 0.6m 装一套碗扣接头，并在其顶端焊接立杆连接管制成。

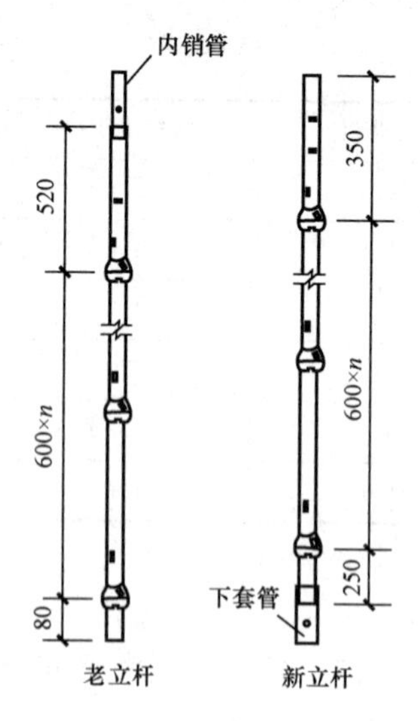

图 5-3　立杆的基本结构

（2）顶杆。顶杆即顶部立杆，其顶端没有立杆连接管，便于在顶端插入托撑或可调托撑等，有 2.1m、1.5m、0.9m 三种规格。主要用于支撑架、支撑柱、物料提升架等的顶部，以解决由于立杆顶部有内销管，无法插入托撑的问题，但也相应增加了杆件种类，而且立杆、顶杆不通用，利用率低。有的模板脚手架公司将立杆的内销管改为下套管，取消了顶杆，实现了立杆和顶杆的统一，使用效果很好，改进后立杆规格为 1.2m、1.8m、2.4m、3.0m。两种立杆的基本结构如图 5-3 所示。

（3）横杆。横杆是在钢管的两端各焊接一个横杆接头组成的。连接时，只需将横杆接头插入立杆上的下碗扣内，再将上碗扣沿限位销扣下，并顺时针旋转，靠上碗扣螺旋面使之与限位销顶紧，从而将横杆与立杆牢固地连接在一起，形成框架结构。

(4) 斜杆。斜杆是为增强脚手架稳定强度而设计的系列构件，有 1.69m、2.163m、2.343m、2.546m、3.00m 等 5 种规格，分别适用于 1.20m×1.20m、1.20m×1.80m、1.50m×1.80m、1.80m×1.80m、1.80m×2.40m 5 种框架平面。在 ϕ48mm×2.2mm、Q235 钢管两端铆接斜杆接头制成，斜杆接头可转动，同横杆接头一样可装在下碗扣内，形成节点斜杆。

(5) 底座。底座是安装在立杆根部，防止其下沉，并将上部荷载分散传递给地基基础的构件。有以下三种。

1) 垫座。垫座只有一种规格 (LDZ)，由 150mm×150mm×8mm 钢板和中心焊接连接杆制成，立杆可直接插在上面，高度不可调。

2) 立杆可调座。立杆可调座由 150mm×150mm×8mm 钢板和中心焊接螺杆并配手柄螺母制成，按可调范围分为 0.3m 和 0.6m 两种规格。

3) 立杆粗细调座。立杆粗细调座只有 0.6m 一种规格，基本上同立杆可调座，只是可调方式不同，由 150mm×150mm×8mm 钢板、立杆管、螺管、手柄螺母等制成。

2. 辅助构件

辅助构件系用于作业面及附壁拉结等的杆部件，共有 13 类 24 种规格。按其用途又可分成 3 类。

(1) 用于作业面的辅助构件。

1) 间横杆。间横杆是为满足其他普通钢脚手板和木脚手板的需要而设计的构件，有 1.2m、(1.2＋0.3) m 和 (1.2＋0.6) m 三种规格。由 ϕ48mm×3.5mm、Q235 钢管两端焊接“∩”形钢板制成，可搭设于主架横杆之间的任意部位，用以减小支承间距或支撑挑头脚手板。

2) 脚手板。配套设计的脚手板有 1.2m、1.5m、1.8m 和 2.4m 四种规格。由 2mm 厚钢板制成，宽度为 270mm，其面板上冲有防滑孔，两端焊有挂钩可牢靠地挂在横杆上，不会滑动。

3) 斜道板。斜道板用于搭设车辆及行人栈道，只有一种规格，坡度为 1∶3，由 2mm 厚钢板制成，宽度为 540mm，长度为 1897mm，上面焊有防滑条。

4) 挡脚板。挡脚板有 1.2m、1.5m、1.8m 三种规格，用 2mm 厚钢板制成，可设在作业层外侧边缘相邻两立杆间，以防止作业人员踏出脚手架。

5) 挑梁。为扩展作业平台而设计的构件，有窄挑梁和宽挑梁。窄挑梁由一端焊有横杆接头的钢管制成，悬挑宽度为 0.3m，可在需要位置与碗扣接头连接。宽挑梁由水平杆、斜杆、垂直杆组成，悬挑宽度为 0.6m，也是用碗扣接头同脚手架连成一整体，其外侧垂直杆上可再接立杆。

6) 架梯。架梯只有一种规格 (JT-255)，长度为 2546mm，宽度为 540mm，可在1800mm×1800mm框架内架设。用于作业人员上下脚手架通道，由钢踏步板焊在槽钢上制成，两端有挂钩，可牢固地挂在横杆上。普通1200mm廊道宽的脚手架刚好装两组，可成折线上升，并可用斜杆、横杆作栏杆扶手。

(2) 用于连接的辅助构件。

1) 立杆连接销。立杆连接销只有一种规格（LLX），是立杆之间连接的销定构件，为弹簧钢销扣结构，由ϕ10mm钢筋制成。

2) 直角撑。为连接两交叉的脚手架而设计的构件，只有ZJC一种规格，由ϕ48mm×3.5mm、Q235钢管一端焊接横杆接头，另一端焊接“∩”形卡制成。

3) 连墙撑。连墙撑是使脚手架与建筑物的墙体结构等牢固连接，加强脚手架抵御风荷载及其他水平荷载的能力，防止脚手架倒塌且增强稳定承载力的构件。为便于施工，分别设计了碗扣式连墙撑和扣件式连墙撑两种形式。其中碗扣式连墙撑可直接用碗扣接头同脚手架连在一起，受力性能好；扣件式连墙撑是用钢管和扣件同脚手架相连，位置可随意设置，不受碗扣接头位置的限制，使用方便。

4) 高层卸荷拉结杆。高层卸荷拉结杆是高层脚手架卸荷专用构件，由预埋件、拉杆、索具螺旋扣、管卡等组成，其一端用预埋件固定在建筑物上，另一端用管卡同脚手架立杆连接，通过调节中间的索具螺旋扣，把脚手架吊在建筑物上，达到卸荷目的。

(3) 其他用途辅助构件。

1) 立杆托撑。立杆托撑只有一种规格（LTC），由“∪”形钢板焊接连接管制成。插入顶杆上端，用作支撑架顶托，以支撑横梁等承载物。

2) 立杆可调托撑。立杆可调托撑只有一种规格（KTC-60），长度为0.6m，只是长度可调，可调范围为0～600mm。其作用是插入顶杆上端，用作支撑架顶托，以支撑横梁等承载物。

3) 横托撑。横托撑只有一种规格（HTC），长度为400mm，也可根据需要加工。由ϕ48mm×3.5mm、Q235钢管焊接横杆接头，并装配托撑组成，可直接用碗扣接头同支撑架连在一起。用作重载支撑架横向限位，或墙模板的侧向支撑构件。

4) 可调横托撑。可调横托只有一种规格（KHC-30），把横托撑中的托撑换成可调托撑（或可调底座）即成可调横托撑，可调范围为0～300mm。

5) 安全网支架。安全网支架只有一种规格（AWJ），是固定于脚手架上，用以绑扎安全网的构件，由拉杆和撑杆组成，可直接用碗扣接头连接固定。

3. 专用构件

(1) 支撑柱专用构件。支撑柱由0.3m长横杆和立杆、顶杆连接组成，作为承重构件单独使用或组成支撑柱群。为此，设计了支撑柱垫座、支撑柱转角座和支撑柱可调座等专用构件。

1）支撑柱垫座。支撑柱垫座是安装于支撑柱底部，均匀传递其荷载的垫座。由底板、筋板和焊于底板上的四个柱销制成，可同时插入支撑柱的四个立杆内，从而增强支撑柱的整体受力性能。

2）支撑柱转角座。作用同支撑柱垫座，但可以转动，使支撑柱不仅可用作垂直方向支撑，而且可以用作斜向支撑，其可调偏角为±10°。

3）支撑柱可调座。对支撑柱底部和顶部均适用，安装于底部，作用同支撑柱垫座，但高度可调，可调范围为0～300mm；安装于顶部即为可调托撑，同立杆可调托撑，不同的是它作为一个构件需要同时插入支撑柱4根立杆内，使支撑柱成为一体。

（2）提升滑轮。提升滑轮是为提升小物料而设计的构件，与宽挑梁配套使用。由吊柱、吊架和滑轮等组成，其中吊柱可直接插入宽挑梁的垂直杆中固定。使用时，将滑轮吊挂件插入宽挑梁垂直杆下端的固定孔中，并用销钉锁定即可，如图5-4所示。

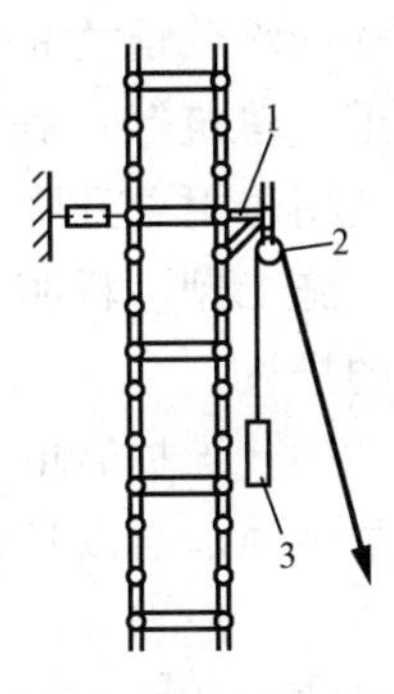

图5-4　提升滑轮
1—TL-60宽挑梁；
2—ML-1提升滑轮；
3—提升物料

（3）悬挑架。悬挑架由挑杆和撑杆等组成。挑杆和撑杆用碗扣接头固定在楼内支承架上，可直接从楼内挑出。在其上搭设脚手架，不需要埋设预埋件，挑出脚手架宽度设计为0.09m。

（4）爬升挑梁。爬升挑梁是为爬升脚手架而设计的一种专用构件，可用它作依托，在其上搭设悬空脚手架，并随建筑物升高而爬升。由ϕ48mm×3.5mm、Q235钢管、挂销、可调底座等组成，爬升脚手架宽度为0.90m。

5.2　特点与材料

5.2.1　特点

碗扣式钢管脚手架是一种采用定型钢管杆件和碗扣头连接的承插锁固式钢管脚手架，是一种新型多功能脚手架。其具有以下主要特点。

1. 优点

（1）多功能。碗扣式脚手架可根据施工要求，组成模数为0.6m的多种组架尺寸和荷载的单排、双排脚手架，支撑架，支撑柱，物料提升架，爬升脚手架等多功能的施工设备，并能作曲线布置，布架场地不需做大面积的整平。

(2) 功效高。该脚手架常用杆件中最长为3130mm，重17.07kg。整架拼拆速度比常规快3～5倍，拼拆快速省力，工人用一把铁锤即可完成全部作业，避免了螺栓操作带来的诸多不便。

(3) 接头强度高。接头采用独特的碗扣式，经试验和使用证明，它具有极佳的抗剪、抗弯、抗扭能力，比其他类型的钢管脚手架的结构强度提高50%以上。

(4) 承载力大。立杆连接是同轴心承插，横杆同立杆靠碗扣接头连接，接头具有可靠的抗弯、抗剪、抗扭力学性能，而且各杆件轴心线交于一点，节点在框架平面内，因此，结构稳固可靠，承载力大。

(5) 通用性强。碗扣式钢管脚手架可根据具体施工要求，组合成不同组架尺寸和承载能力的外墙施工用单、双排脚手架。广泛应用于立交桥梁、涵洞、隧道、建筑等工程施工中，混凝土结构施工用的模板支撑架和支撑柱。同时，还适用于附着升降脚手架架体、悬挑脚手架等多种功能施工设备空间结构的搭设，施工棚、料棚、灯塔等构筑物的搭设以及烟囱、水塔等曲线型建筑物脚手架的搭设。

(6) 维护简单。因构件为不易丢失的扣件，且构配件轻便、牢固，不怕一般的锈蚀，所以日常的维护简单，运输紧凑方便。

(7) 配套齐全。碗扣式钢管脚手架还配套设计有钢脚手板、斜道板、架梯、悬挑架以及安全网支架等多种功能的辅助构件，能满足现场各种施工要求，可为现场文明施工创造有利的条件。

(8) 安全可靠。接头设计时，考虑到上碗扣螺旋摩擦力和自重力作用，使接头具有可靠的自锁能力。作用于横杆上的荷载通过下碗扣传递给立杆，下碗扣具有很强的抗剪能力（最大199kN），上碗扣即使没被压紧，横杆接头也不致脱出而造成事故。同时配备有安全网支架、间横杆、脚手板、挡脚板、架梯、挑梁、连墙撑等杆配件，使用安全可靠。

(9) 作业强度低。由于碗扣接头具有无螺栓、销轴等零配件安装的特点，操作人员只需一把锤子即可完成全部作业，安装、拆除速度比扣件式钢管脚手架大约要快5倍以上。该脚手架零部件自重较轻，常用杆件中最长的立杆为3.13m，重17.07kg，大量的横杆单件重量都不超过10kg，操作人员的装拆作业劳动强度要远低于扣件式钢管脚手架。

(10) 加工容易。碗扣式钢管脚手架接头的零部件为统一的焊接形式，立杆、横杆、斜杆和底座等主要配件为统一的系列产品，主构件采用ϕ48mm×3.5mm焊接钢管。所有零部件制造工艺简单，不需要复杂的加工设备，易于采用工厂化形式大批量生产，可保证其产品的互换性和可靠性。

2. 缺点

由于主要构配件的基本参数仅有几种固定的规格，如立杆上碗扣的间距为0.6m的倍数，横杆的长度为0.3m的倍数等，因此，在架体结构的设计和搭设上，不能像扣件式钢管脚手架那样随意。但经适当的调整和搭配，仍有足够的灵活性，可满足大多数工程施工的需要。

5.2.2 材料要求

主要构配件的材料应符合以下要求。

(1) 碗扣式钢管脚手架用钢管应采用符合现行国家标准《直缝电焊钢管》(GB/T 13793—2008)、《低压流体输送用焊接钢管》(GB/T 3091—2008) 中的Q235A级普通钢管，其材料性能应符合现行国家标准《碳素结构钢》(GB/T 700—2006) 的规定。

(2) 上碗扣、可调底座及可调托撑螺母应采用可锻铸铁或铸钢制造，其材料机械性能应符合现行国家标准《可锻铸铁件》(GB 9440—1988) 中KTH 30-08及《一般工程用铸造碳钢件》(GB 11352—2009) 中ZG 270-500的规定。

(3) 下碗扣、横杆接头、斜杆接头应采用碳素铸钢制造，其材料机械性能应符合现行国家标准《一般工程用铸造碳钢件》(GB 11352—2009) 中ZG 230-450的规定。

(4) 采用钢板热冲压整体成型的下碗扣，钢板应符合现行国家标准《碳素结构钢》(GB/T 700—2006) 中Q235A级钢的要求，板材厚度不得小于6mm，并应经600～650℃的时效处理。严禁利用废旧锈蚀钢板改制。

碗扣式钢管脚手架主要构配件种类、规格及质量应符合表5-3的规定。

表5-3 碗扣式钢管脚手架主要构配件种类、规格及质量

名称	常用型号	规格/mm	理论质量/kg
立杆	LG-120	ϕ48×1200	7.05
	LG-180	ϕ48×1800	10.19
	LG-240	ϕ48×2400	13.34
	LG-300	ϕ48×3000	16.48
横杆	HG-30	ϕ48×300	1.32
	HG-60	ϕ48×600	2.47
	HG-90	ϕ48×900	3.63

续表

名称	常用型号	规格/mm	理论质量/kg
横杆	HG-120	ϕ48×1200	4.78
	HG-150	ϕ48×1500	5.93
	HG-180	ϕ48×1800	7.08
间横杆	JHG 90	ϕ48×900	4.37
	JHG-90	ϕ48×1200	5.52
	JHG-120＋30	ϕ48×(1200＋300) 用于窄挑梁	6.85
	JHG-120＋60	ϕ48×(1200＋600) 用于宽挑梁	8.16
专用外斜杆	XG-0912	ϕ48×1500	6.33
	XG-1212	ϕ48×1700	7.03
	XG-1218	ϕ48×2160	8.66
	XG-1518	ϕ48×2340	9.30
	XG-1818	ϕ48×2550	10.04
专用斜杆	ZXG-0912	ϕ48×1270	5.89
	ZXG-0918	ϕ48×1750	7.73
	ZXG-1212	ϕ48×1500	6.76
	ZXG-1218	ϕ48×1920	8.37
窄挑梁	TL-30	宽度 300	1.53
宽挑梁	TL-60	宽度 600	8.60
立杆连接销	LLX	ϕ10	0.18
可调底座	KTZ-45	T38×6 可调范围≤300	5.82
	KTZ-60	T38×6 可调范围≤450	7.12
	KTZ-75	T38×6 可调范围≤600	8.50
可调托撑	KTC-45	T38×6 可调范围≤300	7.01
	KTC-60	T38×6 可调范围≤450	8.31
	KTC-75	T38×6 可调范围≤600	9.69
脚手板	JB-120	1200×270	12.80
	JB-150	1500×270	15.00
	JB-180	1800×270	17.90

5.3 搭拆与检查

5.3.1 搭设

1. 准备工作

碗扣式钢管脚手架搭设前的准备工作如下。

（1）脚手架施工前必须制订施工设计或专项方案，保证其技术可靠和使用安全。经技术审查批准后方可实施。

（2）脚手架搭设前工程技术负责人应按脚手架施工设计或专项方案的要求对搭设和使用人员进行技术交底。

（3）对进入现场的脚手架构配件，使用前应对其质量进行复检。

（4）构配件应按品种、规格分类放置在堆料区内或码放在专用架上，清点好数量备用。脚手架堆放场地排水应畅通，不得有积水。

（5）连墙件如采用预埋方式，应提前与设计人员协商，并保证预埋件在混凝土浇筑前埋入。

（6）脚手架搭设场地必须平整、坚实、排水措施得当。

2. 搭设步骤

脚手架组装以3～4人为一个小组为宜，其中1～2人递料，另外两人共同配合组装，每人负责一端。组装时，要求最多两层向同一方向，或由中间向两边推进，不得从两边向中间合拢组装，否则中间杆件会因两侧架子刚度太大而难以安装。

碗扣式钢管脚手架的搭设顺序是：安放立杆底座→树立杆、安放扫地杆→安装横杆→安装斜杆→铺放脚手板→安装上层框架→设置连墙杆→安装挑梁→架设人行梯→安装安全网。

（1）安放立杆底座。在处理好的地基上放线、安放立杆底座。架设在坚实平整地基基础上的脚手架，其立杆底座可直接用立杆垫座；地势不平或高层重载脚手架底部应用立杆可调底座；当相邻立杆地基高差小于600mm时，可直接用立杆可调底座调整立杆地基高度，使立杆碗扣接头处于同一水平面内；当相邻立杆地基高差大于600mm时，则可先调整立杆节间，即对于高差超过600mm的地基，立杆相应增加一个节间600mm，使同一层碗扣接头的高差小于600mm，再用立杆可调底座调整高度，使其处于同一水平面上，以便安装横杆，如图5-5所示。

（2）树立杆、安放扫地杆。在安放好的底座上插入立杆。第一层立杆应采

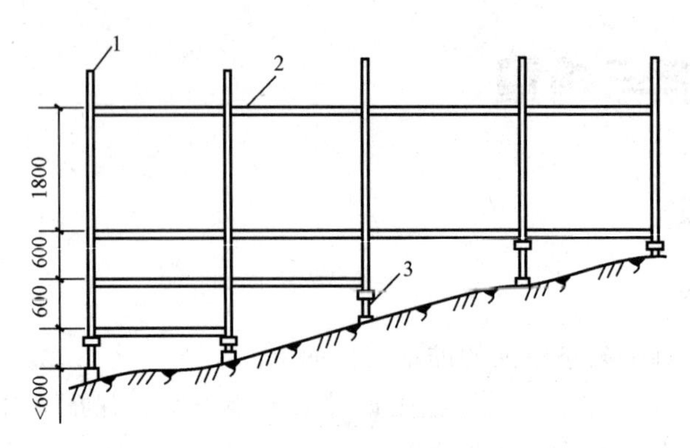

图 5-5　地势不平地基的立杆布置

1—立杆；2—横杆；3—可调底座

用 1.8m 和 3.0m 两种不同长度的立杆交错布置，立杆上端不在同一平面内，如图 5-6 所示。这样，搭上层架子时，在同一层中采用相同长度的同一规格的立杆接长时，其接头就会相互错开。上面各层均采用 3m 长立杆接长，顶部再用 1.8m 长立杆拢平。

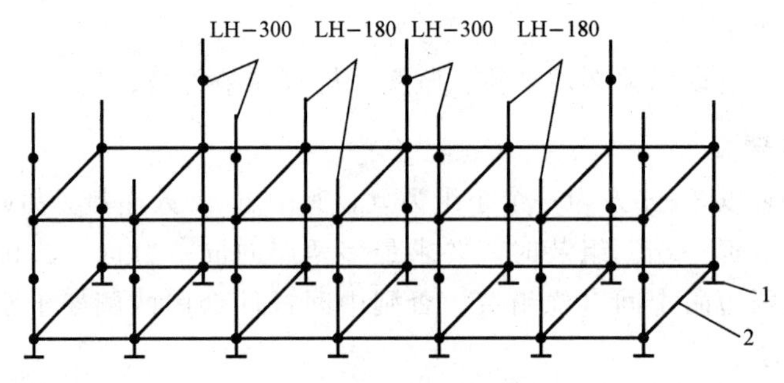

图 5-6　第一层立杆交错布置

1—可调底座；2—底部横杆

在装立杆的同时应及时设置扫地杆，将立杆连接成一个整体，以保证框架的整体稳定。

(3) 安装横杆。横杆与立杆的连接是将横杆接头的下半部分卡扣插入下碗扣的凹槽内，然后将上碗扣沿限位销滑下扣在横杆接头的上部分卡扣上，再将上碗扣顺时针旋转，最后锤击几下，上碗扣即被锁紧。由于不带螺纹，只要用小锤敲打几下即能达到紧扣和松扣的效果。

碗扣式钢管脚手架底层的搭设十分关键，因此要严格控制搭设质量。当组装完碗扣式钢管脚手架底层横杆后，应进行检查。具体检查内容如下。

1) 检查并调整水平框架（同一水平面上的四根横杆）的直角度和纵向直线

度如图 5-7（a）所示。并检查横杆的水平度，如图 5-7（b）所示。

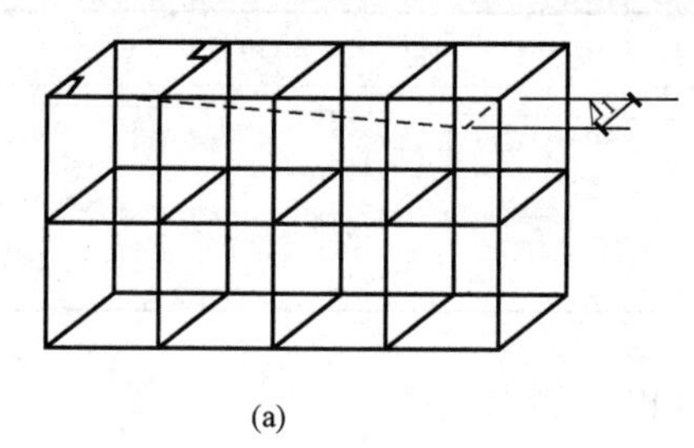

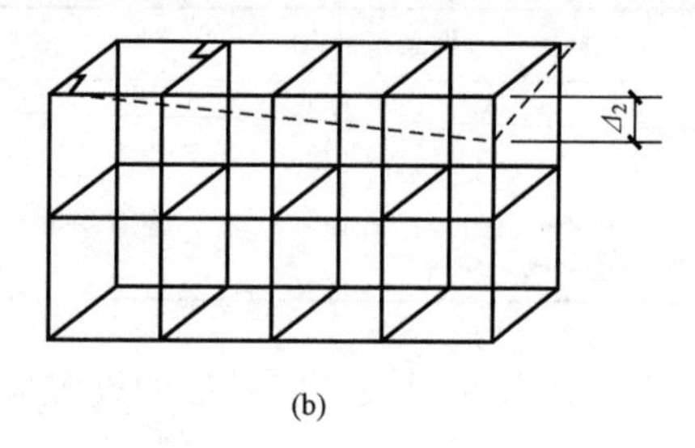

图 5-7　水平框架的直角度和纵向直线度图

（a）直角度和纵向直角度；（b）横杆的水平度

2）逐个检查立杆底脚，不能有浮地松动现象。

3）检查所有的碗扣接头，并予以锁紧。

（4）安装斜杆。斜杆的安装可增强脚手架结构的整体刚度，提高其稳定承载能力。斜杆可采用碗扣式钢管脚手架的配套斜杆，也可以采用钢管扣件代替。

当用碗扣式系列斜杆时，斜杆应尽可能设置在框架节点上，装成节点斜杆。斜杆同立杆连接的节点构造如图 5-8 所示。

若斜杆不能设置在节点上时，应呈错节布置，装成非节点斜杆，如图 5-9 所示。

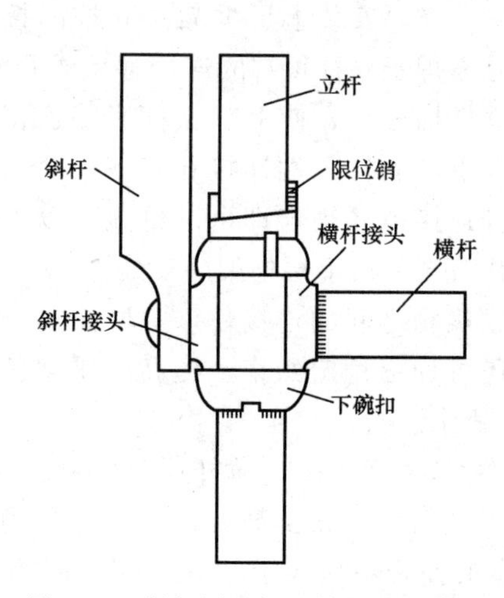

图 5-8　斜杆同立杆连接的节点构造

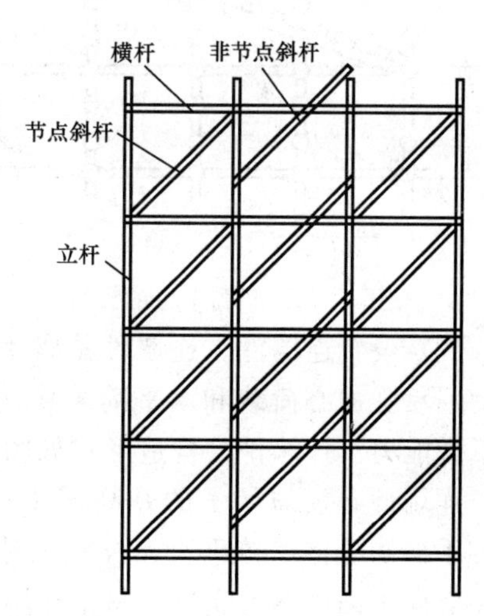

图 5-9　斜杆布置构造图

碗扣式钢管脚手架的斜杆在横杆安装的同时同步安设。斜杆的长度是定型的，不同尺寸的框架应配备相应不同长度的斜杆，见表 5-4。

表 5-4　　不同尺寸框架配用的斜杆长度

框架尺寸/m	斜杆长度/mm
1.2×1.2	1697
1.2×1.8	2163
1.8×1.8	2546
1.8×2.4	3000

(5) 铺放脚手板。脚手板的设置应符合以下要求。

1) 作业层的脚手板应铺满铺实。作业层的脚手板框架外侧必须增设两道横杆扶手。

脚手板除在作业层设置外，还必须每隔 10m 高度设置一层，以防高空坠物伤人和砸碰脚手架框架而造成框架失稳。

2) 当采用配套设计的钢脚手板时，钢脚手板的挂钩必须完全落入横杆上，不允许浮放。采用搭边横杆时，木脚手板的两端必须落入边角内，前后活动量控制在 5mm 以内。

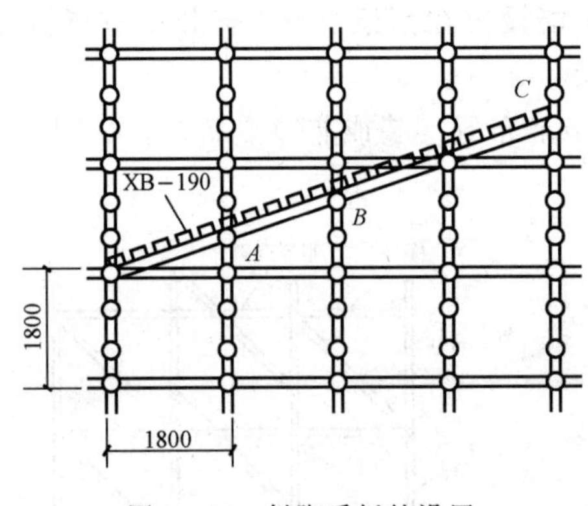

图 5-10　斜脚手板的设置

3) 斜脚手板的挂钩点必须根据设计增设横杆，如图 5-10 所示的斜脚手板，升坡坡度为 1∶3，故必须在图 5-10 中 A、B、C 等挂钩点增设横杆。

(6) 安装上层框架。立杆的接长是靠焊于立杆顶端的连接管承插而成，立杆插好后，使上部立杆底端连接孔同下部立杆顶端连接孔对齐，插入立杆连接销并锁定即可。再重复以上操作直至完成上层框架的安装。

(7) 设置连墙件。连墙件是脚手架与建筑物之间的连接件，除防止脚手架倾倒、承受偏心荷载和水平荷载作用外，还可加强稳定约束、提高脚手架的稳定承载能力。连墙件的构造形式如图 5-11 所示。

连墙件必须与架子的升高同步，连墙件应尽量连接在横杆层碗扣接头内，同脚手架和墙体保持垂直，杆件可适当向下倾斜但不得上翘。连墙件应呈梅花状在竖向平面内均匀布置，每个连墙件支撑的面积不应大于 $20m^2$。当脚手架遇到室外电梯或物料提升机时，应在全高范围内每步距设置连墙件，在卸载点、安全网支架以及有挑出部位的脚手架应增设连墙件。

连墙件与建筑物的固定方法有以下三种，如图 5-12 所示。

1) 砖墙缝固定法。砖墙缝固定法是指在砌砖墙时，预先在砖墙中埋入螺栓，然后将框架用连接杆与其相连的方法。

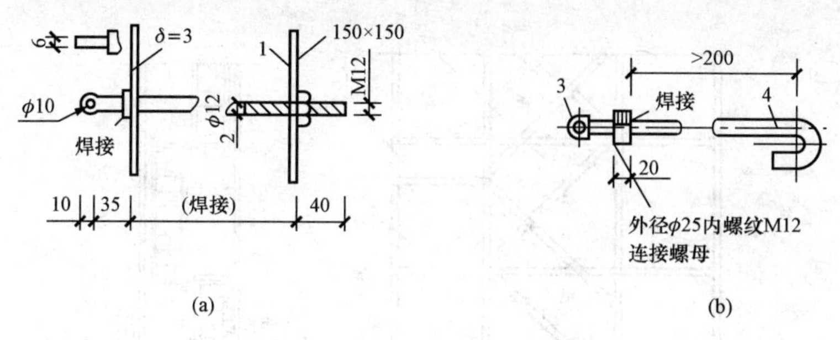

图 5-11 连墙件预埋连接件

（a）砖墙连接件；（b）混凝土预埋钢筋

1—墙板；2—螺杆；3—接头螺栓；4—预埋钢件

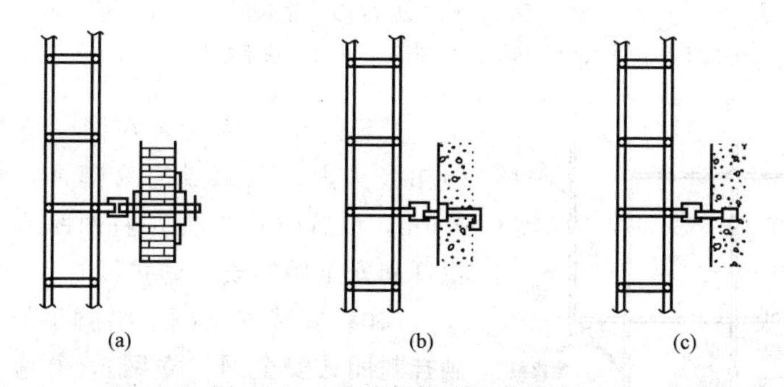

图 5-12 连墙件构造固定方法

（a）砖墙缝固定法；（b）混凝土墙体预埋固定法；（c）膨胀螺栓固定法

2）混凝土墙体预埋固定法。混凝土墙体预埋固定法是指在结构施工时，按照脚手架施工组织设计要求预先埋入钢件，外带接头螺栓，组架时将框架与接头螺栓固定的方法。

3）膨胀螺栓固定法。膨胀螺栓固定法是指在结构上按设计位置用射枪射入膨胀螺栓，然后将框架与膨胀螺栓固定的方法。安装连墙件时，应先检查预埋件或膨胀螺栓是否与结构连接牢固，连接不好的应补做。

（8）架设人行梯。人行梯架设在 1.8m×1.8m 的脚手架框架内，其上有挂钩，直接挂在横杆上。梯子宽为 540mm，一般 1.2m 宽的脚手架可布置两个人行梯，可在一个框架内呈折线形布置。人行梯转角处的水平框架要铺设脚手板，在立面框架上安装斜杆和横杆作为扶手，如图 5-13 所示。

（9）安装挑梁。挑梁通常只作为作业人员的工作平台，不允许堆放重物。当遇到某些建筑物有倾斜或凹进凸出时，窄挑梁上可铺设一块脚手板，宽挑梁上可铺设两块脚手板，其外侧立柱可用立柱接长，以便装防护栏杆。在设置挑梁的上、下两层框架的横杆层上要加设连墙撑，如图 5-14 所示。

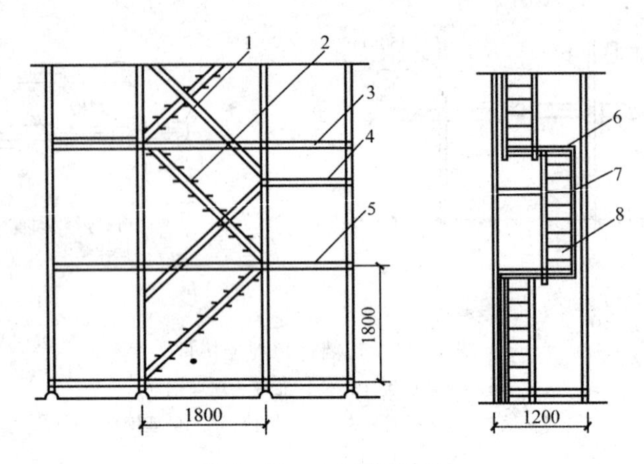

图 5-13　人行梯的架设

1—扶手斜杆；2、8—梯子；3—横杆；4、7—扶手横杆；5、6—脚手板

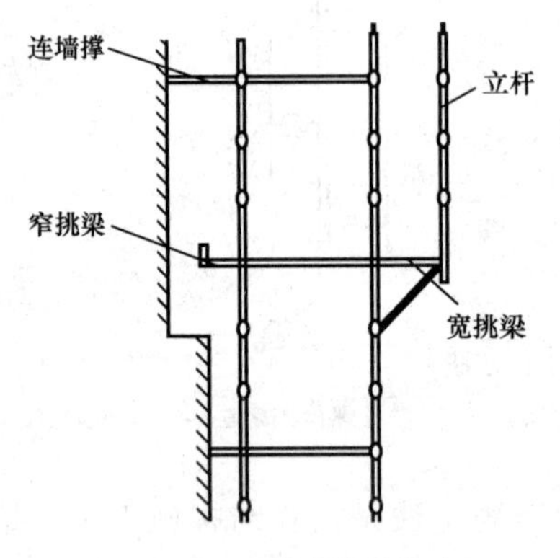

图 5-14　挑梁设置构造

把窄挑梁连续设置在同一立杆内侧每个碗扣接头内，可组成简易爬梯，爬梯步距为 0.6m，设置时在立杆左右两跨内要增设防护栏杆和安全网等安全防护设施。

（10）安装安全网。沿脚手架外侧通常应满挂封闭式安全网（立网），并应与脚手架立杆、横杆绑扎牢固，绑扎间距应不大于 0.80m。根据规定在脚手架底部和层间设置水平安全网，使用安全网支架。可直接用碗扣接头把安全网支架固定在脚手架上。其结构布置如图 5-15 所示。

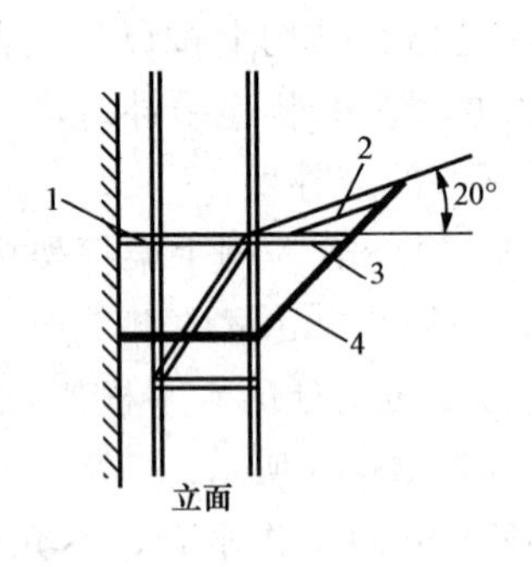

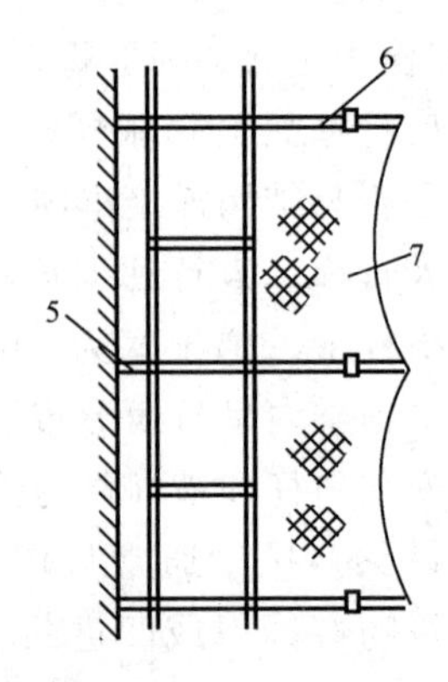

图 5-15　安全网布置

1、5—连墙撑；2、7—安全网；3—安全网支架拉杆；4—安全网支架撑杆；6—安全网支架

3. 搭设要点

搭设脚手架时，经常会遇到曲线或折线布置，相应的搭设要点如下。

（1）直角交叉。对一般拐角呈直角的矩形建筑物，其外墙施工使用的双排脚手架在拐角处两边直角交叉的架体应连在一起，以增强脚手架的整体稳定性。拐角处架体一般连接的形式有以下两种。

1）直接连接法。双排脚手架在拐角处刚好整框垂直相交，而且在相交处的立杆纵距也有相对应的标准横杆，如 0.9m、1.2m、1.5m、1.8m 或 2.4m，则可直接将两垂直方向的横杆连接在同一碗扣接头内，从而将两边的脚手架连在一起，如图 5-16（a）所示。

2）用直角撑搭接法。当受建筑物尺寸的限制，双排脚手架在拐角处两边的架体无法整框垂直相交时，可用直角撑实现任意部位的直角交叉连接。连接时将一端同脚手架横杆装在同一碗扣接头内，另一端卡在相垂直的脚手架横杆上，这样通过直角撑，仍然可以将拐角两边的架体可靠地连接在一起，如图 5-16（b）所示。

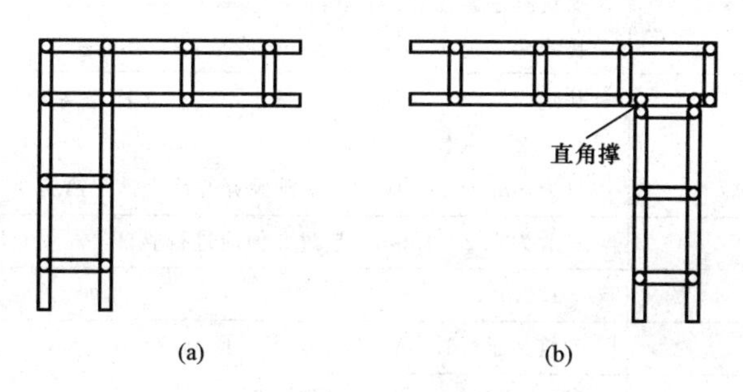

图 5-16　直角交叉

（a）直接连接；（b）用直角撑搭接

（2）曲线组合。当脚手架需要曲线布置时，应按曲率要求使用不同长度的横杆进行组合，但曲率半径不能小于 2.4m，脚手架曲线布置如图 5-17 所示。曲线组合参数见表 5-5。

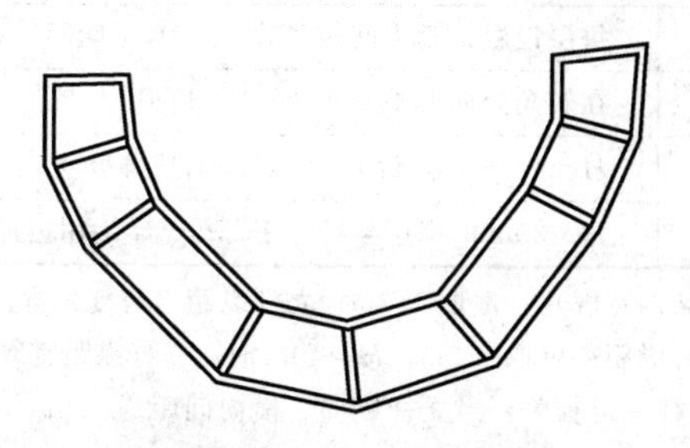

图 5-17　脚手架曲线布置

表 5-5　　曲线组合参数

横杆组合长度/m	每组转角/°	每组曲率半径/m
横杆长 2.4、1.8	28	3.6
横杆长 2.8、1.2	28	2.4
横杆长 1.2、0.9	14.25	3.0

4. 一般规定

参照目前国内实行的碗扣式钢管脚手架的暂行规定及有关资料，根据实践经验与结构验算结果，碗扣式钢管脚手架的搭设尺寸一般规定与限制见表 5-6。

表 5-6　　碗扣式钢管脚手架搭设的一般规定

项目名称	规定内容
架设高度 H	$H\leqslant 20$m 普通架子按常规搭设 $H>20$m 的脚手架必须作出专项设计并进行结构验算
荷载限制	砌筑脚手架$\leqslant 2.7$kN/m^2 装修架子为 1.2～2.0kN/m^2 或按实际情况考虑
基础做法	基础应平整、夯实，并有排水措施。立杆应高于底座，并用 0.05m×0.2m×2m 的木脚手板通垫 $H>40$m 的架子应进行基础验算并确定铺垫措施
立杆纵距	一般为 1.2～1.5m，超过此值应进行验证
立杆横距	$\leqslant 1.2$m
步距高度	砌筑架子$\leqslant 1.2$m；装修架子$\leqslant 1.8$m
立杆垂直偏差	$H\leqslant 30$m 时，$\leqslant 1/500$ 架高 $H>30$m 时，$\leqslant 1/1000$ 架高
小横杆间距	砌筑架子$\leqslant 1$m；装修架子$\leqslant 1.5$m
架高范围内垂直作业的要求	铺设板不超过 3～4 层，砌筑作业不超过 1 层，装修作业不超过 2 层
作业完毕，小横杆保留程度	靠立杆处的横向水平杆全部保留，其余可拆除
剪刀撑	沿脚手架转角处往里布置，每 4～6 根为一组，与地面夹角为 45°～60°
与建筑结构拉结	每层设置，垂直间距<4.0m，水平间距<4.0～6.0m
垂直斜拉杆	在转角处向两端布置 1～2 个通道
防护栏杆	$H=1.2$m，并设 $h=0.25$m 的挡脚板
连接件	$H>30$m 的高层架子，下部 $1/2H$ 均用齿形碗扣

注　1. 立杆横距（脚手架的宽度）一般取 1.2m；立杆纵距（跨度）常用 1.5m；当架高 $H\leqslant 20$m 的装修脚手架，立杆纵距亦可取 1.8m；$H>40$m 时，立杆纵距宜取 1.2m。

2. 搭设高度 H 与立杆纵距有关：当立杆纵向、横向间距为 1.2m×1.2m 时，架高 H 应控制在 60m 左右；当立杆纵向、横向间距为 1.5m×1.2m 时，架高 H 不宜超过 50m；更高的架体应分段搭设。

5. 注意事项

搭设碗扣式钢管脚手架时需要注意以下问题。

(1) 所有构件都应按设计的脚手架有关规定设置。

(2) 立杆接头必须相互错开布置。

(3) 组装时应从中间向两边或两层同一方向进行，不得从两边向中间合拢组装，否则中间杆件难以安装。

(4) 连墙撑应随着脚手架的搭设而随时在设计位置设置，并尽量与脚手架和建筑物外表面垂直。

(5) 脚手架应随建筑物升高而随时设置，一般不应超出建筑物 2 步距。

(6) 单排横杆插入墙体后，应将夹板用榔头敲击紧密，不得浮放。

5.3.2 拆除

1. 准备工作

(1) 编制方案。根据建筑物的结构情况，编制脚手架施工组织设计，明确架体的使用荷载，绘制脚手架平面、立面布置图，列出构件用量表，制订构件供应和周转计划，并提出专项安全技术措施和人员组织。

(2) 人员组织。根据工程情况和进度要求，安排足够的人员进行搭设工作。组织搭设人员进行安全技术交底，明确架体的搭设要求、主要参数、质量标准和安全技术措施，交底双方签字认可。

(3) 杆配件检验。对所有杆配件进行检查验收，经检验合格的杆配件应按品种规格分类堆放整齐、平稳，堆放场地应排水良好。

(4) 现场处理。清除组架范围内的杂物并平整场地，根据地基和架体承载力要求，采取相应的地基处理措施，做好排水处理。

2. 拆除步骤

脚手架拆除应从顶层开始，先拆横杆，后拆立杆，逐层往下拆除，禁止上下层同时或阶梯形拆除。

具体操作步骤与搭设顺序相反，可按如下顺序完成拆除工作。

安全网→人行梯→挑梁→连墙件→横杆→立杆连接销→脚手板→斜杆→横杆→立杆→立杆底座。

3. 注意事项

(1) 脚手架拆除前，应由单位工程负责人对脚手架做全面检查，确认可以拆除后方可实施拆除。

(2) 脚手架拆除前应制订拆除方案并向拆除人员技术交底，清除所有多余物件后，方可拆除。

（3）拆除脚手架时，必须划出安全区，设警戒标志，并设专人看管拆除现场。

（4）脚手架拆除应从顶层开始，先拆水平杆，后拆立杆，逐层往下拆除，禁止上下层同时或阶梯形拆除。

（5）连墙拉结杆件只有拆到该层时方可拆除，禁止在拆架前先拆连墙拉结杆件。

（6）拆除后的钢管部件均应及时清理并分类捆绑，用吊具送下或人工搬下，禁止从高空往下抛掷。

（7）局部脚手架如需保留时，应采取专项技术措施，经上一级技术负责人批准，安全部门及使用单位验收，办理签字手续后方能使用。

（8）拆除到地面的构配件应及时清理、维护并分类堆放，以便运输和保管。

5.3.3 检查验收

搭设高度不大于20m的脚手架，应由项目负责人组织技术、安全及监理等人员进行验收；对于高度大于20m脚手架，应由施工承包单位安全生产主管部门负责人组织有关人员进行检查验收。

1. 检查验收的阶段

在搭设过程中，应随时进行检查，及时解决存在的结构缺陷，同时按照以下时间段组织阶段性检查验收。

（1）首段高度为6m时进行第一阶段（撂底阶段）的检查与验收。

（2）第二阶段为架体应随施工进度定期进行检查。

（3）第三阶段为达到设计高度后进行全面的检查与验收。

（4）当架体高度大于24m时，在24m处或设计高度的1/2处增加一次全面的检查与验收。

（5）遇6级以上大风、大雨、大雪后在施工前应进行特殊情况的检查。

（6）停工超过一个月恢复使用前。

2. 检查验收的内容

碗扣式钢管脚手架检查验收的内容主要包括。

（1）一般检查的内容。

1）保证架体几何不变性的斜杆、连墙件等设置是否完善。

2）基础是否有不均匀沉陷。

3）立杆垫座与基础面是否接触良好，有无松动或脱离情况。

4）检验全部节点的上碗扣是否锁紧。

5）连墙撑、斜杆及安全网等构件的设置是否达到了设计要求。

6）荷载是否超过规定。

（2）重点检查的内容。

1）保证架体几何不变性的斜杆、连墙件等设置情况。

2）基础的沉降，立杆底座与基础面的接触情况。

3）上碗扣锁紧情况。

4）立杆连接销的安装、斜杆和接点、扣件拧紧程度。

3. 检查验收的技术文件

（1）验收时应具备的技术资料。

1）脚手架的专项施工设计方案与变更文件。

2）周转使用的脚手架构配件使用前的复验合格记录。

3）搭设的施工记录和质量检查记录。

（2）进入现场的构配件应具备的证明资料。

1）主要构配件应有产品标识及产品质量合格证。

2）供应商应配套提供钢管、零件、铸件、冲压件等材质及产品性能的检验报告。

4. 检查验收的技术要求

（1）构配件外观质量。构配件外观质量应符合下列要求。

1）钢管应平直光滑、无裂纹、无锈蚀、无分层、无结巴、无毛刺等，不得采用横断面接长的钢管。

2）铸造件表面应光整，不得有砂眼、缩孔、裂纹、浇冒、残余等缺陷，表面粘砂时应清除干净。

3）构配件防锈漆涂层应均匀，附着应牢固。

4）主要构配件上的生产厂家标识应清晰。

5）冲压件不得有毛刺、裂纹、氧化皮等缺陷。

6）各焊缝应饱满，焊药应清除干净，不得有未焊透、夹砂、咬肉、裂纹等缺陷。

（2）架体组装质量。架体组装质量应符合下列要求。

1）立杆与立杆的连接孔处应能插入 ϕ10mm 的连接销。

2）立杆的上碗扣应能上下串动、转动灵活，不得有卡滞现象。

3）碗扣节点上应在安装 1～4 个横杆时，上碗扣均能锁紧。

4）当搭设不少于二步三跨 1.8m×1.8m×1.2m（步距×纵距×横距）的整体脚手架时，每一框架内横杆与立杆的垂直度偏差应小于 5mm。

5. 安全管理

搭设、拆除碗扣式钢管脚手架时，需要注意以下安全问题。

(1) 作业层上的施工荷载应符合设计要求，不得超载，不得在脚手架上集中堆放模板、钢筋等物料。

(2) 混凝土输送管、布料杆、缆风绳等不得固定在脚手架上。

(3) 脚手架使用期间，严禁擅自拆除架体结构杆件；如需拆除必须经修改施工方案并报请原方案审批人批准，确定补救措施后方可实施。

(4) 脚手架应与输电线路保持安全距离，施工现场临时用电线路架设及脚手架接地防雷措施等应按国家现行标准《施工现场临时用电安全技术规范》(JGJ 46—2005) 的有关规定执行。

(5) 严禁在脚手架基础及邻近处进行挖掘作业。

(6) 遇 6 级及以上大风、雨雪、大雾天气时，应停止脚手架的搭设与拆除作业。

(7) 搭设脚手架人员必须持证上岗。上岗人员应定期体检，合格者方可持证上岗。

(8) 搭设脚手架人员必须戴安全帽、系安全带、穿防滑鞋。

第6章 门式钢管脚手架

6.1 构造与构件

6.1.1 构造

门式钢管脚手架是由门架、交叉支撑、连接棒、挂扣式脚手板或水平架、锁臂等组成基本结构，再设置水平加固杆、剪刀撑、扫地杆、封口杆、托座与底座，并采用连墙件与建筑物主体结构相连的一种标准化钢管脚手架，如图6-1所示。

1. 构造特点

(1) 主要构配件采用插接、锁接方式。上下榀门架之间采用连接棒、锁臂插接，交叉支撑与门架立杆采用锁销锁接。

(2) 用水平架、水平加固杆增强脚手架整体性。在脚手架顶层的上部、各连墙件设置层等位置增设水平架；当门架高度超过4步距后，沿脚手架纵向用水平加固杆（钢管）将全部门架连接起来，形成水平封闭的闭合圈。另外，挂扣式脚手板也有增强脚手架整体性的作用。

(3) 用可调底座调节门架的水平度。为保证门架步架高度水平，门式钢管脚手架配有可调高度的底座，特别是用于模板支撑和满堂支撑架时，采用可调底座更能突出其优点。

2. 构造参数

门式钢管脚手架的搭设高度参照表6-1。

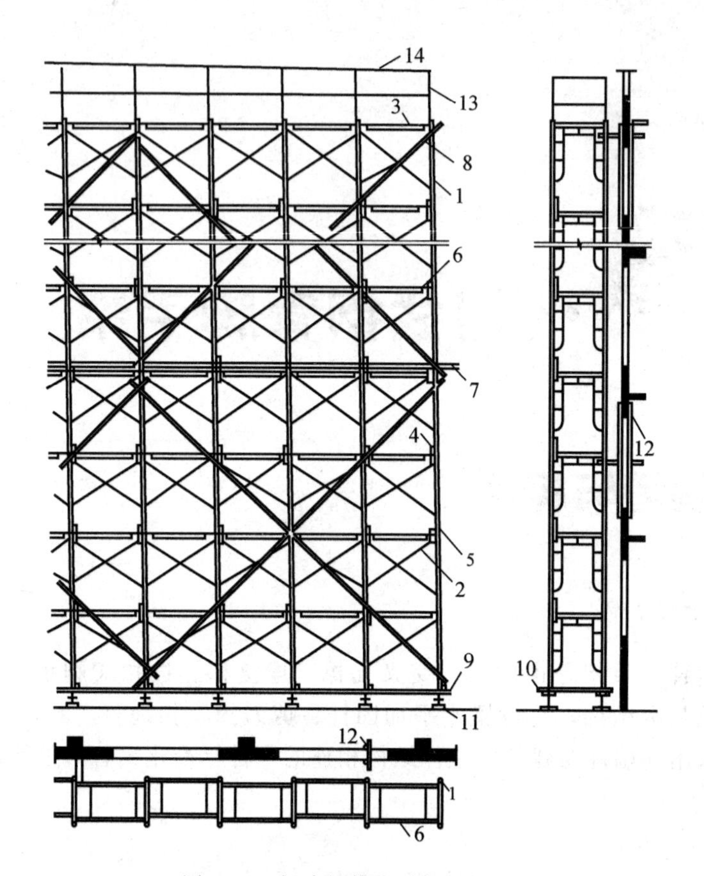

图 6-1　门式钢管脚手架的构造

1—门架；2—交叉支撑；3—脚手板；4—连接棒；5—锁臂；6—水平架；7—水平架固杆；8—剪刀撑；9—扫地杆；10—封口杆；11—底座；12—连墙件；13—栏杆；14—扶手

表 6-1　　门式钢管脚手架的搭设高度

施工荷载标准值/(kN/m²)	搭设高度/m
3.0～5.0	≤45
<3.0	≤60

注　施工荷载是指一个架距内部施工层均布施工荷载的总和。

6.1.2　构件

1. 门架

门式钢管脚手架门式框架主要由立杆、横杆及加强杆焊接组成，是门式钢管脚手架的主要构件。门架有典型门架、连接门架、扶梯门架、调节门架等 4

种类型。

(1) 典型门架。典型门架是门式钢管脚手架的主要构件，其构造形式如图6-2所示，几何尺寸及杆件规格见表6-2。

表6-2　　典型门架几何尺寸及杆件规格

门 架 代 号		MF1219	
门架几何尺寸 /mm	h_2	80	100
	h_0	1930	1900
	b	1219	1200
	b_1	750	800
	h_1	1536	1550
杆件外径壁厚 /mm	1	ϕ42.0×2.5	ϕ48.0×3.5
	2	ϕ26.8×2.5	ϕ26.8×2.5
	3	ϕ42.0×2.5	ϕ48.0×3.5
	4	ϕ26.8×2.5	ϕ26.8×2.5

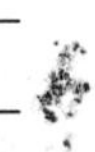

(2) 连接门架。连接门架是连接上、下宽度不同门架之间的过渡门架，其构造形式如图6-3所示。

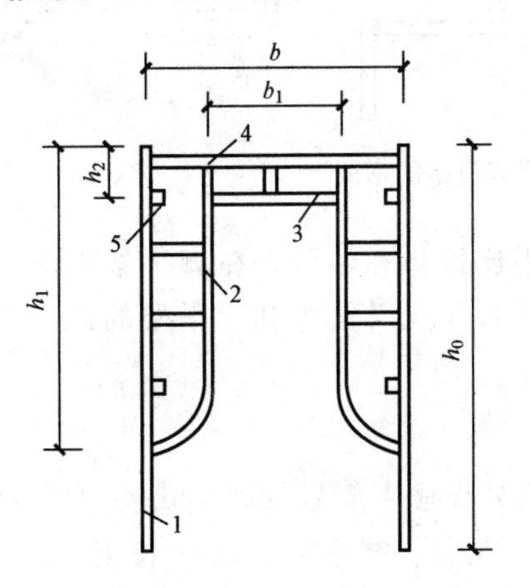

图6-2　典型门架

1—立杆；2—立杆加强杆；3—横杆加强杆；4—横杆；5—锁销

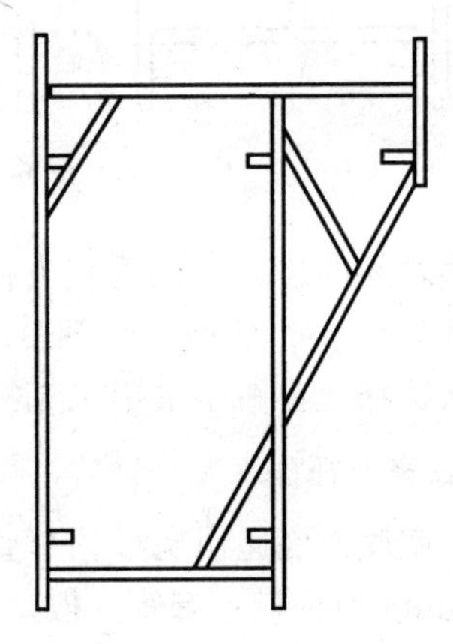

图6-3　连接门架

连接门架上窄下宽或上宽下窄，并带有斜支杆的悬臂支撑部分。如图6-4(a)所示，连接门架上部宽度与窄形门架相同，下部与标准门架相同；或者如图6-4(b)所示则相反。

(3) 扶梯门架。安装扶梯的专用门架，如图 6-5 所示。

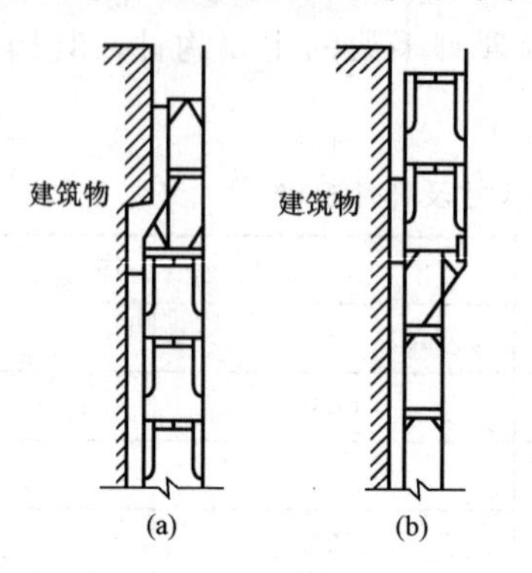

图 6-4　门架的过渡

(a) 上窄下宽式；(b) 上宽下窄式

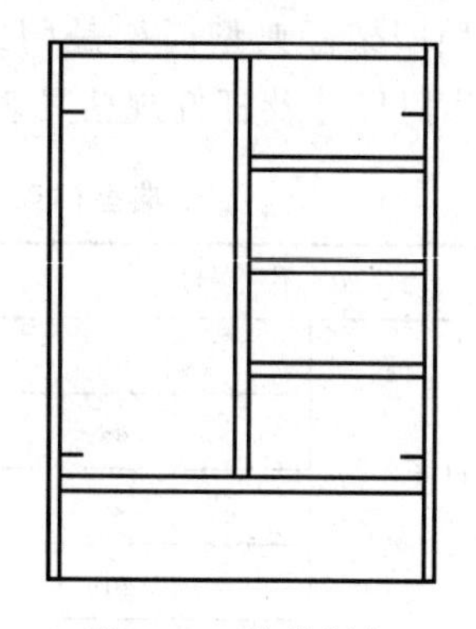

图 6-5　扶梯门架

(4) 调节门架。调节门架主要用于调节门架竖向高度，其宽度与门架相同，高度有 1.5m、1.2m、0.9m、0.6m、0.4m 等几种规格，其主要构造形式如图 6-6所示。

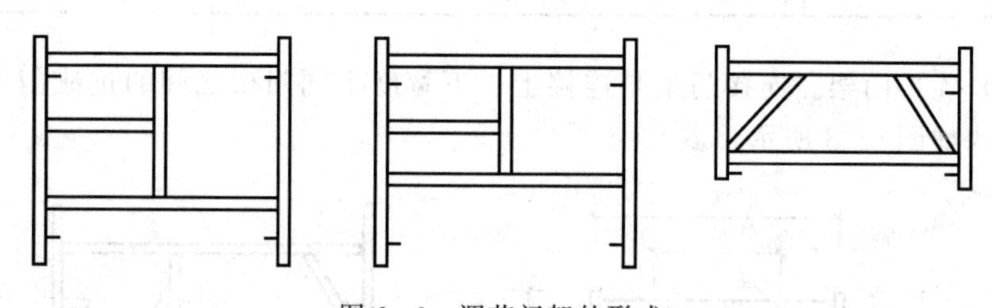

图 6-6　调节门架的形式

门架之间的连接，在垂直方向使用连接棒和锁臂，在脚手架纵向使用交叉支撑，在架顶水平面使用水平架或脚手板。交叉支撑和水平架的规格根据门架的间距来选择，一般多采用 1.8m。

2. 底座与托座

(1) 底座。底座由底板、套管两部分焊成。底板一般用边长 150～200mm、厚 8～10mm 的钢板；套管一般用直径 32mm、壁厚 2.5mm、长为 100～150mm 的钢管，顶端封严，如图 6-7 所示。

底座包括可调底座和固定底座两种。

1) 可调底座。可调底座由螺杆、调节扳手和底板组成，是安放在底部门架立杆下部的支座。用于扩大门式脚手架立杆的支撑面积，将竖向荷载传给脚手架基础，并可调节脚手架的高度及整体水平度、垂直度，调节高度有 250mm 和 520mm 两种，如图 6-8 所示。

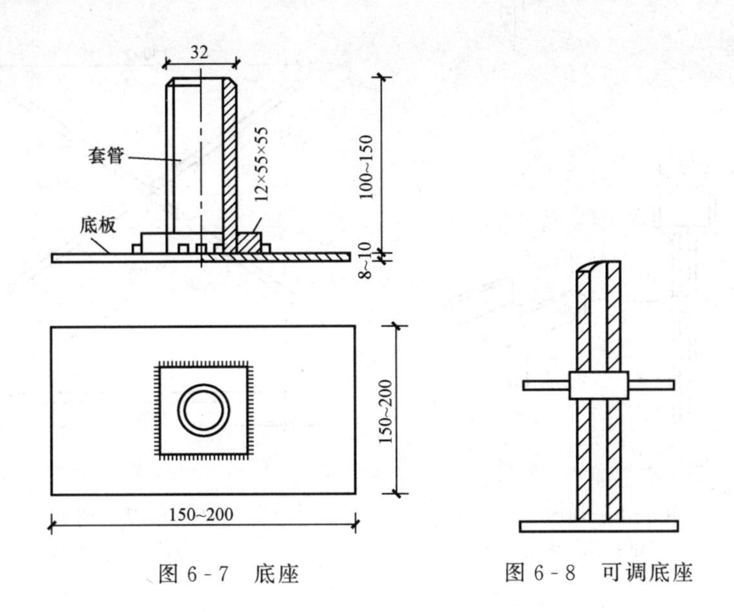

图 6-7　底座　　　　图 6-8　可调底座

2）固定底座。固定底座又称简易底座，由底板和插杆组成，但只起支撑作用，不能调节高度，使用它时要求地面应平整。

（2）托座。托座有平板和 U 形两种，置于门架竖杆的上端，多带有丝杠以调节高度，主要用于支模架。U 形托座也包括可调和固定两种。

1）可调 U 形托座。可调 U 形托座由螺杆、调节扳手、U 形顶托组成，插放在顶部门架（或调节架）立杆上端，用于承受模板托梁传递来的施工荷载，可调节支撑高度，调节高度有 250mm 及 520mm 两种，如图 6-9（a）所示。

2）固定 U 形托座。固定 U 形托座又称简易 U 形托座，作用与可调 U 形托座相同，但不能调节高度，由 U 形托座和插杆组成，如图 6-9（b）所示。

3. 剪刀撑与水平撑

（1）剪刀撑。剪刀撑一般用直径 27mm、壁厚 2.5mm 的钢管制成，两头打扁，留有栓孔。设在门式钢管脚手架的外侧，是与墙面平行的交叉杆件，作用是增强门架的稳定性，如图 6-10（a）所示。

（2）水平撑。水平撑一般用直径 27mm、壁厚 2.5mm 的钢管制成，两头打扁，留有栓孔。沿脚手架的外侧封闭设置，是与地面平行的杆件，对脚手架起环箍作用，以加强脚手架的整体性，如图 6-10（b）所示。

4. 其他部件

其他部件有钢脚手板、梯子、扣墙管、栏杆、连接棒、锁臂和脚手板托架等，如图 6-11 所示。

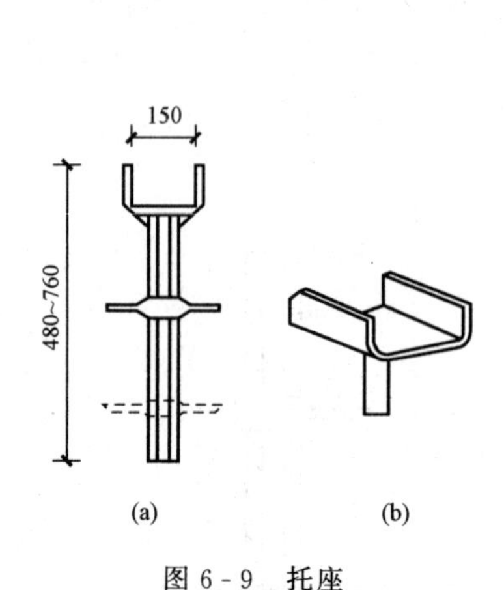

图 6-9　托座
（a）可调 U 形托座；（b）固定 U 形托座

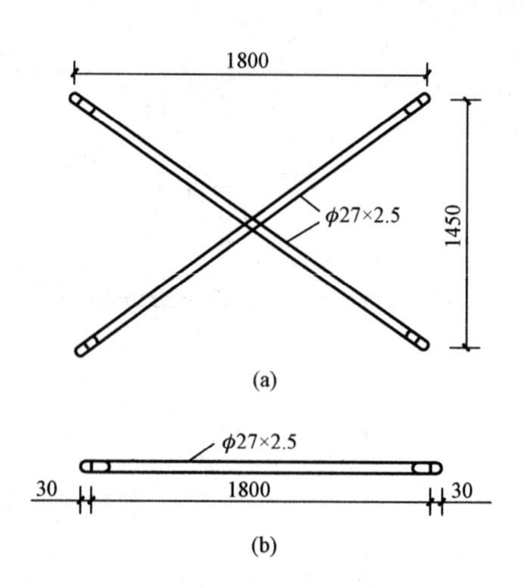

图 6-10　剪刀撑和水平撑
（a）剪刀撑；（b）水平撑

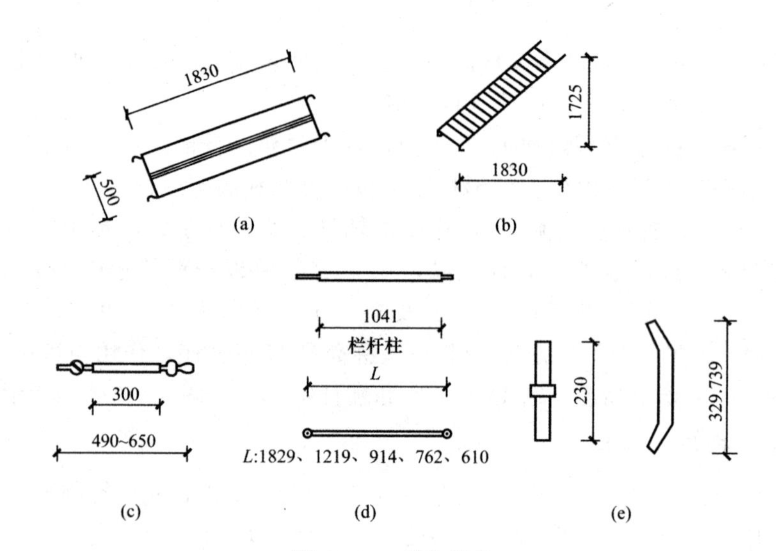

图 6-11　其他部件
（a）钢脚手板；（b）梯子；（c）扣墙管；（d）栏杆和栏杆柱；（e）连接棒和锁臂

（1）脚手板。脚手板通常为钢脚手板，其两端带有挂扣，搁置在门架的横梁上并扣紧。在这种脚手架中，脚手板还是加强脚手架水平刚度的主要构件，脚手架应每隔 3～5 层设置一层脚手板。

（2）梯子。梯子为设有踏步的斜梯，分别扣挂在上下两层门架的横梁上。

（3）扣墙管。扣墙管是确保脚手架整体稳定的拉结件，为管式构造，一端的扣环与门架拉紧，另一端为埋墙螺栓或夹墙螺栓，锚入或夹紧墙壁。

6.2　特点与材料

6.2.1　特点

门式钢管脚手架也称门型脚手架，属于框组式钢管脚手架的一种，是在20世纪80年代初由国外引进的一种多功能脚手架，也是国际上应用最为普遍的脚手架之一。门式钢管脚手架最高可搭设60m，采用定型产品，各构配件尺寸小、质量轻，主要采用插接（锁接）方式，装拆方便快捷、劳动强度低、应用范围十分广泛。它既可以作为高层建筑、高耸构筑物施工和装修用的脚手架，又可以作为结构、设备安装等满堂脚手架，还可作为建筑、桥梁、隧道、地铁等工程施工的模板支撑架。

门式钢管脚手架几何尺寸标准化，结构合理，受力性能好，可充分利用钢材强度，承载能力高，施工中拆装容易、架设效率高、省工省时、安全可靠、经济实用。门式钢管脚手架设计计算和施工应当遵守《建筑施工门式钢管脚手架安全技术规范》（JGJ 128—2001）的规定。

6.2.2　材料要求

1. 材质要求

门架及其配件的材质要求如下。

（1）门架及其配件应有出厂合格证明书及产品标志。

（2）门架钢管材质与扣件式钢管材质相同。

（3）水平加固杆、封口杆、扫地杆、剪刀撑及脚手架转角处连接杆等宜采用ϕ42mm×2.5mm焊接钢管，也可采用ϕ48mm×3.5mm焊接钢管，其材质在保证可焊性的条件下应符合现行国家标准《碳素结构钢》（GB/T 700—2006）中Q235A级钢的规定。

（4）可调底座及可调托撑螺母应采用可锻铸铁或铸钢制造。底座抗压强度不小于40kN。

2. 质量要求

（1）门架及配件的外观质量。门式钢管脚手架门架及配件外观质量应符合下列要求。

1）钢管表面应无裂纹、凹陷、锈蚀；钢管不得接长使用。

2）钢管应平直，平直度允许偏差为管长的1/500。

3）钢管两端面应平整，不得有斜口、毛口。

4）各杆件端头压扁部分不得出现裂纹，销钉孔、铆钉孔应采用钻孔，不得使用冲孔。

5）水平架、钢梯及脚手板的搭钩应焊接或铆接牢固。

6）加工中不得产生因加工工艺造成的材料性能下降的现象。

（2）门架及配件的焊接质量。

1）门式钢管脚手架各杆件之间焊接应采用手工电弧焊，在保证同等强度下也可采用其他方法。

2）立杆与横杆焊接，螺杆、插管与底板的焊接，均必须采用周围焊接。

3）焊缝高度不得小于2mm，焊缝表面应平整、光滑，不得有漏焊、焊穿、裂纹和夹渣。

4）焊缝立体金属咬肉深度不得超过0.5mm，长度总和不应超过焊缝长度的1.0%。

5）焊缝气孔直径不应大于1.0mm，每条焊缝气孔数不得超过两个。

（3）门架及配件的表面涂层质量。

1）门架宜采用镀锌处理。

2）连接棒、锁臂、可调底座、可调托撑及脚手板、水平架和钢梯的搭钩应采用表面镀锌。镀锌表面应光滑，在连接处不得有毛刺、滴瘤和多余结块。

3）门架和配件的不镀锌表面应刷涂或喷涂防锈漆两道、面漆一道。也可采用磷化烤漆。油漆表面应均匀，无漏涂、流淌、脱皮、皱纹等缺陷。

3. 质量分类及其鉴别

门式钢管脚手架的周转使用过程中，门架及配件的质量需要进行鉴别，以确保其使用的安全。

（1）质量分类。门架及配件质量可分为以下4类。

A类：有轻微变形、损伤、锈蚀。经清除黏附砂浆泥土等污物、除锈、重新油漆等保养工作后可继续使用。

B类：有一定程度变形或损伤（如弯曲、下凹），锈蚀轻微。应经矫正、平整、更换部件、修复、补焊、除锈、油漆等修理保养后继续使用。

C类：锈蚀较严重。应抽样进行荷载试验后确定能否使用。经试验确定可使用者，应按8类要求经修理保养后使用；不能使用者，则按D类处理。

D类：有严重变形、损伤或锈蚀。不得修复，应报废处理。

（2）质量鉴别。门式钢管脚手架的门架及配件质量鉴别，可根据表6-3～表6-7的标准进行鉴别。具体鉴别标准为：A类，所列项目全部符合；B类，所列项目有一项和一项以上符合，但不应有C类和D类中任一项；C类，所列项目有一项和一项以上符合，但不应有D类中任一项；D类，所列项目有任一项符合。

表 6-3　　门架质量分类

部位及项目		A类	B类	C类	D类
立杆	弯曲（门架平面外）	≤4mm	＞4mm	—	—
	裂纹	无	微小	—	有
	下凹	无	轻微	较严重	≥4mm
	壁厚	≥2.2mm	—	—	＜2.2mm
	端面不平整	≤0.3mm	—	—	＞0.3mm
	锁销损坏	无	损伤或脱落	—	—
	锁销间距	±1.5mm	＞1.5mm ＜−1.5mm	—	—
	锈蚀	无或轻微	有	较严重（鱼鳞状）	深度≥0.3mm
	立杆（中-中）尺寸变形	±5mm	＞5mm ＜−5mm	—	—
	下部堵塞	无或轻微	较严重	—	—
	立杆下部长度	≤400mm	＞400mm	—	—
横杆	弯曲	无或轻微	严重	—	—
	裂纹	无	轻微	—	有
	下凹	无或轻微	≤3mm	—	＞3mm
	锈蚀	无或轻微	有	较严重	深度≥0.3mm
	壁厚	≥2mm	—	—	＜2mm
加强杆	弯曲	无或轻微	有	—	—
	裂纹	无	有	—	—
	下凹	无或轻微	有	—	—
	锈蚀	无或轻微	有	较严重	深度≥0.3mm
其他	焊接脱落	无	轻微缺陷	严重	—

表 6-4　　交叉支撑质量分类

部位及项目	A类	B类	C类	D类
弯曲	≤3mm	＞3mm	—	—
端部孔周裂纹	无	轻微	—	严重
下凹	无或轻微	有	—	严重
中部铆钉脱落	无	有	—	—
锈蚀	无或轻微	有	—	严重

表 6-5　　连接棒质量分类

部位及项目	A类	B类	C类	D类
弯曲	无或轻微	有	—	严重
锈蚀	无或轻微	有	较严重	深度≥0.2mm
凸环脱落	无	轻微	—	—
凸环倾斜	≤0.3mm	>0.3mm	—	—

表 6-6　　可调底座、可调托座质量分类

部位及项目		A类	B类	C类	D类
螺杆	螺牙缺损	无或轻微	有	—	严重
	弯曲	无	轻微	—	严重
	锈蚀	无或轻微	有	较严重	严重
扳手、螺母	扳手断裂	无	轻微	—	—
	螺母转动困难	无	轻微	—	严重
	锈蚀	无或轻微	有	较严重	严重
底板	翘曲	无或轻微	有	—	—
	与螺杆不垂直	无或轻微	有	—	—
	锈蚀	无或轻微	有	较严重	严重

表 6-7　　脚手板质量分类

部位及项目		A类	B类	C类	D类
脚手板	裂纹	无	轻微	较严重	严重
	下凹	无或轻微	有	较严重	—
	锈蚀	无或轻微	有	较严重	深度≥0.2mm
	面板厚	≥1.0mm	—	—	<1.0mm
搭钩零件	裂纹	无	—	—	有
	锈蚀	无或轻微	有	较严重	深度≥0.2mm
	铆钉损坏	无	损伤、脱落	—	—
	弯曲	无	轻微	—	严重
	下凹	无	轻微	—	严重
	锁扣损坏	无	脱落、损伤	—	—
其他	脱焊	无	轻微	—	严重
	整体变形、翘曲	无	轻微	—	严重

对于上述质量分类，应采取的处理措施是：A类要进行维修保养，B类要进行更换修理，C类经性能试验后确定，D类应报废处理。

6.3　搭拆与检查

6.3.1　搭设

1. 准备工作

脚手架搭设前，工程技术负责人应根据搭设门式脚手架的技术规范和施工组织设计要求，向搭设和使用人员做技术和安装作业要求的交底；搭设人员要认真学习有关技术规范及安全操作要求。

对搭设的门架、配件、加固定件等应按规范要求进行检查、验收，严禁使用任何不合格的搭架材料。

2. 搭设步骤

门式钢管脚手架基本组合单元如图6-12所示。在门架立杆的竖直方向采用连接棒和锁臂接高，纵向以交叉支撑连接门架立杆，在架顶水平面使用挂扣式脚手板或水平架，由此构成门式钢管脚手架的基本组合单元。这些基本组合单元相互连接，逐层叠高，左右伸展，再增加水平加固杆、剪刀撑及连墙件等杆件，便构成了整体式门式钢管脚手架或模板支撑架。

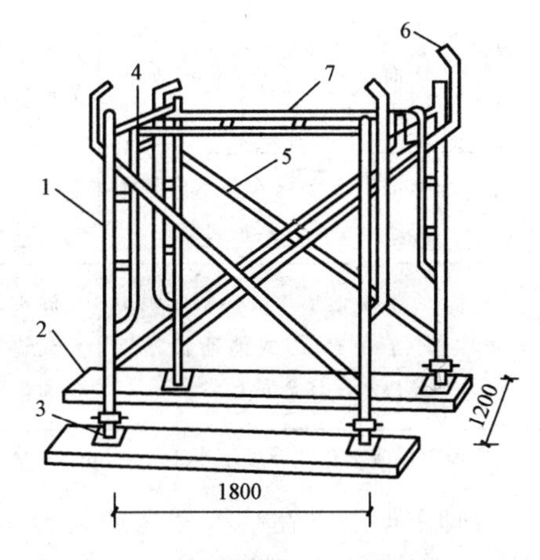

图6-12　门式钢管脚手架基本组合单元
1—门架；2—垫木；3—可调底座；
4—连接棒；5—交叉支撑；
6—锁臂；7—水平架

搭设时，按放线先放好四个底座，将第一榀和第二榀门架装上去，随即把门架之间的剪刀撑安上去，以后每安好一榀门架，随即将其间的剪刀撑和水平撑安装上去，依次按步骤沿纵向逐榀安装。完成第一层门架安装以后，在门架顶上铺放一定数量的脚手板，在搭设第二层门架时，人就可以站在脚手板上操作，直至最后完成。

脚手架的搭设应从一端到另一端，自下而上按步架设，并逐层改变架设方向，以减小架设误差。不得自两端单独相向架设或相间架设，以避免结合部位错位，难以连接。脚手架的搭设速度应与结构施工相配合，一次搭设高度不应超过最上层连墙件3步距或自由高度不大于6m，以保证脚手架安全稳定。

门式脚手架的搭设顺序如下：铺设垫木→安放底座→自一端立门架并随即装交叉支撑→安装水平架、脚手板→安装钢梯→安装水平加固杆→安装连墙件→按照上述步骤逐层向上安装→安装剪刀撑→装设顶部栏杆扶手。

(1) 铺设垫木。搭设脚手架的场地必须平整坚实，并挖好排水沟，回填土必须分层回填、逐层夯实。清理场地，按搭设方案在地面上画出门架立杆位置线。

脚手架的基础可根据土质及搭设高度按表 6-8 的要求处理，当土质与表 6-8不相符合时，应按现行国家标准《建筑地基基础设计规范》(GB 5007—2007) 的有关规定，经计算予以确定。

表 6-8　　　　脚手架地基基础要求

搭设高度/m	地基土质		
	中、低压缩性且压缩均匀	回填土	高压缩性或压缩不均匀
≤25	夯实原土，干重力密度要求 15.5kN/m³。立杆底座置于面积不小于 0.075m² 的混凝土垫块或垫木上	土夹石或灰土回填夯实，立杆底座置于面积不小于 0.10m² 的混凝土垫块或垫木上	夯实原土，铺设宽度不小于 200mm 的通长槽钢或垫木
26～35	混凝土垫块或垫木面积不小于 0.1m²，其余同上	砂夹石回填夯实，其余同上	夯实原土，铺厚不小于 200mm 砂垫层，其余同上
36～60	混凝土垫块或垫木面积不小于 0.15m² 或铺通长槽钢或垫木，其余同上	砂夹石回填夯实，混凝土垫块或垫木面积不小于 0.15m² 或铺通长槽钢或垫木	夯实原土，铺 150mm 厚道渣并夯实，再铺通长槽钢或垫木，其余同上

注　表中混凝土垫块厚度不小于 200mm；垫木厚度不小于 50mm，宽度不小于 200mm。

当脚手架搭设在结构楼面或挑台上时，立杆底座下应铺设垫板或混凝土垫块，并应对楼面或挑台等结构进行承载力验算。

(2) 安放底座。应在第一步距门架立杆下端设置可调底座或固定底座。门式钢管脚手架使用期超过 3 个月时，应用铁钉与垫木钉牢。当地基承载能力较差时，宜选用可调底座，以调整门式钢管脚手架的不均匀沉降。门式钢管脚手架分段搭设时，可采用固定底座。

(3) 立门架。门架的选型应根据建筑物的形状、尺寸、高度和施工荷载、作业情况等条件确定，并绘制搭设构造、节点详图，供搭设人员参考。不同规格的门架由于尺寸、高度不同，不得混用。上、下门架立杆应在同一轴线位置上，以使门架传力均匀、明确。当门架立杆与连接棒配合过松、间隙较大时，应使连接棒居中安装，使轴线偏离不大于 2mm。门架内侧立杆距离墙面净距宜不大于 150mm，如大于 150mm 时，应采取相应的安全防护措施。承托架由于承受偏心荷载，应与建筑物作可靠拉结。首层门形架的垂直度偏差不大于2mm，水平度偏差不大于5mm。门架的底部必须用扫地杆固定。

（4）装设交叉支撑。门架之间必须满设交叉支撑。当架高≤45m时，水平架应至少两步距设一道；当架高＞45m时，水平架必须每步距设置（水平架可用挂扣式脚手板和水平加固杆替代），其间连接应可靠。

（5）安装水平架、脚手板。

1）安装水平架。水平架设置应满足的要求有：水平架设在脚手架与建筑物的连墙件设置层及承托架、防护棚、悬挑水平安全网等承受偏心荷载的位置，在层面上连续设置，以增加层面刚度和整体性。

当脚手架高度不大于45m时，水平架应每两步距门架设置一道；当脚手架高度大于45m时，水平架应每步门架设置一道。水平架可由挂扣式脚手板替代，或在两侧设置水平加固杆替代。

2）安装脚手板。脚手板第一层门架顶面应铺设一定数量的脚手板，这样在搭设第二层门架时，施工人员就可以站在脚手板上操作。在脚手板的操作层上应连续满铺与门架配套的挂扣式脚手板，并扣紧挂扣，防止脚手板脱落或松动。

（6）安装钢梯。钢梯规格应与门架规格配套，并应与门架挂扣牢固。钢梯的位置应符合组装布置图的要求，底层钢梯底部应加设ϕ2mm钢管，并用扣件扣紧在门架立杆上，钢梯跨的两侧均应设置扶手。每段钢梯可跨越2步距或3步距门架再行转折。

（7）安装水平加固杆。门式钢管脚手架高度超过20m时，应在脚手架内侧，每隔3～5步距高设置一道水平加固杆。水平加固杆必须随脚手架的搭设同步安装，以确保架子的整体稳定。

水平加固杆应连续设置，形成水平封闭圈，以增强脚手架的整体性。水平加固杆均应与门架、立杆连接牢固。

水平加固杆前三层每层都应设置，以防不均匀沉降，如图6-13所示。三层以上可每隔三层设一道。

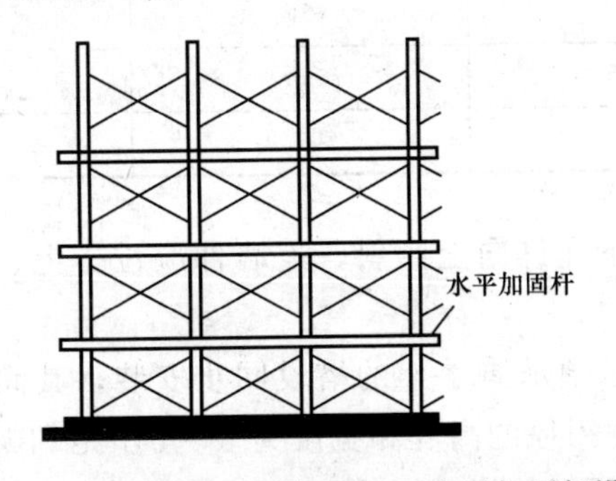

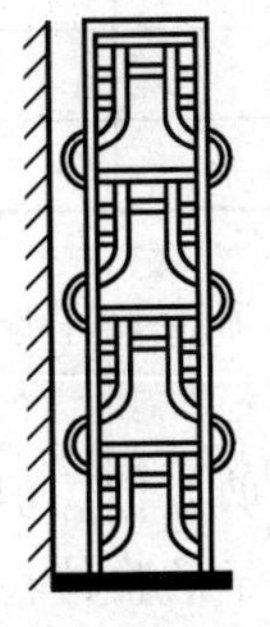

图6-13　水平加固杆设置

(8) 安装连墙件。连墙件的安装必须与脚手架的搭设同步进行，严禁搭设完毕后补做。连墙点的最大间距，在垂直方向为 6m，在水平方向为 8m。高层脚手架应增加连墙点的布置密度。所有连墙件与结构的连接必须牢靠，连墙件如图 6-14 所示。

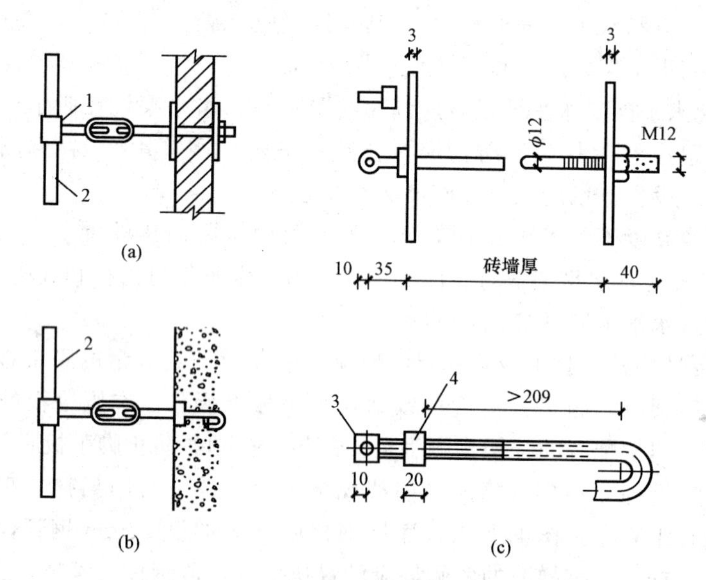

图 6-14 连墙件构造

(a) 夹固式；(b) 锚固式；(c) 预埋连墙件

1—扣件；2—门架立杆；3—接头螺钉；4—连接螺母（M12）

连墙件通常竖向每隔三步距、水平方向每隔 4 跨设置一个，且在任何情况下，连墙件的竖向间距和水平间距都应符合表 6-9 的要求。

表 6-9　　连墙件竖向、水平间距

脚手架搭设高度/m	基本风压/(kN/m²)	连墙件间距/m	
		竖向	水平方向
≤45	≤0.55	≤6.0	≤8.0
>45	>0.55	≤4.0	≤6.0

连墙件必须垂直于墙面，不允许向上倾斜，连墙件应位于上、下两榀门架的接头附近。

(9) 安装剪刀撑。剪刀撑必须随脚手架的搭设同步安装，其间的连接应牢靠，以确保架子的整体稳定。剪刀撑的高度和宽度为 3～4 步距和架距，相邻剪刀撑相隔 3～5 个架距，沿全高设置。门式钢管脚手架搭设高度超过 20m 时，应在脚手架外侧连续设置剪刀撑。剪刀撑与地面倾角呈 45°～60°，水平间距呈 5～9m。

剪刀撑应采用旋转扣件与门架立杆扣牢。杆件宜采用搭接接长，搭接长度不小于 500mm，搭接接头处扣件数量不少于 2 个。

因作业需要拆除剪刀撑时，应加设临时加固件后方可拆除，作业完成后应立即将剪刀撑补上。

（10）装设顶部栏杆扶手。栏杆应设置在脚手架操作层外侧门架立杆的内侧，栏杆柱插放在门架顶部。立杆中，栏杆扶手端部压扁部分钻有销孔，与栏杆柱上锁销锁牢。

3. 注意事项

搭设门式钢管脚手架时需要注意以下问题。

（1）门式钢管脚手架应沿建筑物周围连续、同步搭设升高，在建筑物周围形成封闭结构；如不能封闭时，在脚手架两端应增设连墙件。

（2）门式钢管脚手架的通道洞 1∶3 宽度不宜大于三个门架架距，高度不宜大于两个门架高度。当通道洞 1∶3 为一个架距宽度时，应在脚手架内外侧、洞 1∶3 上下设置水平加固杆，并在洞 1∶3 两上角设置斜撑杆，如图 6-15（a）所示。当洞 1∶3 宽度为两个或两个以上架距时，应在洞 1∶3 部位设置专用托架梁，如图 6-15（b）所示。移动活动平台的活动洞口应进行特殊设计。

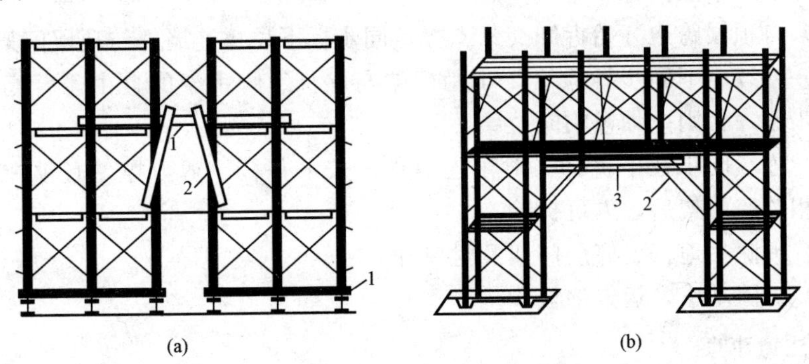

图 6-15 通道洞口构造示意图

（a）洞 1∶3 较小时构造；（b）洞口较大时构造

1—水平加固杆；2—斜撑杆；3—托架梁

（3）门式钢管脚手架高度超出 10m 时应设置锁臂。各部件的锁臂、搭钩必须处于锁住状态。

（4）连接棒表面涂油漆时，搭设时应表面涂油，以防使用期间锈蚀，难以拔出。连接棒应居中安放，以使套环均匀传递荷载。

（5）脚手架搭设的垂直度与水平度允许偏差应符合表 6-10 的要求。

表 6-10　门式钢管脚手架搭设垂直度、水平度的允许偏差

序号	项目	内　容
1	垂直度	脚手架沿墙面纵向的垂直偏差应≤$H/400$（H 为脚手架高度），但最大值≤50mm；脚手架的横向垂直偏差应≤$H/600$，但最大值≤50mm
2	水平度	底层脚手架沿墙的纵向水平偏差应≤$L/600$（L 为脚手架的长度）

6.3.2　拆除

1. 准备工作

脚手架经单位工程负责人检查验证并确认不再需要时，方可拆除。拆除脚手架前，应清除脚手架上的材料、工具和杂物。拆除脚手架时，应设置警戒区，设立警戒标志，并由专人负责警戒。

2. 拆除步骤

拆除脚手架时应自上而下进行，部件拆除顺序与安装顺序相反，严禁将拆除的部件直接从高空掷下。具体步骤如下。

（1）从跨边起先拆顶部扶手与栏杆柱，然后拆脚手板（或水平架）与扶梯段，再卸下水平加固杆和剪刀撑。

（2）自顶层跨边开始拆卸交叉支撑，同步拆下顶撑连墙件与顶层门架。

（3）继续向下同步拆除第 2 步距门架与配件。脚手架的自由悬臂高度不得超过 3 步距，否则应加设临时拉结。

（4）连续同步往下拆卸。对于连墙件、长水平杆、剪刀撑，必须在脚手架拆卸到相关跨门架后，方可拆除。

（5）拆除扫地杆、底层门架及封口杆。

（6）拆除基座，运走垫板和垫块。

3. 注意事项

脚手架的拆除应在统一指挥下，按后装先拆、先装后拆的顺序及下列安全作业的要求进行。

（1）在拆除过程中，脚手架的自由悬臂高度不得超过两步距，当必须超过两步距时，应加设临时拉结。

（2）同一层的构配件和加固件应按先上后下、先外后里的顺序进行，最后拆除连墙件。

（3）连墙件、通长水平杆和剪刀撑等，必须在脚手架拆卸到相关的门架时方可拆除。

（4）拆卸连接部件时，应先将锁座上的锁板与卡钩上的锁片旋转至开启位置，然后开始拆除，不得硬拉，严禁敲击。

（5）拆除工作中，严禁使用榔头等硬物击打、撬挖，拆下的连接棒应放入袋内，锁臂应先传递至地面并放室内堆存。

（6）工人必须站在临时设置的脚手板上进行拆卸作业，并按规定使用安全防护用品。

（7）拆下的门架、钢管与配件，应捆绑好后用机械吊运或由井架传递至地面，防止碰撞，严禁抛掷。经检查、修整后应按品种、规格分类整理存放，并妥善保管，防止锈蚀。

6.3.3　检查验收

门式钢管脚手架搭设完毕或分段搭设完毕后，应对脚手架工程的质量进行检查，经检查合格后方可交付使用。

高度在20m及以下的脚手架，应由工程项目组织技术和安全人员进行检查验收；高度20m以上的脚手架，应由施工单位技术负责人组织工程项目负责人及有关技术人员进行检查验收。

1. 检查验收的阶段

脚手架在使用期间应加强检查工作，在主体结构施工期间，一般应3天检查一次；主体结构完工后，最多7天也要检查一次。每次检查都应对杆件有无发生变形、连接点是否松动、连墙拉结是否可靠以及地基是否发生沉陷等进行全面检查，以确保使用安全。

2. 检查验收的内容

现场检查验收包括以下主要内容。

（1）构配件和加固件是否齐全，质量是否合格，连接和挂扣是否紧固可靠。

（2）安全网的张挂及扶手的设置是否齐全。

（3）基础是否平整坚实、支垫是否符合规定。

（4）连墙件的数量、位置和设置是否符合要求。

（5）垂直度及水平度是否合格。

3. 检查验收的技术文件

检查验收的技术文件主要包括。

（1）门式钢管脚手架安全专项施工方案及组装图。

（2）脚手架构配件的出厂合格证或质量分类合格标志。

（3）脚手架工程的施工记录及质量检查记录。

（4）脚手架搭设过程中出现的重要问题及处理记录。

(5) 脚手架工程的施工验收报告。

4. 检查验收的技术要求

(1) 尺寸要求及允许偏差。

1) 尺寸要求。门式钢管脚手架的门架及配件的尺寸要求规定如下。

a. 门架及配件尺寸必须按设计要求确定。

b. 连接棒、可调底座的螺杆及固定底座的插杆，插入门架立杆中的长度不得小于95mm。

c. 锁销直径不应小于13mm。

d. 交叉支撑销孔孔径不得大于16mm。

e. 挂扣式脚手板、钢梯踏步板厚度不应小于1.2mm，搭钩厚度不应小于7mm。

2) 允许偏差。门式钢管脚手架门架及配件基本尺寸的允许偏差应符合表6-11的规定。

表6-11　门架及配件基本尺寸的允许偏差

构配件	项目	允许偏差/mm		序次	构配件	项目	允许偏差/mm	
		优良	合格				优良	合格
门架	高度 h	±1.0	±1.5	17	连接棒	长度	±3.0	±5.0
	高度 b（封闭端）			18		套环高度	±1.0	±1.5
	立杆端面垂直度	0.3	0.3	19		套环端面垂直度	0.3	0.3
	销锁垂直度	±1.0	±1.5	20	锁臂	两孔中心距	±1.5	±2.0
	销锁间距			21		宽度	±1.5	±2.0
	销锁直径	±0.3	±0.3	22		孔径	±0.3	±0.5
	对角线差	4	6	23	底座托盘	长度	±3.0	±5.0
	平面度	4	6	24		螺杆的直线度手柄端面垂直度插管、螺杆与底面的垂直度	±1.0 $L/200$	±1.0 $L/200$
	两钢管相交轴线差	±1.0	±2.0	25				
水平架脚手板钢梯	搭钩中心距	±1.5	±2.0	26				
	宽度	±2.0	±3.0					
	平面度	4	6	—	—	—	—	—
交叉支撑	两孔中间距离	±1.5	±2.0					
	孔至销钉距离							
	孔直径	±0.3	±0.5					
	孔与钢管轴线	±1.0	±1.5					

（2）性能要求。门式钢管脚手架的门架及配件的性能要求应符合表6-12的规定。

表6-12 门架及配件的性能要求

<table>
<tr><th rowspan="2">项次</th><th rowspan="2">名称</th><th rowspan="2" colspan="2">项　　目</th><th colspan="2">规定值</th></tr>
<tr><th>平均值</th><th>最小值</th></tr>
<tr><td>1</td><td rowspan="5">门架</td><td rowspan="3">立杆抗压承载能力/kN</td><td>高度 $h=1900$mm</td><td>70</td><td>65</td></tr>
<tr><td>2</td><td>高度 $h=1700$mm</td><td>75</td><td>70</td></tr>
<tr><td>3</td><td>高度 $h=1500$mm</td><td>80</td><td>75</td></tr>
<tr><td>4</td><td colspan="2">横杆跨中挠度/mm</td><td colspan="2">10</td></tr>
<tr><td>5</td><td colspan="2">锁销承载能力/kN</td><td>6.3</td><td>6</td></tr>
<tr><td>6</td><td rowspan="13">配件</td><td rowspan="4">水平架、脚手板</td><td>抗弯承载能力/kN</td><td>5.4</td><td>5</td></tr>
<tr><td>7</td><td>跨中挠度/mm</td><td colspan="2">10</td></tr>
<tr><td>8</td><td>搭钩（4个）承载能力/kN</td><td>20</td><td>18</td></tr>
<tr><td>9</td><td>挡板（4个）抗脱承载能力/kN</td><td>3.2</td><td>3</td></tr>
<tr><td>10</td><td colspan="2">交叉支撑抗压承载能力/kN</td><td>7.5</td><td>7</td></tr>
<tr><td>11</td><td colspan="2">连接棒抗拉承载能力/kN</td><td>10</td><td>10</td></tr>
<tr><td>12</td><td rowspan="2">锁臂</td><td>抗拉承载能力/kN</td><td>6.3</td><td>6</td></tr>
<tr><td>13</td><td>拉伸变形/mm</td><td colspan="2">2</td></tr>
<tr><td>14</td><td colspan="2">连墙件抗拉和抗压承载能力/kN</td><td>10</td><td>9</td></tr>
<tr><td>15</td><td rowspan="4">可调底座抗压承载能力/kN</td><td>$l_1 \leqslant 200$mm</td><td>45</td><td>40</td></tr>
<tr><td>16</td><td>$200 < l_1 \leqslant 250$mm</td><td>42</td><td>38</td></tr>
<tr><td>17</td><td>$250 < l_1 \leqslant 300$mm</td><td>40</td><td>36</td></tr>
<tr><td>18</td><td>$l_1 > 300$mm</td><td>38</td><td>34</td></tr>
</table>

5. 安全管理

搭设、拆除门件式钢管脚手架时，需要注意以下安全问题。

（1）操作层上施工荷载应符合设计要求，不得超载，不得在脚手架上集中堆放模板、钢筋等物件。严禁在脚手架上拉缆风绳或固定、架设混凝土泵、泵管及起重设备等。

（2）施工期间不得拆除下列杆件：交叉支撑，水平架，连墙件，加固杆件（如剪刀撑、水平加固杆、扫地杆、封口杆等），栏杆。

（3）如作业需要时，临时拆除交叉支撑或连墙件应经主管部门批准，并应符合下列规定。

1）交叉支撑只能在门架一侧局部拆除，临时拆除后，在拆除交叉支撑的门架上、下层面应满铺水平架或脚手板。作业完成后，应立即恢复拆除的交叉支撑；拆除时间较长时，还应加设扶手或安全网。

2）只能拆除个别连墙件，在拆除前、后应采取安全措施，并应在作业完成后立即恢复；不得在竖向或水平向同时拆除两个及两个以上连墙件。

（4）脚手架与架空输电线路的安全距离、工地临时用电线路架设及脚手架接地避雷措施等应按现行行业标准《施工现场临时用电安全技术规范》（JGJ 46—2005）的有关规定执行。

（5）在脚手架基础或邻近区域内严禁进行挖掘作业。

（6）临街搭设的脚手架外侧应有防护措施，以防坠物伤人。

（7）搭拆脚手架必须由专业架子工完成，持证上岗。

（8）搭拆脚手架时工人必须戴安全帽，系安全带，穿防滑鞋。

（9）对脚手架应设专人负责进行检查和保修工作。对高层脚手架应定期作架立杆基础沉降检查，发现问题应立即采取措施。

（10）6 级及 6 级以上大风和雨、雪、雾天应停止脚手架的搭设、拆除及施工作业。

第7章 木竹与异形脚手架

7.1 木脚手架

我国部分地区盛产木材，每年产出大量的剥皮落叶松和杉木，其中相当一部分完全适用于搭设多层建筑的脚手架。在这些地区使用木脚手架可就地取材、节约成本、经济实用，对建筑业的发展具有积极意义。

7.1.1 构造与构件

1. 构造

木脚手架的基本构造与扣件式钢管脚手架近似，由立杆、纵横向水平杆、剪刀撑、斜撑、抛撑及连墙件等杆件组成，如图7-1所示。

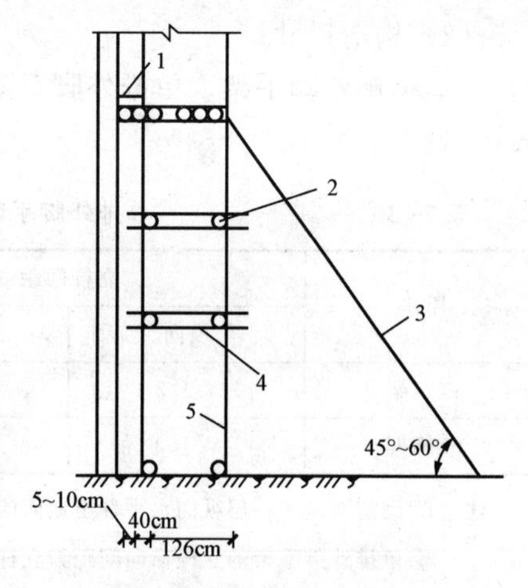

图7-1 木脚手架的构造

1—连墙件；2—纵向水平杆；3—抛撑；4—横向水平杆；5—立杆

（1）构造形式。木脚手架按其搭设形式可分为单排脚手架和双排脚手架，其构造形式如图7-2所示。

1）单排外脚手架。单排外脚手架的构造如图7-2（c）所示。单排外脚手架由立杆、纵向水平杆、横向水平杆、剪刀撑和抛撑组成。由于这种脚手架仅在结构外侧有一排立杆，横向水平杆一端与立杆和纵向水平杆相连，另一端搁置在墙上，所以稳定性较差。

2）双排外脚手架。双排外脚手架由立杆、纵向水平杆、横向水平杆、斜撑、剪

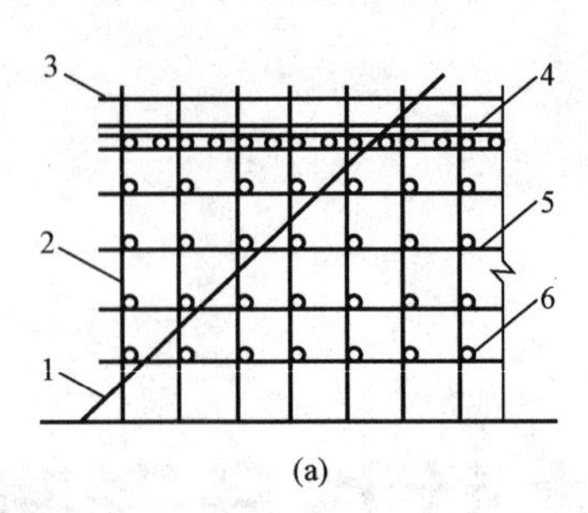

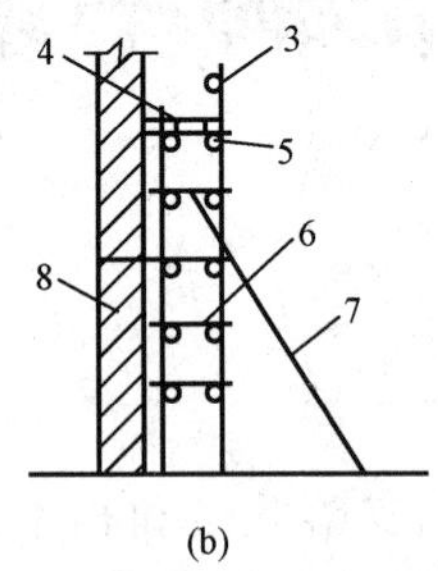

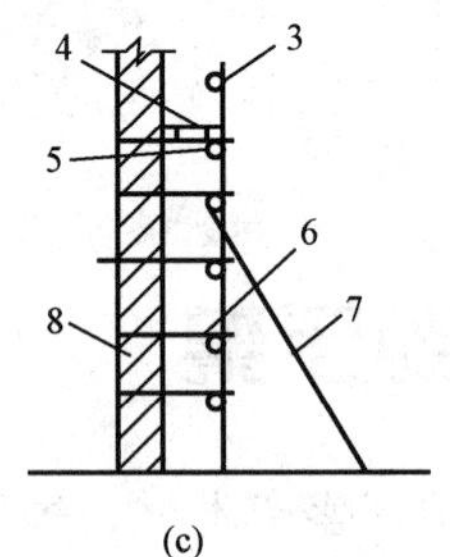

图 7-2　木脚手架的构造形式

(a) 立面；(b) 侧面（双排）；(c) 侧面（单排）

1—斜撑；2—立杆；3—栏杆；4—脚手架；5—纵向水平杆；

6—横向水平杆；7—抛撑；8—墙身

刀撑、抛撑和脚手板等组成，在结构外侧设双排立杆，稳定性比单排外脚手架好。

(2) 构造尺寸。

1) 单排外脚手架。单排外脚手架的搭设高度不得超过 20m，其构造参数见表 7-1。

表 7-1　　单排外脚手架（木）的构造参数　　单位：m

用途	立杆间距		操作层横向水平杆间距	纵向水平杆竖向步距
	横向	纵向		
砌筑架	≤1.2	≤1.5	≤0.75	1.2～1.5
装饰架	≤1.2	≤1.8	≤1.0	≤1.8

注　1. 砌筑架最下一层纵向水平杆至地面的距离可增大到 1.8m。

2. 单排外脚手架的立杆横向间距为立杆轴线至墙面的距离。

2) 双排外脚手架。双排外脚手架的搭设高度一般不得超过 25m，当需超过 25m 时，应进行设计计算确定，但增高后的总高度不得超过 30m，其构造参数见表 7-2。

表7-2　双排外脚手架（木）的构造参数　单位：m

用途	内立杆轴线至墙面距离	立杆间距		操作层横向水平杆间距	纵向水平杆竖向步距	横向水平杆朝墙方向的悬臂长
		横向	纵向			
砌筑架	0.5	≤1.5	≤1.5	≤0.75	1.2～1.5	0.35～0.45
装饰架	0.5	≤1.5	≤1.8	≤1.0	≤1.8	0.35～0.45

注　砌筑架最下一层纵向水平杆至地面的距离可增大到1.80m。

2. 构件

（1）立杆。又称立柱、竖杆等。是脚手架的主要受力构件，要求小头有效直径不小于70mm，大头有效直径不大于180mm，长度不小于6m。必须按照安全技术操作规程的要求设立，其纵向间距不得大于1.8m；至墙面距离：双排脚手架的外排立杆为1.8～2m，里排立杆为0.5m，单排脚手架的立杆为1.2～1.5m。

（2）纵向水平杆。又称大横杆、顺水杆、牵杠等。是联系立杆、平行于墙面的水平杆件，起联系和纵向承重作用。要求小头有效直径不小于80mm，长度不小于6m。

（3）横向水平杆。又称小横杆、排木、六尺杆等。是垂直于墙面的水平杆，与立杆、纵向水平杆相交，并支撑脚手板。要求小头有效直径不小于90mm，长度为2.1～2.3m。

（4）剪刀撑。又称十字撑、十字盖。与地面夹角呈45°～60°，十字交叉地绑扎在脚手架的外侧，可加强脚手架的纵向整体刚度。要求小头有效直径不小于70mm，长度不小于6m。

（5）斜撑。又称压栏子。主要作用是增强脚手架侧平面的稳定性，防止脚手架向外倾斜，斜撑要设在两道十字盖之间，其间距不得大于7根立杆宽，与地面夹角为60°，对于3步距以上的脚手架在其中间再绑设一道反斜撑，以增加斜撑的强度。

（6）连墙点。架高大于7m不便设斜撑时，则应设置连墙点，使架子与建筑物牢固连接，竖向每隔3步距，纵向每隔5跨设置一个连墙点。

（7）护身栏与挡脚板。对于2m以上的脚手架，每步架子都要绑一道护身栏和高度为180mm的挡脚板。

（8）脚手架顶端的要求。当脚手架搭设到收顶时，里排立杆应低于檐口400～500mm，如果是平屋顶，立杆必须超过女儿墙1m；如果是坡屋顶，立杆必须超过檐口1.5m。并且从最上层脚手板到立杆顶端要绑两道护身栏和立挂安全网，安全网的下口必须封绑牢固以保证人身安全。

7.1.2 绑扎方法

木脚手架由木杆绑扎连接而成。木脚手架采用杉木或松木作为主要杆件，木脚手架各种杆件的绑扎材料常用镀锌铁丝和钢丝两种。

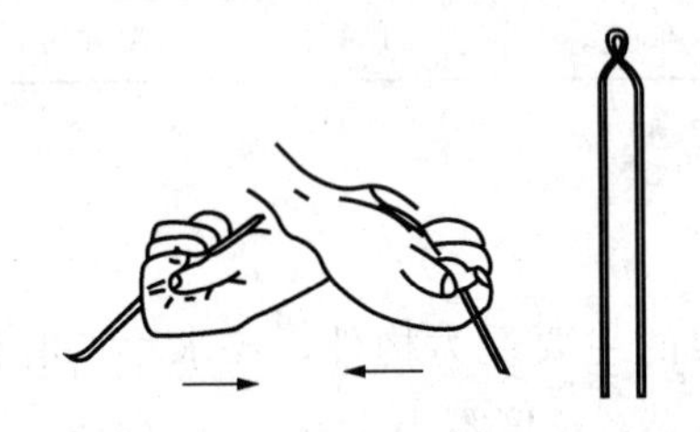

图 7-3 铅丝弯折的形状

1. 绑扎工具的要求

杉篙脚手架通常采用 8 号铅丝绑扎，也可用直径为 4mm 的退火钢丝绑扎。铅丝的断料长度应根据绑扎杉篙的粗细和部位来决定，一般的断料长度为 1.4～1.6m，并将铅丝从中间弯折成如图 7-3 所示的形状，其鼻孔直径一般为 15mm 左右。如图 7-4 所示为常用铁钎形状。竹脚手架用竹篾绑扎。

2. 木杆的连接和绑扎方法

木脚手架一般有三种绑扎方法：平插法、斜插法和顺扣绑扎法。应对木杆不同的连接方式采取相应的绑扎方法。

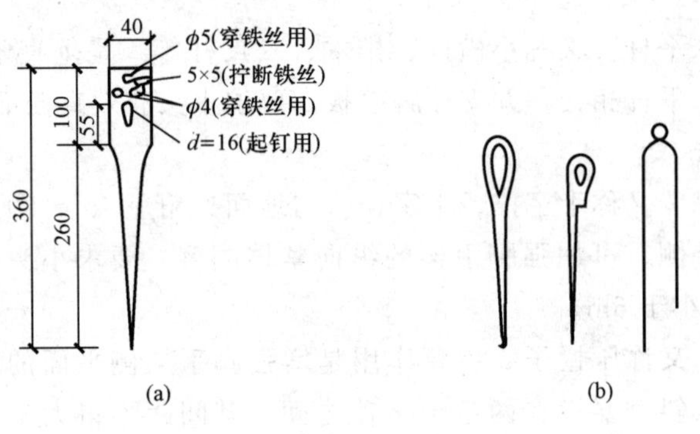

图 7-4 铁钎及绑扎铅丝形状

(a) 铁钎；(b) 绑扎铅丝

（1）平插绑扎法。先将纵向水平杆用铁丝卡住，从立杆的右边穿过去，绕过立杆的背后，再从立杆的左边拉过来，保持立杆背面两根横铁丝基本水平，同时用钎子插进鼻孔，用左手拉紧铁丝，使其压在鼻孔下，右手用力将钎子先拧扭半圈，检查并磕敲铁丝与立杆贴合可靠后，再拧扭一圈，即可绑牢，如图 7-5所示。

（2）斜插绑扎法。将铁丝卡住纵向水平杆，从立杆右边与纵向水平杆交角处斜插过去，绕过立柱的背后，分别从立柱的左边、纵向水平杆的上下面拉过来，铁丝在立杆背后是交叉的，同时将钎子插进鼻孔，用左手拉紧铁丝并使铁

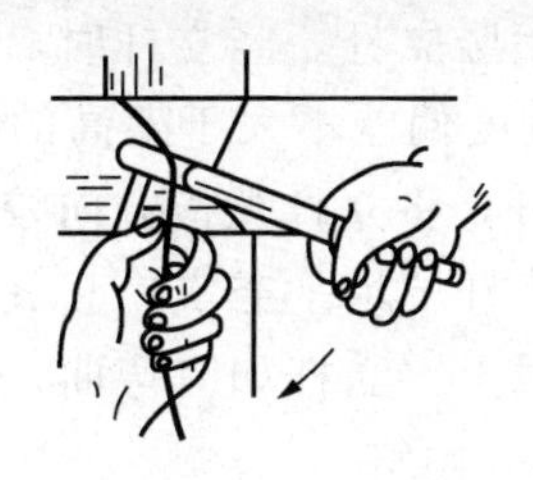
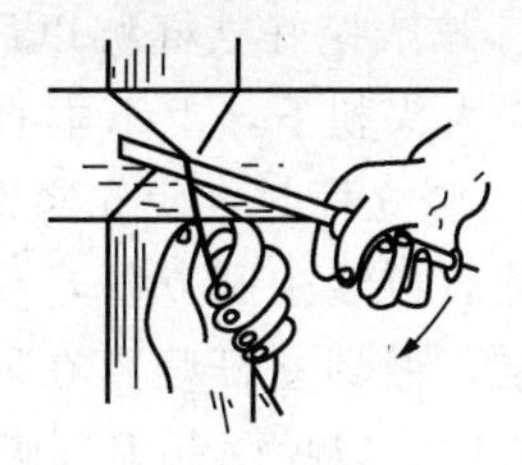

图 7-5　平插绑扎法

丝压到鼻孔下，右手用力将钎子先拧扭半圈，检查并磕敲铁丝与立杆贴合可靠后再拧扭一圈，即可绑牢，如图 7-6 所示。

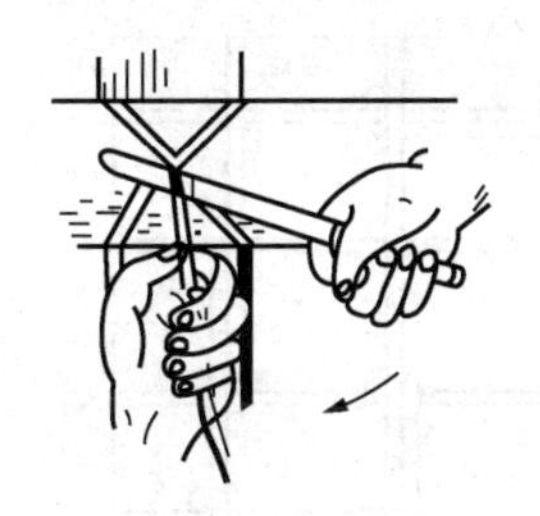
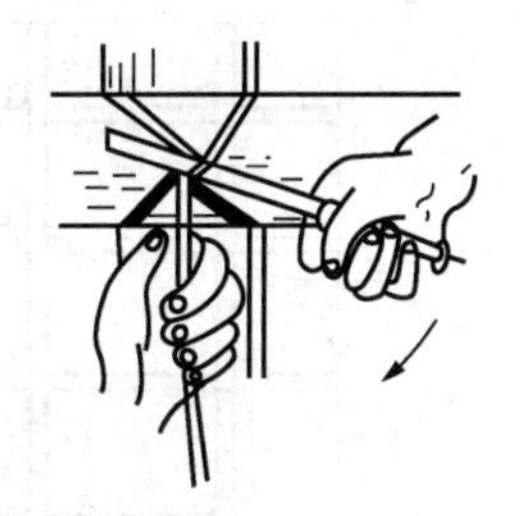

图 7-6　斜插绑扎法

（3）顺扣绑扎法。用于立杆和顺水杆的接长，十字盖与立杆的相交处和排木与顺水杆的相交处。绑扎时将铅丝兜绕一圈后，随即将钎子插入鼻孔中，左手拉紧铅丝，并使其压在鼻孔下，右手用力将钎子拧一圈半到两圈，即可绑扎牢固，如图 7-7 所示。

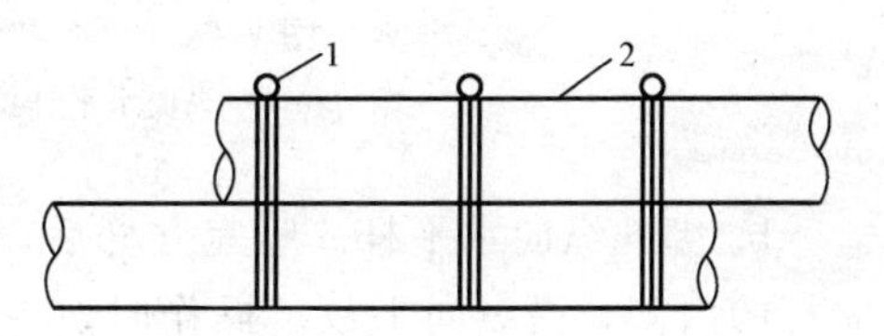

图 7-7　顺扣绑扎法
1—镀锌铁丝；2—木杆

7.1.3　搭拆与检查验收

1. 搭设

木脚手架按照搭设形式不同分为单排脚手架和双排脚手架，在此，对两种搭设方式分别予以阐述。

（1）单排木脚手架的搭设。

1）搭设顺序。单排木脚手架的一般施工顺序为：根据预定的搭设方案放立杆位置线→挖立杆坑→竖立杆→绑扎纵向水平杆→绑扎横向水平杆→绑抛撑→绑斜撑或剪刀撑→设置连墙点→铺脚手板→设置安全网。

2）搭设要点。单排木脚手架的搭设要点和质量要求如下。

a. 竖立杆。按线挖好立杆坑以后，开始竖立杆。竖立杆时，一般由 3 人配合操作。立杆应大头朝下，上下垂直，垂直度偏差不大于架高的 1/1000，且不得大于 100mm。竖立杆时，应先竖两侧立杆，将立杆纵横方向校垂直以后将杆坑填平夯实，然后再竖中间立杆，校正后将杆坑填平夯实。竖其他杆时，以这三根立杆为标准，做到立杆竖直在同一条线上。立杆如有弯曲，上梢弯势应与建筑阳角呈反方向，以免引起上部脚手架向外倾斜。

相邻立杆的接长位置应错开一步距，搭接长度应跨两根纵向水平杆，且不得小于 1.5m，搭接部位绑扎不少于三道，相邻两根立杆的搭接位置应错开，如图 7-8 所示。

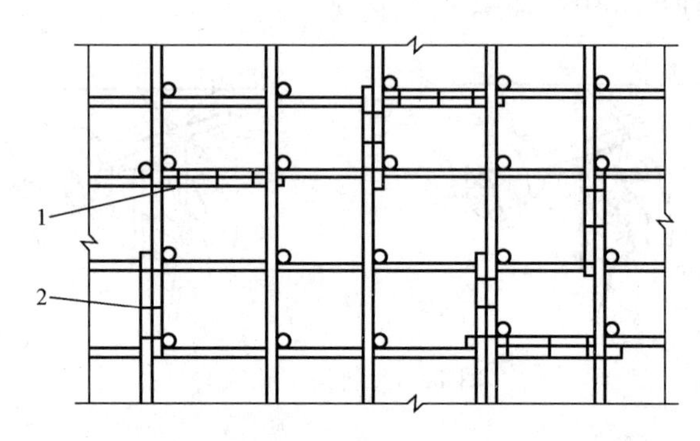

图 7-8　立杆和纵向水平杆的搭接

1—纵向水平杆接头；2—立杆接头

b. 绑扎纵向水平杆。竖完立杆后，要绑扎纵向水平杆。纵向水平杆绑扎在立杆的内侧，沿纵向平放。操作时，一般需要 4 人相互配合，其中 3 人负责绑扎，1 人负责递料、校正和找平。

绑第一道纵向水平杆时，要注意保持立杆的横平竖直，操作人员要听从找平人的指挥，绑扎时拉铁丝切忌用力过猛，以免将立杆拉歪。绑扎第二道纵向水平杆时要注意动作轻巧，上下呼应，找平人发出绑扎信号后马上绑扎。其他纵向水平杆依次用上述方法绑扎。如遇纵向水平杆有弯曲时，应将凸面向上，不得将弯曲面向里或向外绑扎，防止脚手架里凸外凹，立面不平整。纵向水平杆的接长部位应位于立杆处，接长部分应大小头搭接，大头伸出立杆 200～300mm，并使小头压在大头上面，搭接长度不小于 1.5m，上下纵向水平杆的搭接位置应错开，如上图 7-8 所示。

c. 绑扎横向水平杆。在第一步距绑扎纵向水平杆的同时，应绑扎一定数量的横向水平杆，使脚手架有一定的稳定性和整体性。绑扎到 2～3 步距时，应全面绑扎横向水平杆，以增强脚手架的整体性。

横向水平杆应绑扎在纵向水平杆上，且大头朝里。横向水平杆搁置在墙上的长度不得小于240mm，其外端伸出纵向水平杆外的长度不得小于300mm。横向水平杆绑扎好以后，根据施工需要和脚手板的数量，可以铺放1～2步距的脚手板，脚手板应交替使用，不需全部同时铺上。

d. 绑抛撑。脚手架绑扎到3步距时，必须绑扎抛撑和剪刀撑。抛撑设在脚手架外侧拐角处，中部抛撑设在剪刀撑的中部，间距为7根立杆的距离绑扎一道抛撑。抛撑与地面间的夹角呈45°～60°，底端埋入土中300～500mm，并用回填土在根部四周夯实。如地面坚硬、不便埋设，可绑扎扫地杆，扫地杆一端与抛撑绑扎，另一端穿墙后与墙脚处的横杆绑扎，以保证脚手架不向外倾斜或发生塌架事故，如图7-9所示。

e. 绑斜撑或剪刀撑。剪刀撑设置在架体的端部、转角处和中间每隔15m的净距内，并应由底至顶连续设置；剪刀撑的斜杆应至少覆盖5根立杆，斜杆与地面间的夹角呈45°～60°。第一步剪刀撑要着地挖坑埋设，支点位置应在立杆700mm以外，如图7-10所示。

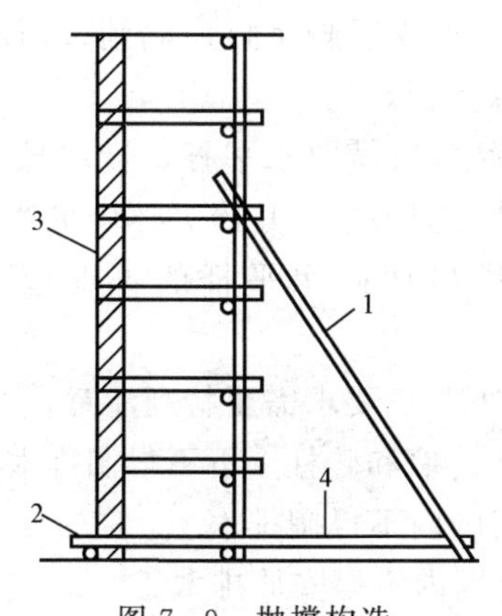

图7-9　抛撑构造

1—抛撑；2—横杆；3—墙；4—扫地杆

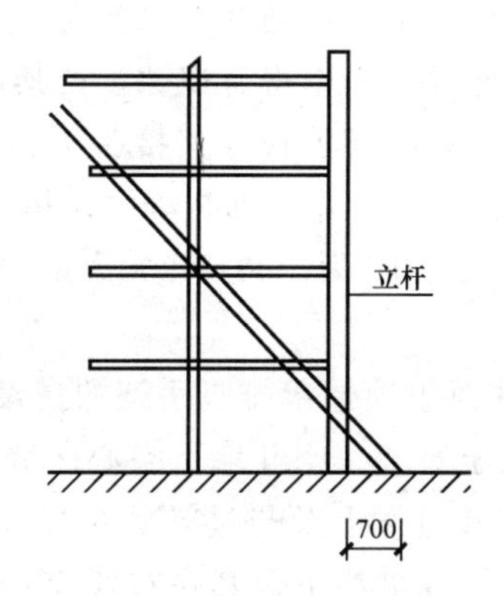

图7-10　剪刀撑或斜撑支地点

上下两对剪刀撑不能对头相接，应互相搭接，搭接位置应位于立杆处，剪刀撑要占两个立杆宽，其间距不超过7根立杆的间距。剪刀撑本身以及剪刀撑与立杆、纵向水平杆相交处均应绑牢。脚手架纵向长度小于15m或架高小于10m时，可设置斜撑代替剪刀撑，从下向上连续呈“之”字形设置。

f. 设置连墙点。脚手架的搭设高度大于7m不便设抛撑时，必须设连墙点，使脚手架与建筑物连接牢固。连墙点设在立杆与横杆交点附近，上下排的连墙点应交替布置，沿墙面呈菱形。两排连墙点的垂直距离为2～3步架高，水平距离不大于4倍的立杆纵距。单排脚手架应在两端端部沿竖向每步架设置一个连墙点。连墙件应当既能抗拉又能抗压，除应在第一步架高处设置外，应2步2跨设置一个。在混凝土结构墙、柱、过梁等处可预埋ϕ6～8mm的钢筋环或打入胀管螺栓，用双股 8 号镀锌钢丝穿过钢筋环或捆住短木棍拉住架子的立杆，同时将横向水平杆顶住墙面。砖砌墙体可将横向水平杆穿过连墙点，然后在墙的里、外两侧用短杆加固。

g. 门窗洞口处的搭设。当单排木脚手架底层设置门洞时，为保证架体强度并且不影响通行与运输，应设置八字撑。在门洞或过道处拔空 1～2 根立杆，并将悬空的立杆用斜杆逐根连接到两侧立杆上并绑牢，形成八字撑。斜杆与地面倾角应呈 45°～60°。上部相交于洞口上部 2～3 步纵向水平杆上，下部埋入土中不少于 300mm。洞口处纵向水平杆断开，绑扎拔空立杆的第二步架的纵向水平杆小头直径不得小于 120mm。

单排脚手架遇窗洞时可增设立杆或吊设一短纵向水平杆将荷载传递到两侧的横向水平杆上，当窗洞宽大于 1～5m 时，应于室内另加立杆和纵向水平杆来搁置横向水平杆。

h. 铺脚手板。脚手架搭设到两步架以上时，操作层必须设置高度不小于 0.18m 的挡脚板，以防止人、物坠落。施工作业层脚手板应满铺，两端必须与横向水平杆绑牢，不得有空隙。严禁出现探头板。

对接铺设的脚手板，其接头下面应设置两根横向水平杆，板端悬空部分应为 100～150mm，并应绑扎牢固。搭接铺设的脚手板，其接头必须在横向水平杆上，搭接长度应为 200～300mm，板端挑出横向水平杆的长度应为 100～150mm。

3）注意事项。单排脚手架的搭设有以下几点要求需要特别注意。

a. 在土筑墙、空斗墙、空心砖墙、1/2 砖墙和砖柱上下不得搁排木。

b. 在砖过梁上及与过梁呈 60°的三角范围内不得搁排木。

c. 在梁或梁垫下及其左右各 500mm 范围内不得安放排木。

d. 在门窗洞口两侧 3/4 砖长或墙角转角处 1.75 砖长的范围内不得搁排木。

e. 在宽度小于 1m 的窗间墙上不得搁排木。

f. 在设计规定不允许安放排木的部位不得安放排木。

（2）双排木脚手架的搭设。

1）搭设顺序。根据建筑物形状放立杆位置线→开挖立杆坑→竖立杆→绑扎顺水杆→绑扎排木支→绑斜撑→绑十字盖→铺脚手板→绑压栏子→绑护身栏→封顶挂安全网。

2）准备工作。

a. 按照脚手架的构造要求和用料规格选择材料，并运至搭设现场分类堆放。宜把头大粗壮者做立杆，直径均匀、杆身顺直者做横杆，稍有弯曲者做斜杆，以便在搭设时随时取用。

b. 根据脚手架的工程量，按照料单领取 8 号铅丝或竹篾，并按照绑扎方法和要求处理绑扎铅丝或竹篾，并运至搭设现场。

3）搭设要点。双排木脚手架的搭设要点与单排木脚手架基本相同，但需要注意以下要求。

a. 放立杆线与挖坑。根据建筑物的形状和脚手架的构造要求放线。按照立杆的间距要求，点好中心线。根据点好的立杆中心线用铁锹挖坑，坑底要稍大于坑口，其深度不小于 500mm，直径不小于 100mm，坑挖好后先将坑底夯实，再用碎砖块或石块将坑底填平，以防止下沉。

b. 竖立杆。立杆应大头朝下，上下垂直，里外两排立杆杆距相等，立杆搭至建筑物顶部时，里排立杆应低于檐口 400～500mm；平屋顶外排立杆应高出檐口 1～1.2m，坡屋顶应高出 1.5m。脚手架最后一步立杆，要大头朝上，顶端齐平，高出的立杆可以向下错动，进行封顶。立杆的接长除应遵守单排外脚手架的规定外，还应注意内外排立杆的搭接接头必须错开一步距以上。

c. 绑扎顺水杆。竖完立杆后，就可以绑扎顺水杆。绑扎顺水杆时，一般需要 4 人互相配合操作，其中 3 人负责绑扎，1 人负责递料和校正、找平。

绑扎第一步顺水杆时，先要查看每根立杆是否垂直，如有偏差，要先校正好，然后 3 人同时拿起顺水杆绑扎，绑扎时必须听从找平人的指挥，并注意绑扎时不要用力过猛拉铅丝，以免将立杆拉歪。

绑扎第二步顺水杆时，注意上架子的动作要轻巧，避免将立杆拉歪。在递杆件时，应将小头递给脚手架的中间人，在上面接住杉篙后，再顺势往上递送。递送时不可用力过猛，上下动作必须协调一致，等到下面人的手够不着时，脚手架上两端的人要注意中间人拔杆，等中间人将杆件挑平时，就立即拉住杆件两头，勾住，等下面找平人发出信号后，马上绑扎，其他顺水杆依此法顺序绑扎。

绑扎时如果立杆有弯势时，绑扎顺水杆时应将立杆的弯势调直，顺水杆也要长短搭接使用，接长时要上下、左右错开一步距和一个立杆间距，不允许在同一步距内或同一个立杆间距内接长。

如果顺水杆有弯，应将凸面向上，不得将弯势面向里或向外绑扎，否则容易使脚手架里出外进，立面不平整。

d. 绑扎排木支。绑扎到 2～3 步距时，应绑扎排木，以增强脚手架的整体性，绑扎排木时应将靠近立杆的排木与立杆绑扎牢固，其余排木以不超过 1m 的间距均匀地与顺水杆绑扎牢固。排木绑扎好后，根据需要和脚手板数量可铺设 1～2 步距的脚手板，脚手板应交替使用。

e. 绑斜撑。斜撑设置在脚手架的拐角处，与地面呈 45°倾角，其底端埋入土中 300～500mm，底脚距立杆纵距为 700mm。脚手架纵向长度小于 15m 或架高小于 10m 时，可用斜撑代替剪刀撑，由下而上呈“之”字形设置。

f. 绑扎十字盖和压栏子。绑扎到 3 步距时，必须绑扎压栏子和十字盖。三步以下要用临时支撑将脚手架撑住，防止脚手架向外倾斜造成倒塌事故。

在 3 步距以上，必须设置压栏子，其底脚埋入土内不得小于 300mm，每 3 步距高要求绑扎一道马梁。如果地面较硬无法埋深或支撑时，应采取绑扎扫地杆的办法，扫地杆一头要与压栏子底脚绑扎牢固，另一端要穿过墙，在墙内放一横杆与扫地杆绑扎牢固。

十字盖要从下至上连续绑扎牢固，上下两对十字盖不能顶头相接，而要互相搭接，搭接位置应赶在立杆处。

g. 设连墙件。脚手架高度超过 7m 时，应设连墙件，使脚手架与结构连成一个整体，增加脚手架的稳定性。上下排连墙件交替布置，在墙面一般呈菱形排列，两排连墙件的垂直距离为 2～3 步距高，水平距离不大于 4 倍的立杆纵距。

连墙件可以采用以下几种形式，如图 7 - 11 所示。

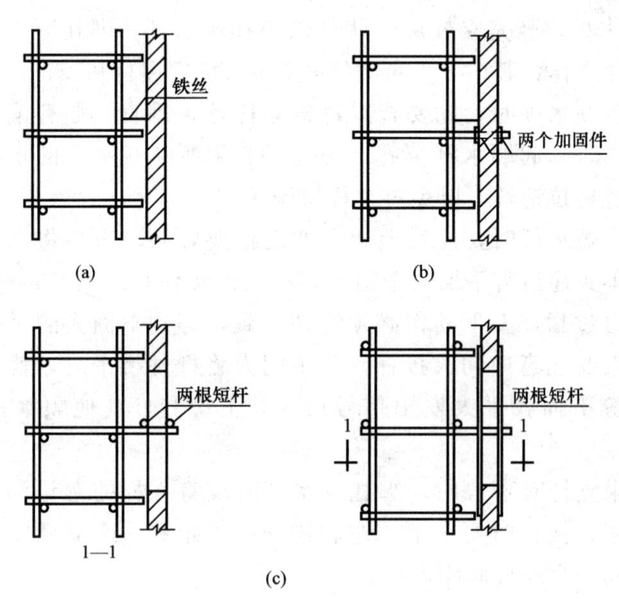

图 7 - 11　连墙件与墙的拉结

(a) 用铁丝拉住；(b) 用加固件夹墙；(c) 窗洞处用两根短杆夹墙

第一种：将连墙件一头顶住墙面，并用 8 号铅丝绕过立杆与墙上的预埋吊环绑扎牢固。

第二种：将连墙件一头穿过墙，然后在墙的里外两侧用两只扣件紧固。

第三种：利用门窗洞口，将连墙件插入墙内，再用两根长于洞口的杉篙，从墙的里、外侧与连墙件绑扎牢固。

第四种：与第三种方法雷同。

h. 门窗洞口处的搭设。门窗洞口的处理与单排外脚手架相同，可以设置八字撑。在挑檐和其他凸出部位，采用斜杆将脚手架挑出，形成挑脚手架，如图7-12所示。斜杆应在每跨立杆上挑出，与水平面的夹角不得小于60°，两端均应交于立杆与纵向水平杆、立杆与横向水平杆的节点处。斜杆大头应朝下，小头直径不得小于120mm。

挑脚手架最外排立杆与原脚手架的两排立杆，至少应连续设置3道平行的纵向水平杆，并高出檐1m以上，以绑扎防护栏杆。挑出部分的高度不得超出2步距高，挑出部分的宽度和斜杆间距，均不得大于1.5m。其横向水平杆间距不得大于1m，两端必须绑扎牢固，使用荷载不得超过1000N/m²。

i. 封顶挂安全网。脚手架应紧跟砌筑层往上搭设，到封顶时，最顶上的立杆应大头向上，里排立杆距檐口不小于500mm。

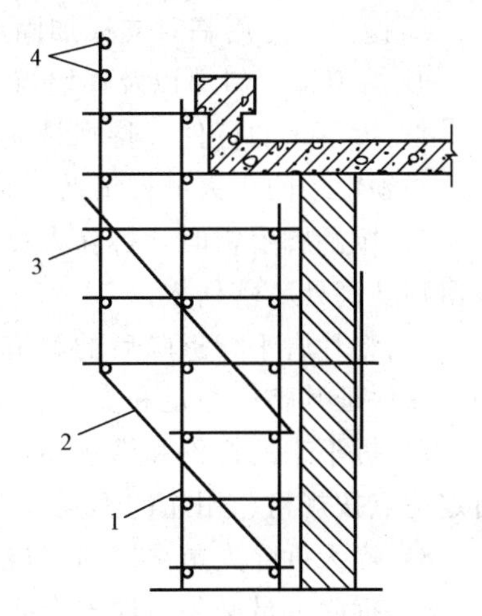

图7-12　挑檐处脚手架的处理
1—立杆；2—斜杆；3—纵向水平杆；
4—护身栏杆

2. 拆除

（1）木脚手架的拆除顺序。拆除木脚手架的原则是，先绑扎的后拆除，后绑扎的先拆除。拆除顺序：拆除顶部立挂的安全网→拆除护身栏杆→拆除挡脚板→拆除脚手板→拆除横向水平杆→拆除剪刀撑→拆除连墙杆→拆除纵向水平杆→拆除立杆→拆除斜杆。

（2）木脚手架拆除的要求。

1）架子使用完毕，由专业架子工拆除脚手架。

2）拆除区域应设警戒标志，派专人指挥，严禁非作业人员进入警戒区域。

3）拆除的杆件应用滑轮或绳索自上而下运送，不得从架子上直接向下随意抛落杆件。

4）参加拆除工作的人员必须按照安全操作规程的要求，做好各种安全防护工作，方可上脚手架作业。

5）特殊搭设的脚手架，应单独编制拆除方案并对拆除人员进行安全技术交底，以保证拆除工作安全顺利进行。

（3）拆除注意事项。

1）拆除工作至少需要4人配合操作，其中3人负责在脚手架上拆除，另1人在下面负责指挥，防止非拆除人员进入现场。

2）3人在解开镀锌钢丝扣时，要互相配合，互相呼应，同时解扣或按顺序解扣，解扣时都必须拿住杉杆不放手，待扣都解开后，由中间1人负责向下顺杆将其滑落。

3）各种杆件的拆除应注意以下事项。

a. 立杆。先稳住立杆，再解开最后两个绑扎扣。

b. 纵向水平杆、剪刀撑、斜撑。先拆中间绑扎扣，托住中间再解开两头的绑扎扣。

c. 抛撑。先用临时支撑加固后，才允许拆除抛撑。

d. 剪刀撑、斜撑以及连墙点。只允许分层依次拆除，不得一次全面拆除。

4）拆下来的杆件，特别是立杆和纵向水平杆，不得往下乱扔，以防杆件伤人。必须由中间 1 人顺杆滑落，待下面的人接住后才能松手。

5）掀翻脚手板时，拆除人员应注意站立位置，并自外向里翻起竖立，防止残留物从高处坠落伤人。

6）整片脚手架拆除后的斜道、上料平台架等，必须在脚手架拆除前进行加固，以保证其整体稳定和安全。

7）拆下来的杆件和铁丝不得乱扔，应派人及时清理和搬运，将杉木搬运到指定地点按规格、用途的不同分类堆放整齐。

8）当天拆除人员离岗时，应及时加固未拆除部分，防止留下安全隐患。

9）拆除人员必须按照安全操作规程要求，穿工作服、防滑胶底鞋，戴安全帽、系好安全带，方可上脚手架作业。

3. 检查验收

（1）检查验收的阶段。脚手架搭设至 3 步距高时，应按设计要求检验，符合后，方可继续向上搭设。搭设至设计高度，应由工地技术负责人组织人员按照规定项目和要求进行检验。检查合格后，办理交接验收手续，方可交付使用。

脚手架使用期间必须设专人经常检查。

（2）检查验收的内容。

1）脚手架上使用荷载不得超过规范规定。

2）使用过的材料、设备机具不得堆放在脚手板上或斜道的休息平台上。

3）脚手架是否出现倾斜或变形。

4）绑扎点镀锌钢丝是否出现松脱和断裂。

5）立杆是否出现沉陷和悬空。

6）连墙件是否出现缺损。

7）脚手架是否漏铺，出现探头板，墙面的间隙是否大于 150mm。

8）严禁利用脚手架吊运重物或在脚手架上拉结缆风绳。

检查后不合格部位必须及时修复或更换，符合规范规定后，方准继续使用。

（3）检查验收的要求。

1）整体脚手架必须保持垂直、稳定，不得向外倾斜。

2）填土要夯实，不得有松动现象，并应高出周围的地面。

3）各杆件的间距及倾斜角度应符合规定。

4）脚手架高度超过3步距应当设置斜道（或上下架设施）、防护栏杆和挡脚板，挂设安全网。

5）镀锌钢丝绑扎应符合规定，且不允许一扣绑扎3根杆件。

6）木杆、镀锌钢丝、脚手板的规格尺寸和材质必须符合规定。

7）立杆、斜杆底部应有垫块。

8）脚手架与墙体的拉结点及剪刀撑必须牢固，间距符合设计规定。

9）脚手架沿建筑物的外围应交圈封闭。

（4）安全管理。

1）必须按照规范与施工方案的要求，制定脚手架施工安全技术措施。

2）必须由持有上岗证的专业架子工作业。施工时必须按规定戴安全帽、系安全带和穿防滑鞋。

3）脚手架的搭设进度应与结构工程施工进度相配合，不宜一次搭设过高，以免影响架子稳定，并给其他工序带来麻烦。

4）吊、挂、挑脚手架必须按规定严格控制使用荷载，严禁超载，同时必须设置安全绳，挂、吊脚手架须经荷载试验合格后方准使用。

5）高度超过3步距的脚手架必须设置防护栏杆和挡脚板。斜道（马道）、休息平台应设扶手。高度超过4m的脚手架必须按规定设置安全网。

6）脚手架内侧与墙面之间的间隙不应超过150mm，必须离开墙面设置时，应搭设向内挑出的架体作业面。

7）杆件相交挑出的端头应大于150mm，杆件搭接绑扎点以外的余梢应绑扎固定。

8）高层建筑脚手架和特种工程脚手架，使用前必须进行严格检查，合格后方可使用。

9）脚手架与高压线之间的水平和垂直安全间距为：35kV以上不得小于6m；10～35kV不得小于5m；10kV以下不得小于3m。

10）6级及6级以上的大风天气，以及大雾、大雨、大雪天气，不得从事脚手架作业。雨雪后作业必须采取防滑安全措施。

7.2　竹脚手架

我国的竹材产量占世界总产量的80%左右，生长在长江和珠江流域地区。竹材生长快，分布地区较广，资源丰富，我国南方各省在建筑上大量采用竹材，作为搭设竹脚手架的传统形式。

7.2.1 构造与材料

1. 构造

选用生长期三年以上的毛竹或楠竹为主要杆件，采用竹篾、铁丝、塑料篾绑扎而成的脚手架，称为竹脚手架。

同木脚手架一样，竹脚手架的基本构造也与扣件式钢管脚手架近似，由立杆、纵横向水平杆、剪刀撑、斜撑、抛撑及连墙件等杆件组成。但是，竹脚手架一般不宜搭单排，所以常见的搭设形式是双排外脚手架。

(1) 构造形式。双排外脚手架搭设主要有以下两种结构形式。

1) 横向水平杆在下的双排外脚手架。横向水平杆在纵向水平杆之下，其构造如图7-13所示。

2) 纵向水平杆在下的双排外脚手架。纵向水平杆在横向水平杆之下，其构造如图7-14所示。

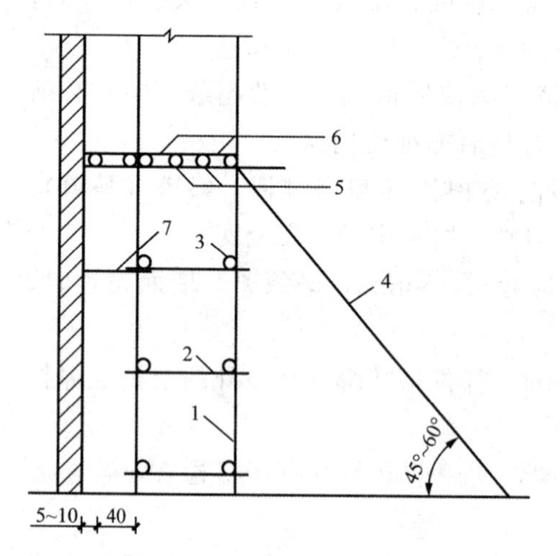

图7-13　横向水平杆在下的双排外脚手架构造

1—立杆；2—横向水平杆；3—纵向水平杆；4—斜杆；5—搁栅；6—竹笆脚手板；7—连墙件

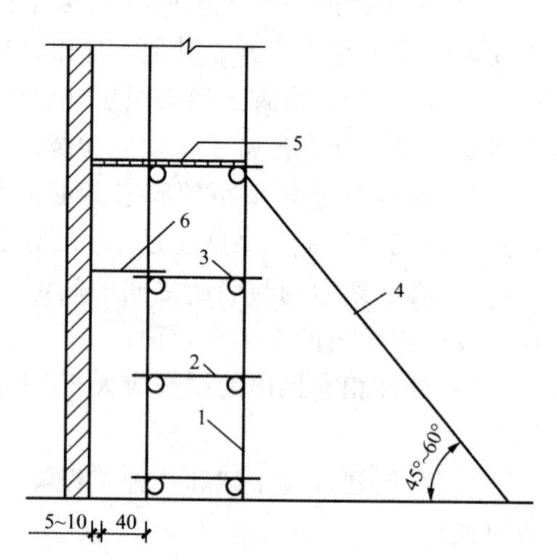

图7-14　纵向水平杆在下的双排外脚手架构造

1—立杆；2—横向水平杆；3—纵向水平杆；4—斜杆；5—竹串片脚手板；6—连墙件

(2) 构造尺寸。竹脚手架搭设高度应符合下列规定。

1) 双排竹脚手架的搭设高度不得超过24m。

2) 竹脚手架首层步距不得超过1.8m，必须按规定设置连墙点。

3) 横向水平杆在下的双排外脚手架的构造参数见表7-3。

表 7-3　　双排外脚手架的构造参数（横向水平杆在下）

用途	内立杆至墙面距离/m	立杆间距/m		纵向水平杆步距/m	横向水平杆挑向墙面的悬臂端长度/m	搁栅间距/m
		横向	纵向			
结构		≤1.2	1.5～1.8	1.5～1.8	0.20～0.3	≤0.40
装饰	≤0.5	≤1.0	1.5～1.8	1.5～1.8	0.35～0.4	≤0.40

注　脚手板采用竹笆脚手板。

纵向水平杆在下的双排外脚手架的构造参数见表 7-4。

表 7-4　　双排外脚手架的构造参数（纵向水平杆在下）

用途	内立杆至墙面距离/m	立杆间距/m		纵向水平杆步距/m	横向水平杆挑向墙面的悬臂端长度/m	作业层横向水平杆间距/m
		横向	纵向			
结构		≤1.2	1.5～1.8	1.5～1.8	0.20～0.3	不大于立杆纵距的 1/2
装饰	≤0.5	≤1.0	1.5～1.8	1.5～1.8	0.35～0.4	不大于立杆纵距的 1/2

注　脚手板采用竹串片脚手板。

2. 材料

（1）杆件材料。

1）材料要求。杆件的材料要求如下。

a. 用于脚手架主要受力杆件应当选用生长期 3～4 年以上的毛竹或楠竹，竹杆应挺直、坚韧，不得使用严重弯曲不直、青嫩、枯脆、腐烂、虫蛀及裂纹连通两节以上的竹杆。

b. 各类杆件使用的竹杆直径不应小于有效直径。竹杆有效直径应符合下列规定。

横向水平杆不得小于 90mm；立杆、顶撑、斜杆不得小于 75mm；搁栅、栏杆不得小于 60mm。

有效部分的小头直径 60～90mm 的竹件作横向水平杆时，可双杆合并或单根加密使用。

c. 主要受力杆件的使用期限不宜超过 1 年。

2）质量鉴别。对于竹材的质量，可通过下列方式进行辨别。

a. 竹材的生长年龄可根据各种外观特点进行鉴别，具体参见表 7-5。

表 7-5　　冬竹竹龄鉴别方法

特点＼竹龄	三年以下	三年以上	七年以上
皮色	下山时呈青色如青菜叶，隔一年呈青白色	下山时呈冬瓜皮色，隔一年呈老黄色或黄色	呈枯黄色，并有黄色斑纹
竹节	单箍突出，无白粉箍	竹节不突出，近节部分凸起呈双箍	竹节间皮上生出白粉
劈开	劈开外发毛，劈成篾条后弯曲	劈开处较老，篾条基本挺直	

注　1. 生长于阳山坡的竹材，竹皮呈白色带淡黄色，质地较好；生长于阴山坡的竹材，竹皮色青，质地较差，且易遭虫蛀，但仍可同样使用。

2. 嫩竹被水浸伤（热天泡在水中时间过长），表色也呈黄色，但其肉带紫褐色，质松易劈，不易使用。如用小铁锤锤击竹材，年老者声清脆而高，年幼者声音弱。年老者比年幼者较难锯。

b. 还可以鉴别竹材的采伐时间，其方法为：将竹材在距离根部约三四节处用锯锯断或用刀砍断观察，其断面上如呈有明显斑点者或将竹材浸入水中后，竹内有液体分泌出来，而水中有很多泡沫产生者，就可推断为白露以前所采伐。反之，如果在杆壁断面上无斑点或在浸水后无液体分泌及泡沫产生者，则可推断为白露后采伐。

（2）绑扎材料。竹脚手架的绑扎材料主要有镀锌钢丝、竹篾和塑料篾等。

1）镀锌钢丝。镀锌钢丝应不小于 8 号，也可使用回火钢丝来绑扎竹脚手架杆件。镀锌钢丝不得有锈蚀斑痕。

2）竹篾。竹篾是采用毛竹竹杆的外侧竹青部分劈割而成的绑扎材料。竹篾使用前应置于清水中浸泡不少于 12h，竹篾质地应新鲜、韧性强。严禁使用发霉、虫蛀、断腰、大节疤等残次的竹篾。在存储、运输过程中不可受雨水浸淋或粘着石灰、水泥，以免霉烂和失去韧性。

3）塑料篾。塑料篾是用塑料纤维编织而成的“带子”，用以代替竹篾的一种绑扎材料。单根塑料篾的抗拉能力不得低于 250N。塑料篾必须采用有生产厂家合格证和力学性能试验合格的产品。如无法提供合格证，必须做进场试验，合格后方可使用。

绑扎材料是保证竹脚手架受力性能和整体稳定性的关键部件，对于外观检查不合格和材质不符合要求的绑扎材料应严禁使用。竹篾和塑料篾的规格应符合表 7-6 的要求。

表 7-6 竹篾和塑料篾的规格

名称	长度/m	宽度/m	厚度/mm
毛竹篾	3.5～4.0	20	0.8～1.0
塑料篾	3.5～4.0	10～15	0.8～1.0

所有绑扎材料不得重复使用。尼龙绳和塑料绳绑扎的绑扣易于松脱，不得使用。

7.2.2 绑扎方法

1. 绑扎方法

竹脚手架的绑扎方法主要有以下两种。

（1）斜扣绑扎法。斜扣绑扎法有单斜扣绑扎和双斜扣绑扎，其中单斜扣绑扎主要用于立杆与纵向水平杆、剪刀撑、斜杆等的相交处，对角双斜扣绑扎主要用于立杆与横向水平杆的相交处，如图 7-15 所示。

（2）平扣绑扎法。平扣绑扎法用于杆件接长处，如图 7-16 所示。

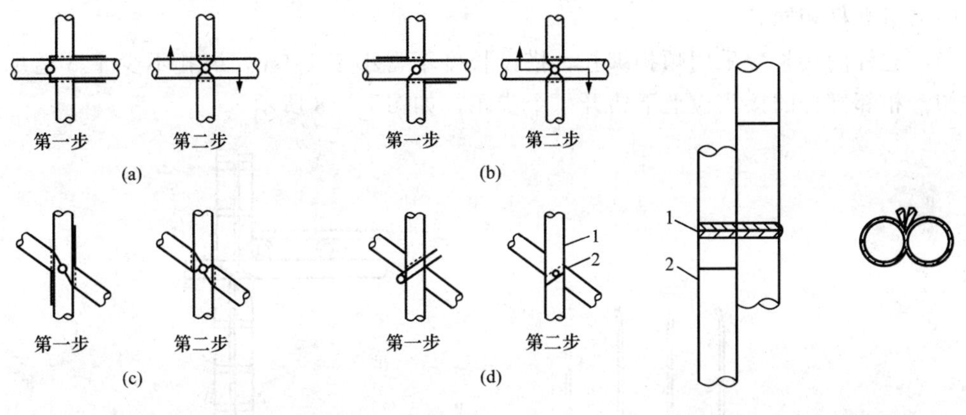

图 7-15 斜扣绑扎法

(a) 垂直相交平插；(b) 垂直相交斜插；(c) 斜交一；(d) 斜交二

1—竹杆；2—竹篾

图 7-16 平扣绑扎法

1—竹篾；2—竹杆

2. 绑扎要求

竹脚手架在绑扎时，需要符合以下要求。

（1）绑扎不得出现松脱现象。

（2）3 根杆件相交的主节点处，凡相接触的两杆间均应分别进行两杆件绑扎，不得 3 根杆件共同绑扎一道绑扣。

（3）不得使用双根竹篾接长绑扎。

（4）竹篾绑扎时，每道绑扣应用双竹篾缠绕4～6圈，每缠绕2圈应收紧一次，两端头拧成辫结构掖在杆件相交处的缝隙内，并拉紧，拉结时应避开篾节，不得使用多根单圈竹篾绑扎。

7.2.3　搭拆与检查验收

1. 搭设

（1）搭设顺序。双排竹脚手架的搭设顺序为：确定立杆位置→挖立杆坑→竖立杆→绑纵向水平杆→绑顶撑→绑横向水平杆→铺脚手板→绑栏杆→绑抛撑、斜撑、剪刀撑等→设置连墙点→搭设安全网。

（2）搭设要点。

1）挖立杆坑。坑深300～500mm，坑口直径比杆直径大100mm，坑口的自然土应尽量减少破坏，以便将立杆正确就位，挤紧埋牢。

2）竖立杆。立杆的小头直径不应小于75mm，操作方法同木脚手架，先竖端头的立杆，再立中间立杆，依次竖立完毕。立杆如有弯曲，上梢弯势应与建筑阳角呈反方向，如图7-17所示，以免引起上部脚手架倾斜。外立杆上梢弯势应与里立杆相同。

立杆的接长应采用顺扣绑扎，搭设长度不得小于1.5m，绑扎不少于5道绑扣，相邻立杆的接头应上下错开一个步距，如图7-18所示。

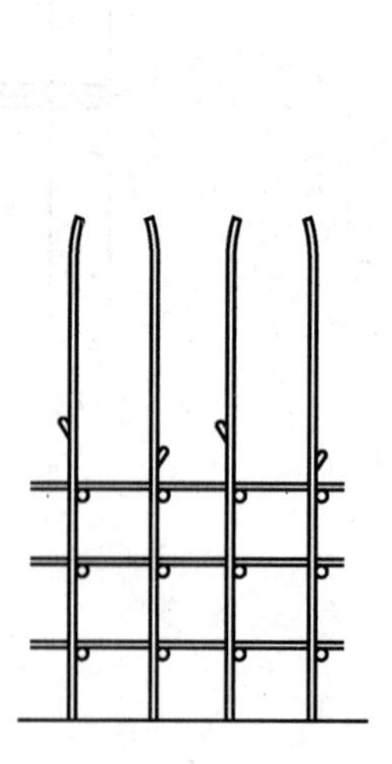

图7-17　立杆上梢弯势搭接

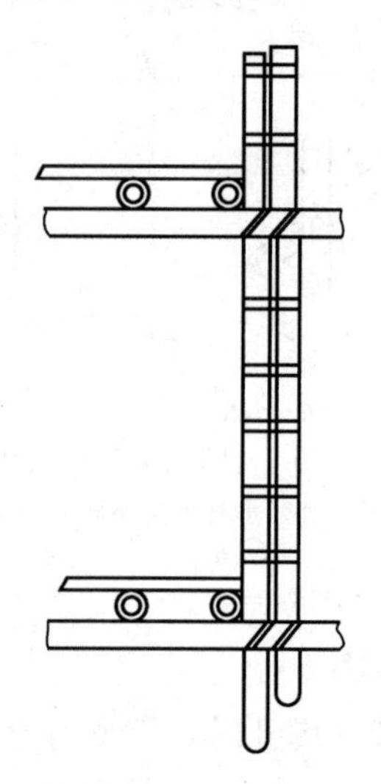

图7-18　立杆的接长

立杆的垂直度偏差：脚手架顶端向内倾斜不得大于架高的1/250，且不大于100mm，不得向外倾斜。立杆旁加绑小顶撑顶住横向水平杆，如图7-19所示。

顶撑垫板应采用石块、砌块或 50mm×200mm×400mm 的木块，不应采用砖块。

3）绑纵向水平杆。

a. 为了减小横向水平杆的跨度及增加立杆的稳定，纵向水平杆应搭设在立杆里侧，沿纵向平放。

b. 纵向水平杆应按平扣绑扎法进行接长，搭接处应头搭梢。搭接长度从有效直径起算不得小于 1.2m，绑扎不得少于 4 道，两端绑扎点与杆件端部的距离不应小于 100mm，中间绑扎点应均匀设置。

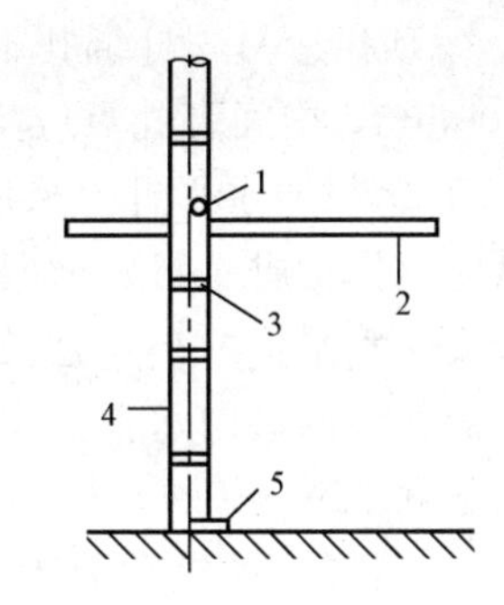

图 7-19 竹脚手架顶撑设置

1—横向水平杆；2—脚手板；3—立杆旁的小顶撑；4—立杆；5—顶撑垫板

c. 搭接接头应设置于立杆处，并伸出立杆 200～300mm。两根相邻纵向水平杆的接头不宜设置在同步或同跨内；两相邻纵向水平杆接头应上下里外错开一倍的立杆纵距。同一步架的纵向水平杆大头朝向应一致，上下相邻 2 步距的纵向水平杆大头朝向应相反，但同一步架的纵向水平杆在架体端部时大头应朝外。

4）绑顶撑。顶撑是紧贴立杆、两端顶住上下水平杆的杆件。

当使用竹笆脚手板时，顶撑应顶在横向水平杆的下方；使用竹串片脚手板时，顶撑应顶在纵向水平杆的下方，如图 7-20 所示。

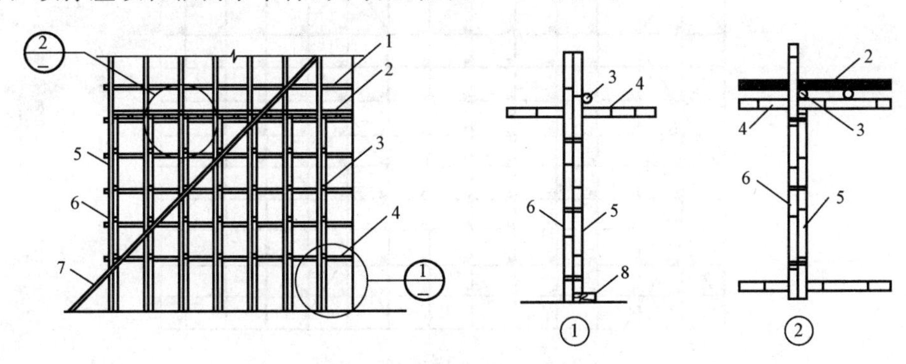

图 7-20 顶撑的布置

1—栏杆；2—脚手板；3—横向水平杆；4—纵向水平杆；5—顶撑；6—立杆；7—斜杆；8—垫块

a. 底层底步顶撑底端的地面应夯实并设置垫木，垫木不得叠放；其他各层顶撑底端不得设置垫块；垫木宽度不小于 200mm，厚度不小于 50mm。

b. 顶撑应并立于立杆侧设置，并顶紧水平杆。顶撑应与上方的水平杆直径匹配。

c. 顶撑应使用整根竹杆，不得接长，上下顶撑应保持在同一垂直线上。

d. 顶撑应与立杆绑扎不得少于 3 道，两端绑扎点与杆件端部的距离不应小于 100mm，中间绑扎点应均匀设置。

5）绑横向水平杆。采用竹笆脚手板，横向水平杆应置于纵向水平杆下；采用纵向支撑的脚手板，横向水平杆位于纵向水平杆之上。

横向水平杆的小头直径不小于 90mm，横向水平杆垂直于墙面，绑扎在立杆上。操作层的横向水平杆应加密，砌筑脚手架的间距不大于 0.5m；装饰脚手架不大于 0.75m。

6）斜撑、抛撑和剪刀撑。斜撑、抛撑和剪刀撑的小头直径不小于 75mm。架子搭到三步高度，暂不设连墙点时，应每隔 5～7 根立杆设抛撑一道，抛撑底埋入土中应不少于 0.5m，并用回填土在根部四周夯实。脚手架纵向长度小于 15m 或架高小于 10m 时，可设置斜撑，上下连续呈“之”字形设置。脚手架纵向长度超过 15m 或架高大于 10m 时，应设置剪刀撑，一般设在脚手架的端头、转角和中间（每隔 10m 净距设一道），剪刀撑的最大跨度不得超过 4 倍的立杆纵距，如图 7 - 21 所示。

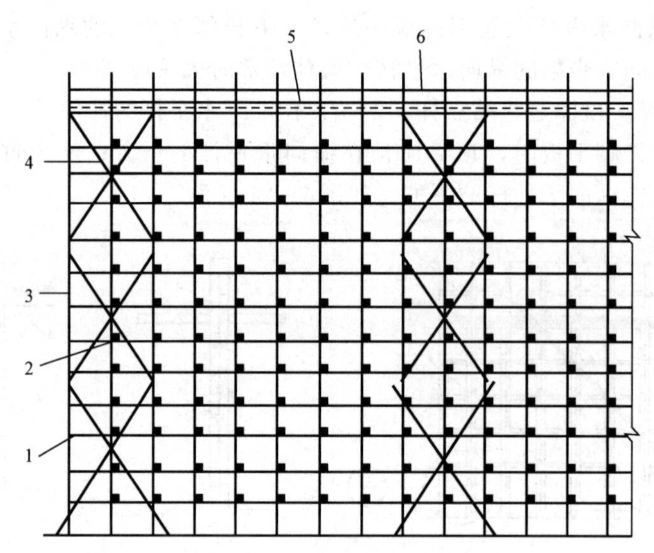

图 7 - 21　剪刀撑绑扎示意图

1—纵向水平杆；2—横向水平杆；3—立杆；4—剪刀撑；5—脚手板；6—栏杆

7）连墙件。连墙件竖向间距不宜大于 2 步距，横向间距不宜大于 3 跨。

连墙件竖向间距增大，将使脚手架的稳定承载力降低。实验证明，当其他条件相同，连墙件竖向间距由 2 步距增大到 3 步距时，稳定承载力降低 20%左右，连墙件竖向间距由 2 步距增大到 4 步距时，稳定承载力降低 30%左右。连墙件的竖向间距直接影响立杆的纵距与步距。连墙件的布置应符合下列规定。

a. 连墙件必须采用可承受拉力和压力的构造。应紧靠主节点设置，距主节点不大于150mm。

b. 从第一步架高处开始设置连墙件。

c. 宜优先采用菱形布置，也可采用方形、矩形布置。

d. 一字形、开口形脚手架的两端应设置连墙件，连墙件应沿竖向每步设置一个。

e. 转角两侧立杆和顶层的操作层处应设置连墙件。

8）铺脚手板。操作层的脚手板应满铺在搁栅、横向水平杆上，用铁丝与搁栅绑牢。搭接必须在小横杆处，脚手板伸出横向水平杆长度为100～150mm，靠墙面一侧的脚手板离开墙面120～150mm。脚手架搭到3步距高时，操作层必须设防护栏杆和挡脚板。护栏高1.2m，挡脚板高不小于0.18m。

2. 拆除

（1）拆除顺序。竹脚手架拆除必须按下列顺序自上而下拆除：拆除顶部安全网→拆除防护栏杆→拆除挡脚板→拆除脚手板→拆除横向水平杆→拆除剪刀撑→拆除连墙点→拆除纵向水平杆→拆除立杆→拆除斜撑→拆除抛撑和扫地杆，认真做到一步一清。严禁上下同时进行作业，严禁采用推倒或拉倒的方法进行拆除。

（2）注意事项。

1）脚手架拆除作业危险区域应加临时围栏，周边和进出口处设置醒目安全标识，指派专人看管，严禁非作业人员进入危险区域。

2）应全面检查脚手架的绑扎、连墙件、支撑体系是否符合构造要求。根据检查结果补充脚手架工程安全施工方案中的拆除顺序和措施，编制脚手架的拆除方案，经批准后方可实施。

3）拆除作业必须由上而下逐层进行，严禁上下同时作业、斩断整层绑扎材料后整层滑塌、整层推倒或拉倒。

4）拆除各种杆件时应注意。

a. 立杆。先稳住立杆再解最后两道扣。

b. 纵向水平杆、剪刀撑、斜撑等。先解中间扣，托住中间扣再解开两头扣。

c. 抛撑。应先用临时支撑加固后，才允许拆除抛撑。

d. 剪刀撑和连墙点。只能在拆除层上按程序拆除，不得随意乱拆，以免发生塌架事故。

5）连墙件必须随脚手架逐层拆除，严禁先将整层或数层连墙件拆除后再拆除脚手架；分段拆除时高差不应大于2步距；拆除脚手架的纵向水平杆、剪刀撑时，应先拆中间的绑扎点，后拆两头的绑扎点，由中间的拆除人员往下传递杆件。

6）当脚手架拆至下部7m高度时，应先在适当位置设置临时抛撑加固后再拆除连墙件。

7）竹脚手架应由专业架子工进行拆除。

8）竹竿虽然轻，拆除也较容易，但千万不可掉以轻心不挂安全带，否则容易滑落。因而必须系好安全带。

9）拆除过程中必须防止坠物伤人，防止脚手架倒塌事故发生，妥善保管拆除后可以重复使用的竹杆和脚手板等配件，但绑扎材料不得重复使用。明确拆除脚手架的准备工作和作业区的管理。

10）拆下的脚手架各种杆件、脚手板等材料，应向下传递或用绳吊下，严禁抛掷至地面。运至地面的脚手架各种杆件，应及时清理，分品种、规格运至指定地点码放。

3. 检查验收

（1）检查验收的阶段。脚手架及其地基基础应在下列阶段进行检查与验收。

1）基础完工后及脚手架搭设前。

2）在每次架设脚手架完成后，投入使用前。

3）在脚手架拆卸工程展开前。

4）在大规模加建或改建脚手架之后。

5）在第一次检查后最多每隔14d。

6）遇六级大风或大雨后。

（2）检查验收的内容。脚手架使用中，应定期检查下列项目。

1）地基是否积水，底座是否松动，立杆是否悬空。

2）杆件的设置和连接，连墙件、支撑、门洞桁架等的构造是否符合要求。

3）绑扎点绑扎材料是否出现松脱或断裂；绑扎材料采用钢丝的，是否出现锈蚀。

4）脚手架是否出现倾斜、变形。

5）安全防护措施是否符合要求。

6）是否超载。

7.3 异形脚手架

7.3.1 构造

1. 构造形式

同其他脚手架一样，烟囱、水塔脚手架也由立杆、纵向水平杆、横向水平杆、剪刀撑等基本杆件组成。

烟囱、水塔等圆形和方形建筑物施工时，如图 7-22 所示，一般等同正方形、六角形、八角形等多边形外脚手架，均采用双排或三排架，严禁使用单排架。

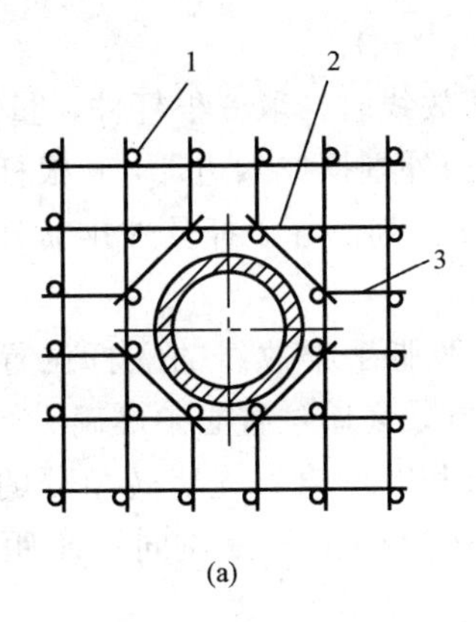

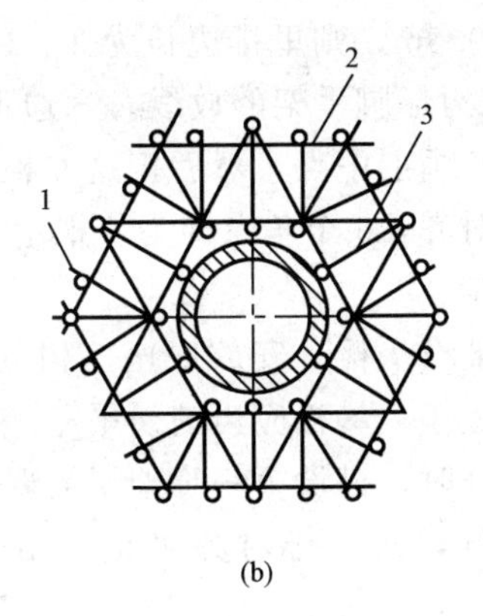

图 7-22　烟囱、水塔脚手架的平面形式
（a）正方形架子；（b）六角形架子
1—立杆；2—纵向水平杆；3—横向水平杆

2. 构造参数

烟囱、水塔脚手架的构造参数见表 7-7。

表 7-7　烟囱、水塔脚手架构造参数

里排立杆距构筑物边/m	立杆间距/m		操作层横向水平杆间距/m	纵向水平杆步距/m
	横距	纵距		
0.4～0.5	≤1.5	≤1.4	≤1	≤1.2

7.3.2　搭设

1. 搭设顺序

烟囱、水塔脚手架的基本搭设顺序要求为：先里排后外排，先转角处后中间，同一排里杆应齐直，相邻两排立杆接头应错开一步架。

2. 搭设要点

（1）放线。放线要根据方案设计图纸进行。

1）正方形脚手架的放线。正方形脚手架放线时，取 4 根杆件，量出长度 L，做好记号并画上中点，然后把这 4 根杆在烟囱外围摆成正方形，4 根杆的中点与烟囱中心线对齐，调整杆件位置使两对角线长度相等。杆件垂直相交的 4 个角点即为 4 根里杆的位置，其他各立杆及外排立杆的位置随之即可确定。

通过计算可得，搭设正方形脚手架，里排架的长度等于烟囱直径加 2 倍的里排立杆到烟囱壁的最近距离。例如：烟囱底直径为 3m，里排立杆到烟囱壁最近距离为 0.5m，则里排边长为 3+2×0.5=4（m）。

2）六边形脚手架的放线。六边形脚手架放线时，取 6 根杆件，量出长度 L，做好记号并画上中点，然后把这 6 根杆在烟囱外围摆成六边形，6 根杆的中点与烟囱圆心对齐，6 个角点即为 6 根里杆的位置，其他各立杆及外排立杆的位置随之即可确定。

（2）铺设垫板、安放底座、树立杆。按照脚手架放线的立杆位置，铺设垫板和安放底座。垫板应当铺设平稳、不能悬空，底座位置必须准确。

竖立杆时，搭设第一步架子需要 6～8 人相互配合，先竖转角处的立杆，后竖中间立杆，同一排对齐对正。相邻两立杆的接头不得在同一步距、同一跨间内。

（3）安放水平杆。立杆安放后应当立即安装纵横向水平杆，纵向水平应当设置在立杆内侧。

接头应当相互错开，相互两接头的水平距离不小于 0.5m；相邻水平杆的接头不得在同一步距、同一跨间内。

横向水平杆端头与烟囱壁的距离应当控制在 100～150mm，不得顶住烟囱筒壁。

转角处应补加一根横向水平杆，使交叉搭接处形成稳定的三角形。

（4）安装剪刀撑、斜撑。脚手架每一外侧应当从底到顶设置剪刀撑，随搭设进度随时搭设。

剪刀撑的一根与立杆扣接固定，另一根应当与横向水平杆固定；最下一步剪刀撑应当落地并与地面呈 45°～60°夹角。

（5）安装缆风绳。架高 10～15m 时，应在脚手架各顶角处各设一道；以后每增加 10m 加设一组。缆风绳应选用直径不小于 10mm 的钢丝绳，不得用钢筋代替，与地面呈 45°～60°夹角，下端必须单独固定在地锚上。

（6）操作层搭设。操作层应满铺脚手板，设置防护栏杆和挡脚板。操作层下一步架也应满铺脚手板或设置一道随层或层间的安全平网，以下每 10 步应当满铺一层。

3. 注意事项

烟囱（水塔）脚手架搭设场地应清理干净，平整场地、夯实基土，排水畅通。并应按照放线标示放置垫板、安设底座，外侧自下而上每边均应设置剪刀撑，转角处必须设置抛撑。

平面形状为正方形或六角形的烟囱外脚手架，高度不宜超过 40m。烟囱架下大上小，搭设过程中应随其坡度相应收缩脚手架的平面几何形状。

平面形状为正方形或六角形的水塔外脚手架，根据水箱直径大小搭设为三排架，如图 7-23 所示。

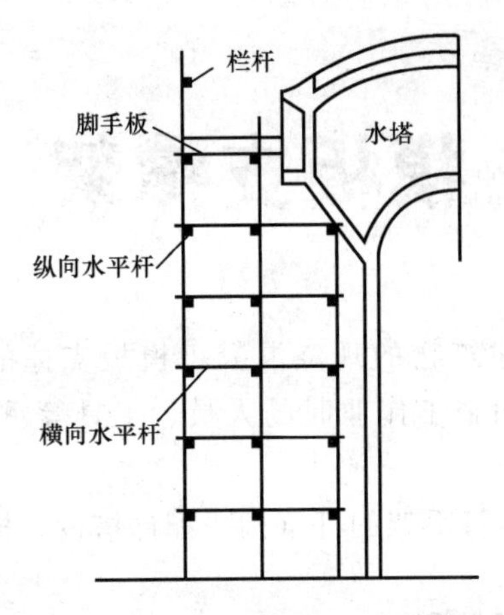

图 7-23 水塔架的搭设形式

第8章 模板支撑架

模板支撑架是用于建筑物的现浇混凝土模板支撑的负荷架子，承受模板、钢筋、新浇筑的混凝土和施工作业时的人员、工具等重量，其作用是保证模板面板的形状和位置不改变。

模板支撑架通常采用脚手架的杆（构）配件搭设，按脚手架结构计算。

8.1 类别及构造

8.1.1 模板支撑架的类别

用脚手架材料可以搭设各类模板支撑架，包括梁模、板模、梁板模和箱基模等，并大量用于梁板模板的支架中。在板模和梁板模的支架中，支撑高度大于4.0m的，称为“高支撑架”，有早拆要求及其装置者，称为“早拆模板体系支撑架”。按其构造情况可作以下分类。

1. 按支柱类型分类

按支柱类型分类，模板支撑架可分为以下几种。

(1) 单立柱支撑架。

(2) 双立柱支撑架。

(3) 格构柱群支撑架（由格构柱群体形成的支撑架）。

(4) 混合支柱支撑架（混用单立杆、双立杆、格构柱的支撑架）。

2. 按构造类型分类

按构造类型分类，模板支撑架可分为以下几种。

(1) 支柱式支撑架（支柱承载的构架）。

(2) 片（排架）式支撑架（由一排有水平拉杆连接的支柱形成的构架）。

(3) 双排支撑架（两排立杆形成的支撑架）。

(4) 空间框架式支撑架（多排或满堂设置的空间构架)。

3. 按杆系结构体系分类

按杆系结构体系分类，模板支撑架可分为以下两种。

(1) 几何不可变杆系结构支撑架（杆件长细比符合桁架规定，竖平面斜杆设置不小于均占两个方向构架框格的1/2的构架)。

(2) 非几何不可变杆系结构支撑架（符合脚手架构架规定，但有竖平面斜杆设置的框格低于其总数1/2的构架)。

4. 按水平构架情况分类

按水平构架情况分类，模板支撑架可分为以下几种。

(1) 水平构造层不设或少量设置斜杆或剪刀撑的支撑架。

(2) 有一或数道水平加强层设置的支撑架，又可分为：板式水平加强层（每道仅为单层设置，斜杆设置≥1/3水平框格)；桁架式水平加强层（每道为双层，并有竖向斜杆设置)。

此外，单双排支撑架还有设附墙拉结（或斜撑）与不设之分，后者的支撑高度不宜大于4m。支撑架的所受荷载一般为竖向荷载，但箱基模板（墙板模板）支撑架则同时受竖向和水平荷载作用。

8.1.2 模板支撑架的构造

1. 构造特点

模板支撑架系统主要分为钢管立柱和木立柱两种形式。竹胶合板和钢组合板作为模板面层材料应用得最为广泛。

不论采用哪一种模板，模板及其支撑架均应具有足够的承载能力、刚度和稳定性，能可靠地承受浇筑混凝土的重量、侧压力及施工荷载；要保证工程结构和构件各部分形状尺寸和相互位置的正确，构造简单，拆装方便，并便于钢筋的绑扎和安装，符合混凝土的浇筑及养护等工艺要求。

模板支撑架的结构与双排脚手架有很大不同。其一是模板支撑架立柱的平面布置按 x、y 两个方向布局，双排脚手架在 y 的方向只有两根立柱；其二是模板支撑架无侧面附着结构，双排脚手架有一侧附着在墙体等结构上。从荷载角度来看，模板支撑架承担的荷载主要来自架子顶部。

模板支撑架所支撑的混凝土结构一般是梁板体系，因板梁之间、主次梁之间存在高差，因而支撑架顶部多数情况下不在一个水平面，存在一定的高差。从所支撑的结构来看，楼层模板支撑架，其高度较小，四周有柱、墙等可支撑的结构；桥梁模板支撑架，如立交桥、跨线桥、城铁桥等，四面无支撑结构，高度较大，荷载也较大。

通常情况下，面层模板部分和木支撑架部分的施工主要由木工完成，模板钢管支撑架部分的施工主要由架子工完成。

2. 设置要求

模板支撑架的设置应满足可靠承受模板荷载，确保沉降、变形、位移均符合规定，绝对避免出现坍塌和垮架等事故的发生，并应特别注意确保以下三点。

（1）支柱的地基绝对可靠，不得发生严重沉降变形。

（2）承载力应设在支柱或靠近支柱处，避免水平杆跨中受力。

（3）充分考虑施工中可能出现的最大荷载作用，并确保其仍有两倍的安全系数。

8.2 模板支撑架的搭设

模板支撑架系统主要由以扣件式钢管脚手架和碗扣式钢管脚手架为代表的钢管模板支撑架系统和以木杆作为立杆为代表的木模板支撑架系统。其中，扣件式钢管结构在建筑工程中应用的最为广泛。

8.2.1 扣件式钢管模板支撑架

扣件式钢管模板支撑架系统主要由钢管和扣件组成，特点是装拆灵活，搬运方便，通用性强，不用加工，立柱和大横杆的间距不受模数限制。

1. 特点

扣件式钢管模板支撑架的缺点是：横、竖、斜杆件之间有偏心，对立柱受压有不利影响；由于连接点主要依靠拧紧螺栓之后扣件与钢管的摩擦力，节点处的连接力受扣件螺栓拧紧程度的影响，因而其搭设质量受人为因素影响；由于立柱受弯压力作用，步距和搭设高度受立柱的长细比制约。

2. 构造

如图 8-1 所示，为一扣件式钢管高大模板支撑架构造示意图。从图 8-1 中可以看出扣件式钢管模板支撑架系统的基本构造形式与扣件式钢管脚手架一样，主要由地基、垫板、底座、立杆、扫地杆、剪刀撑、斜撑和水平杆等构成，不同的是剪刀撑、斜撑要比脚手架复杂得多，顶部要设可调托撑，水平杆要加密，多数情况下周围无结构可做可靠连接。

3. 搭设

（1）准备工作。扣件式钢管模板支撑架的搭设采用扣件式钢管脚手架的杆及配件，主要应做好以下几个方面的准备工作。

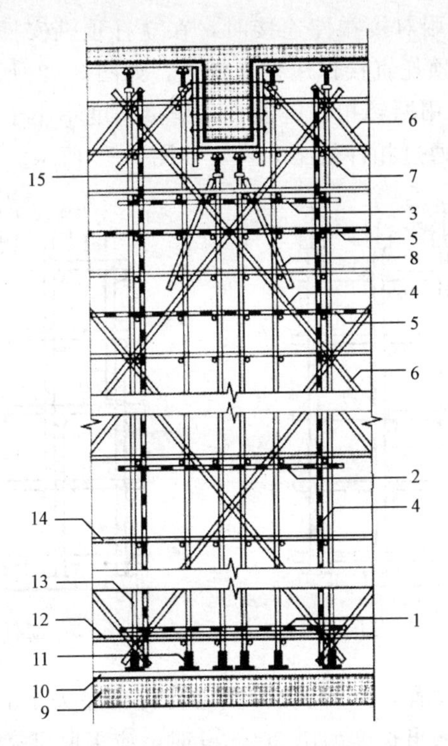

图 8-1　扣件式钢管高大模板支撑架构造示意图

1—单元体底部水平剪刀撑；2—单元体中部水平剪刀撑；3—单元体顶部水平剪刀撑；4—加强单元体的四个立面设置从底到顶连续式竖向剪刀撑；5—架体高度大于20m时，顶部两步距纵横水平杆之间增加两道纵横向水平杆；6—多个加强单元体四个立面之间设置从底到顶连续式竖向剪刀撑；7—梁侧增设斜撑；8—大梁底立杆两侧增设加强斜撑；9—地基；10—垫板；11—底座；12—扫地杆；13—立柱；14—水平杆；15—可调托撑

1）场地清理平整、定位放线、底座安放等均与脚手架搭设时相同。

2）立杆的间距应通过计算确定，通常取1.2～1.5m，不得大于8m。对较复杂的工程须根据建筑结构的主、次梁和板的布置，模板的配板设计、装拆方式，纵横楞的安排等情况，做出支撑架立杆的布置图。

(2) 搭设步骤。搭设方法基本同扣件式钢管外脚手架。板用满堂模板支撑架，在四周应设包角斜撑，四侧设剪刀撑，中间每隔四排立杆沿竖向设一道剪刀撑，所有斜撑和剪刀撑均须由底到顶连续设置。在垂直面设有斜撑和剪刀撑的部位，顶层、底层及每隔两步距应在水平方向设水平剪刀撑。剪刀撑的构造同扣件式钢管脚手架。

1）立杆的接长。扣件式支撑架的高度可根据建筑物的层高而定。立杆的接长，可采用对接或搭接连接。

a. 对接连接。采用对接扣件连接时，在立杆顶端安插一个顶托，从而使被支撑的模板荷载通过顶托直接作用在立杆上，如图 8-2 所示。

b. 搭接连接。采用回转扣件搭接时，搭接长度不小于 600mm，模板荷载作用在顶层横杆上，再通过扣件传至立杆，如图 8-3 所示。

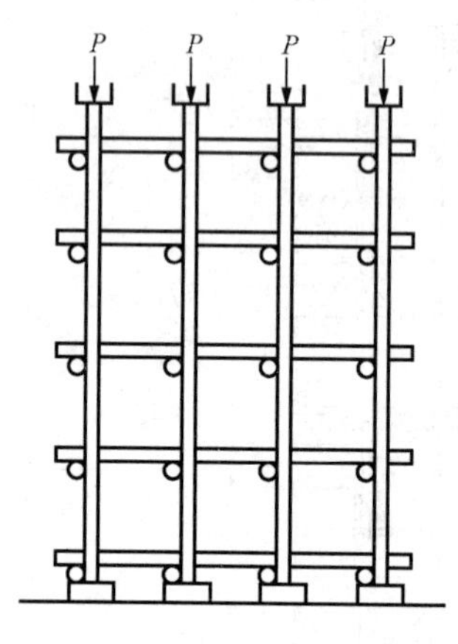

图 8-2 立杆对接连接

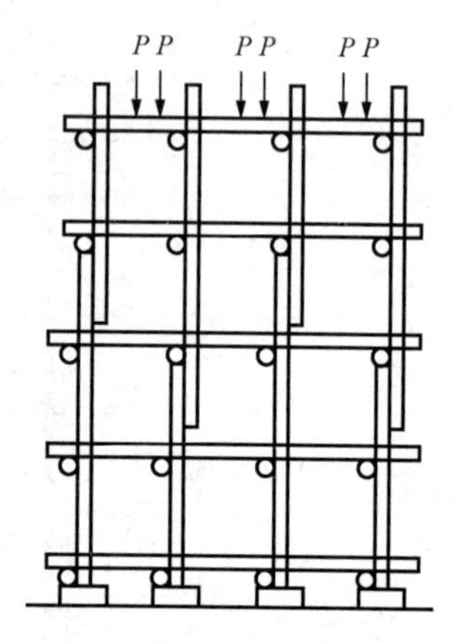

图 8-3 立杆搭接连接

支架立杆应竖直设置，2m 高度的垂直允许偏差为 15mm。设在支架立杆根部的可调底座，当其伸出长度超出 300mm 时，应采取可靠措施确定。

当梁模板支架立杆采用单根立杆时，立杆应设在梁板中心线处，其偏心距不应大于 25mm。

2）安装水平拉结杆。为保证支撑架的整体稳定性，必须在支撑架立杆之间纵、横两个方向均设置扫地杆和水平拉结杆。各水平拉结杆的间距（步高）通常不大于 1.6m，如图 8-4 所示。

3）安装斜撑。为保证支撑架的整体稳定性，在设置水平加强层的同时，还必须沿支撑架四周外立面设置斜撑，中部可视需要并依构架框格的大小，每隔 10～15m 设一道。具体搭设时可采用刚性斜撑和柔性斜撑。

a. 刚性斜撑。以钢管为斜撑，用扣件将它们与支撑架中的立杆和水平杆连接，如图 8-5 所示。

b. 柔性斜撑。采用钢筋、钢丝、铁链等只能承受拉力的柔性杆件布置成交叉的斜撑，如图 8-6 所示。

4）顶部承载支撑点设计。最好在立杆顶部装设支托板，支托底板至支架顶层横杆的高度不宜大于 0.4m。当支撑点位于顶层横杆时，应尽量靠近立杆，距离不宜大于 200mm。

（3）注意事项。扣件式钢管模板支撑架在搭设时需要注意以下问题。

1）严格按设计尺寸搭设，立杆和水平杆的接头均应错开并在不同的框格层

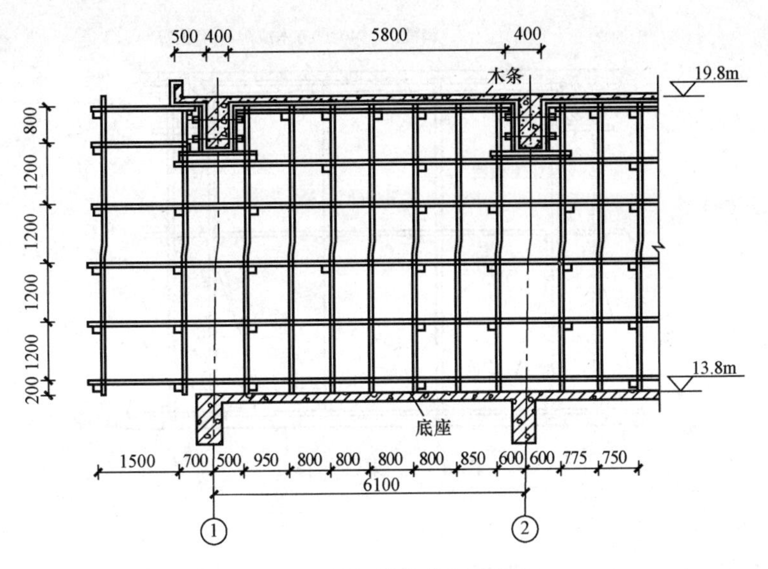

图 8-4 梁板结构模板支撑架

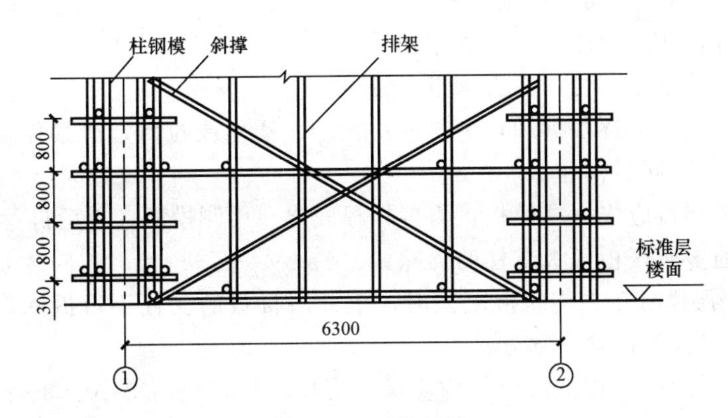

图 8-5 刚性斜撑

中设置。

2）控制模板支撑架荷载，确保模板支架均匀受力，混凝土宜采用从中部开始、向两边扩展的浇筑方式。浇筑开始后，在确保安全的前提下，派人检查支撑架及其支撑情况，发现有下沉、松动和变形情况时，要及时予以解决。

4. 拆除

（1）准备工作。

1）拆模前必须有拆模申请，经审批后，方可拆除。

2）现浇整体模板拆除之前，必须经验算复核，对照拆除的部位查阅混凝土强度试验报告，达到拆模强度的方可进行。

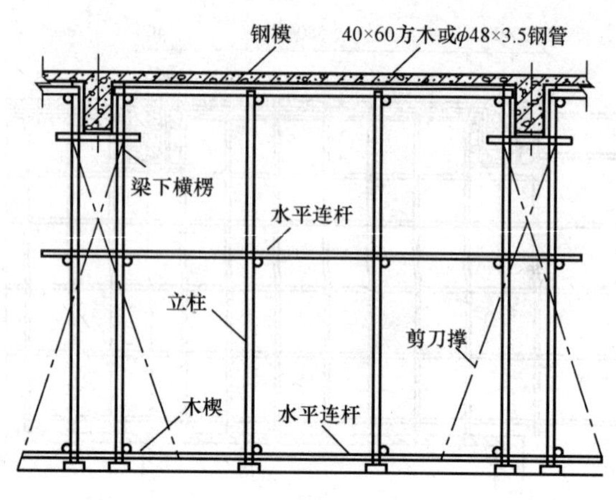

图 8-6 柔性斜撑

（2）拆除步骤。

1）模板拆除一般应遵循先拆上后拆下，先支的后拆，后支的先拆，一步一清的原则，并不得损伤构件或模板。

2）部件拆除的顺序与安装顺序相反。

3）先拆非承重部位，后拆承重部位。

4）拆模时，应逐块拆卸，不得成片松动、撬落或拉倒，严禁作业人员在同一垂直面上上下同时作业。

5）肋形楼盖应先拆柱模板，再拆楼板底模、梁侧模板，最后拆梁底模板。

6）普通多层楼板模板支柱的拆除。

a. 当上层模板正在浇筑混凝土时，下一层楼板的支柱不得拆除，再下一层楼板的支柱，仅可拆除一部分。

b. 跨度在 4m 及以上的梁，均应保留支柱，其间距不得小于 3m；其余再下一层楼的模板支柱，当楼板混凝土达到设计强度时，方可全部拆除。

c. 当立柱的水平拉杆超过 2 层时，应当先拆除 2 层以上的拉杆，最后一道拉杆与立柱同时拆除。

7）当施工超重楼层转换层梁板结构时，下部各层支架的拆除时间，应由结构计算决定。

8）拆除高大模板支架时，纵横竖向及水平剪刀撑应滞后于其他杆件拆除，连墙件等固定措施必须最后拆除。

（3）注意事项。

1）拆除作业应当设专人指挥，在模板拆装区域周围，设置围栏、挂明显的标志牌，派专人监护，禁止非作业人员进入警戒范围内。

2）作业人员应当有足够、安全的作业面，可靠的立足点；拆模时，临时脚手架必须牢固，不得用拆下的模板作脚手架。

3）作业人员必须戴安全帽、系安全带、穿防滑鞋。多人同时操作时，应当明确分工、统一信号、统一指挥、统一行动。

4）拆除时不要用力过猛、过急；任何人员不得站在正在拆卸的模板下方。

5）在拆除模板过程中，如发现混凝土有影响结构安全的质量问题时，应暂停拆除。经处理后，方可继续拆除。

6）拆除立柱时，严禁采用将梁底模板与立柱连在一起整体拉倒的方法拆除。

7）拆模间歇时，应将已活动的模板、杆件、支撑等运走或妥善固定堆放。

8）拆模必须一次性拆清，不得留有无撑模板。

9）拆卸下的模板、配件等严禁高空抛掷；传递模板、工具，应用运输工具或绳索系牢后升降；徒手作业时，应当逐次传递到地面。拆卸下来的模板、杆件、木料等应整理好及时运走，做到“工完场清”。

10）拆除时使用的扳手等工具必须装入工具袋或系挂在身上，防止从高处坠落伤人。

11）混凝土板有预留孔洞时，拆模后，应随时在其周围做好安全护栏，或用板将孔洞盖住。

8.2.2　碗扣式钢管模板支撑架

1. 特点

碗扣式钢管模板支撑架系统是一种结构简单、操作方便、搭设省时省力的模板支撑架系统，具有用途广、安全可靠、承载力高的特性，同时具有加工容易、运输方便、管理简单的特点。碗扣式钢管适用于房屋建筑、市政、桥梁混凝土水平构件的模板承重支撑架，也适用于作为钢结构施工现场拼装的承重支撑架。

2. 构造

碗扣式钢管模板支撑架系统与碗扣式脚手架的基本构造是一样的，立柱、横杆均为采用钢管制成的定长杆配件，横杆与立柱连接采用独特的碗扣接头，由下碗扣承接横杆插头，上碗扣锁紧横杆插头。碗扣接头传力可靠，搭设时不用拧螺栓，不受人为因素影响。立柱连接为同轴心承插，各杆件轴心交于一点。用作模板支撑架时，顶部插入可调托座，架体受力以轴心受压为主，因而承载力高，不易发生失稳坍塌。

（1）一般碗扣式支撑架。用碗扣式钢管脚手架构件可以根据需要组装成不同组架密度、不同组架高度的支撑架，其一般组架结构如图 8-7 所示。由立杆垫座（或立杆可调座）、立杆、顶杆、可调托撑以及横杆和斜杆（或斜撑、剪刀撑）等组成。

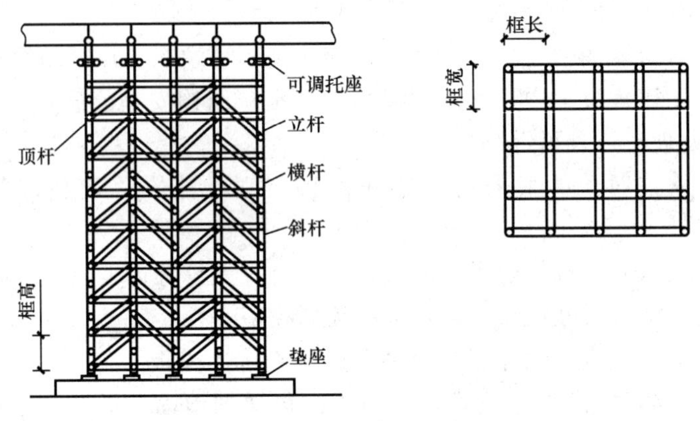

图 8-7　碗扣式支撑架

使用不同长度的横杆可组成不同立杆间距的支撑架，基本尺寸见表 8-1，支撑架中框架单元的框高应根据荷载等因素进行选择。

表 8-1　　　　支撑架中框架单元的基本尺寸组合

序号	类型	基本尺寸（框长×框宽×框高）/m
1	A 型	1.8×1.8×1.8
2	B 型	1.2×1.2×1.8
3	C 型	1.2×1.2×1.2
4	D 型	0.9×0.9×1.2
5	E 型	0.9×0.9×0.6

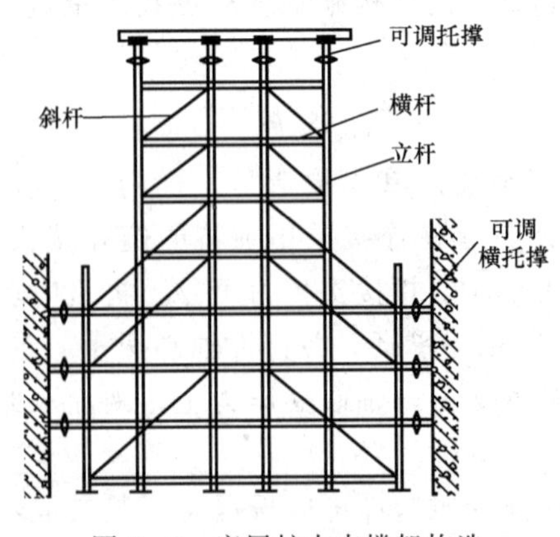

图 8-8　底层扩大支撑架构造

（2）底层扩大支撑架。对于楼板等荷载比较小，但支撑面积较大的模板支撑架，一般不必把所有立杆连成整体，可分成几个独立支撑架，只要高宽（以窄边计算）比小于 3∶1 即可，但至少应由两跨连成一个整体。对一些重载支撑架或支撑高度较高（大于 10m）的支撑架，则须把所有连杆连成一个整体，并根据具体情况适当加设斜撑、横托撑或扩大底部架，如图 8-8 所示，用斜杆将上部支撑架的荷载部分传递到扩大部分的立杆上。

（3）高架支撑架。当支撑架高宽（按窄边计）比超过 5 时，应采取高架支撑架，其构造如图 8-9 所示。否则须按规定设置缆风绳紧固。

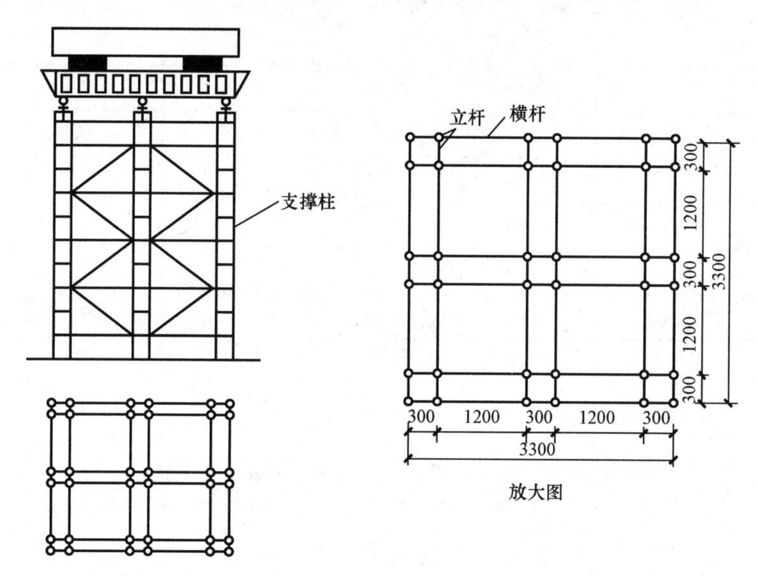

图 8-9　高架支撑架构造

（4）支撑柱支撑架。当施工荷载较重时，应采用碗扣式钢管支撑柱组成的支撑架，如图 8-10 所示。

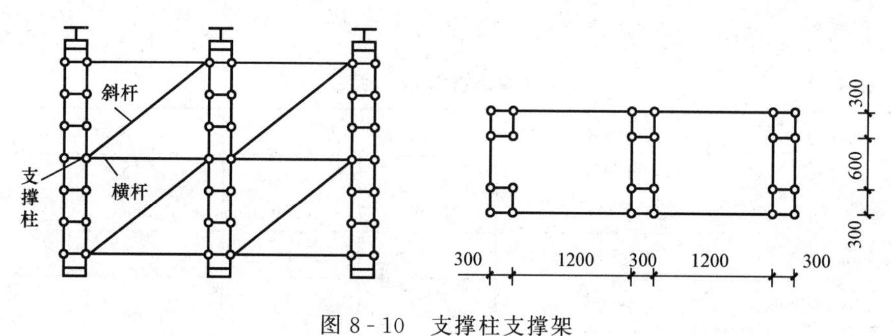

图 8-10　支撑柱支撑架

3. 搭设

（1）准备工作。

1）搭设前，应根据施工要求编制施工方案，选定支撑架的形式及尺寸，每根立杆可支撑的面积见表 8-2。

表 8-2　　支撑架荷载及立杆支撑面积参考表

混凝土厚度 /cm	支撑总荷载/(kN/m²)					每根立杆可支撑面积 S /m²
	混凝土重 (P_1)	模板楞条 (P_2)	冲击荷重 $P_3=P_1\times30\%$	人行机具动荷载 P_4	总计 ΣP	
10	2.4	0.45	0.72	2	5.57	5.39
15	3.6	0.45	1.08	2	7.13	4.21
20	4.8	0.45	1.44	2	8.69	3.45
25	6	0.45	1.8	2	10.25	2.93
30	7.2	0.45	2.16	2	11.81	2.54
40	9.6	0.45	2.88	2	14.93	2.01
50	12	0.45	3.6	2	18.05	1.66
60	14.4	0.45	4.32	2	21.17	1.42
70	16.8	0.45	5.04	2	24.29	1.24
80	19.2	0.45	5.76	2	27.41	1.09
90	21.6	0.45	6.48	2	30.53	0.98
100	24	0.45	7.2	2	33.65	0.89

2）按支撑架高度选配立杆、顶杆、可调底座和可调托座，并列出材料明细表。当使用 0.6m 可调托座调节时，立杆底座、立杆、顶杆和可调托座等杆配件的组合搭配，见表 8-3。

表 8-3　　支撑架高度与构件组合

杆件类型数量 / 支撑高度/m	可调托座可调高度 /m	立杆数量		顶杆数量	
		IG-300 (3m)	LG-180 (1.8m)	DG-150 (1.5m)	DG-90 (0.9m)
2.75～3.35	0.05～0.65	0	1	0	1
3.35～3.95	0.05～0.65	0	1	1	0
3.95～4.55	0.05～0.65	1	0	0	1
4.55～5.15	0.05～0.65	1	0	1	0
5.15～5.75	0.05～0.65	0	2	1	0
5.75～6.35	0.05～0.65	1	1	0	1
6.35～6.95	0.05～0.65	1	1	1	0
6.95～7.55	0.05～0.65	2	0	0	1

续表

杆件类型数量 支撑高度/m	可调托座 可调高度 /m	立杆数量		顶杆数量	
		IG-300 (3m)	LG-180 (1.8m)	DG-150 (1.5m)	DG-90 (0.9m)
7.55～8.15	0.05～0.65	2	0	1	0
8.15～8.75	0.05～0.65	1	2	1	0
8.75～9.35	0.05～0.65	2	1	0	1
9.35～9.95	0.05～0.65	2	1	1	0
9.95～10.55	0.05～0.65	3	0	0	1
10.55～11.15	0.05～0.65	3	0	1	0
11.15～11.75	0.05～0.65	2	2	1	0
11.75～12.35	0.05～0.65	3	1	0	1
12.35～12.95	0.05～0.65	3	1	1	0
12.95～13.55	0.05～0.65	4	0	0	1
13.55～14.15	0.05～0.65	4	0	1	0
14.15～14.75	0.05～0.65	3	2	1	0
14.75～15.35	0.05～0.65	4	1	0	1
15.35～15.95	0.05～0.65	4	1	1	0
15.95～16.55	0.05～0.65	5	0	0	1
16.55～17.15	0.05～0.65	5	0	1	0
17.15～17.75	0.05～0.65	4	2	1	0
17.75～18.35	0.05～0.65	5	1	0	1

3）支撑架地基处理要求以及防线定位、底座安放的方法均与碗扣式钢管脚手架搭设的要求及方法相同。除架立在混凝土等坚硬基础上的支撑架底座可用立杆垫座以外，其余均应设置可调底座。在搭设与使用过程中，应随时注意基础沉降。对悬空的立杆，必须调整底座，使各杆件受力均匀。

（2）搭设步骤。

1）地基处理。地基要求和处理方式同碗扣式钢管脚手架。

2）放线定位、放底座。放线定位、放底座的方法同碗扣式钢管脚手架。

3）竖立杆。第一步立杆的长度应一致，即支撑架的立杆接头应在同一水平面上，顶杆仅在顶端使用，以便能插入托座。

4）安装横杆和斜杆。横杆的安装同脚手架，斜杆一般仅在支撑架的四周布置。不能在框架对角节点布置斜杆的，可以错节布置。

5）安装横托座。横托撑应设置在横杆层，并两侧对称设置。横托撑一端由碗扣接头同横杆、支座架连接，另一端插上可调托座，安装支撑横梁，如图8-11所示。

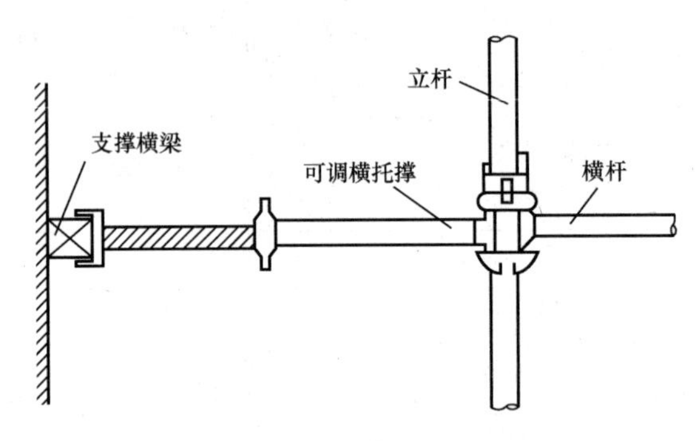

图8-11　横托座设置构造

6）支撑柱搭设。支撑柱由立杆、顶杆和0.30m横杆组成（横杆步距0.6m），其底部设支座，顶部设可调座，如图8-12（b）所示，支柱长度可根据施工要求确定。

支撑柱下端装普通垫座或可调垫座，上墙装入支撑柱可调座，如图8-12（b）所示，斜支撑柱下端可采用支撑柱转角座，可调角度为100°，如图8-12（a）所示，应用地锚将其固定牢固。

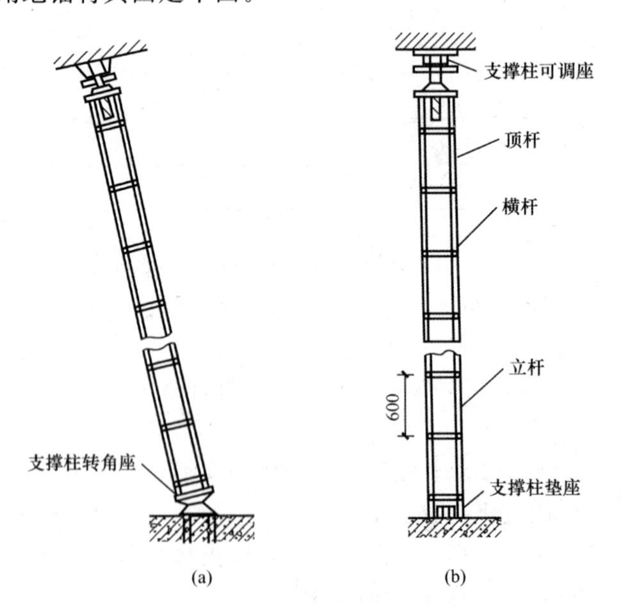

图8-12　支撑柱构造

（a）斜支撑柱；（b）支撑柱

（3）注意事项。在搭设和使用碗扣式钢管模板支撑架时，应注意下列问题。

1）当搭设高度超过10m时，应设置水平加强层，做法同扣件式钢管支撑架。

2）斜杆可按如下三种方式设置：四侧设斜杆、两对侧设斜杆和两侧设斜杆。

3）在立杆根部必须设置双向的扫地杆，即立杆根部的碗扣节点必须装设横杆（水平杆）。

4. 拆除

碗扣式钢管支撑架的拆除应先从顶层开始，先拆可调托撑、横杆，后拆立杆，逐层往下拆除，严禁上下层同时拆除或阶梯形拆除。

其他拆除方法与碗扣式钢管脚手架相同。

5. 检查验收

支撑架拼装到3～5层时，应检查每根立杆底座是否松动，如松动应旋紧可调底座或用薄铁片垫实。

整架拼装完毕应检查所有连接扣件是否扣紧，松动的应用锤敲紧。

组架除上述要求外，还应遵守脚手架的有关规定。

8.2.3　门式钢管模板支撑架

1. 特点

门式钢管模板支撑架除了具有重量轻等优点外，每一组脚手架自身可形成稳定的结构体系。门式钢管模板支撑架的缺点是体形和尺寸单一，其平面尺寸是固定的。此外由于是薄壁构件，因此坚固性较差，对拆装过程有较高要求。

2. 构造

门式钢管模板支撑架除可采用门式钢管脚手架的门架、交叉支撑等配件搭设外，还可采用专门适用搭设支撑架的CZM门架等专用配件。

（1）CZM门架。CZM是一种适用于搭设模板支撑架的门架，其构造由门架立杆、构造式横梁、腹杆、加强杆和止退销构成，如图8-13所示。

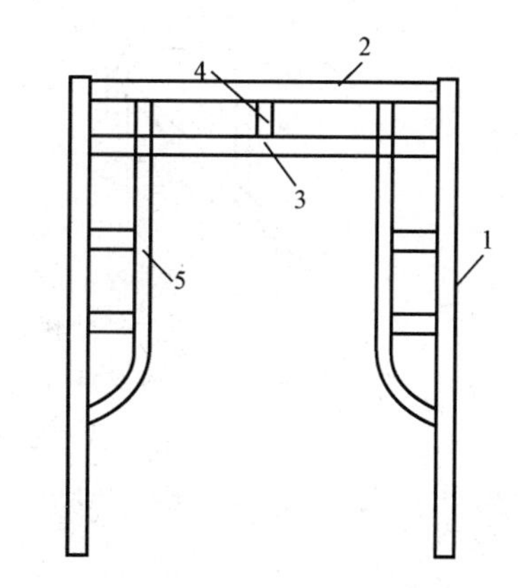

图8-13　CZM门架构造

1—门架立杆；2—上横杆；3—下横杆；4—腹杆；5—加强杆（1.2m高门架没有加强杆）

门架基本高度有 3 种：1.2m、1.4m 和 1.8m；宽度为 1.2m。为适应不同支撑高度的要求，支撑架必须具备调节高度的功能，门式架均采用了调节架、可调底座、可调顶托等部件。

(2) 调节架。调节架高度有 0.9m、0.6m 两种，宽度为 1.2m，用来与门架搭配，用于不同高度的支撑架。

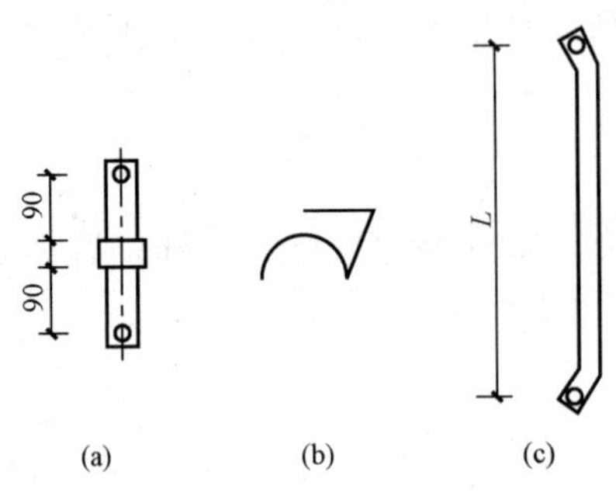

图 8-14　连接配件

(a) 连接棒；(b) 自锁销钉；(c) 锁臂

(3) 连接配件。上、下门架和调节架的竖向连接可采用连接棒。连接棒两端均钻有孔洞，插入上、下两门架的立杆内，并在外侧安装锁臂，再用自锁销钉穿过锁臂、立杆和连接棒的销孔，将上下立杆直接连接起来，如图 8-14 所示。

(4) 三角支承架、加载支座。当门架托梁的间距与门架的宽度（1.2m）不相等，且荷载作用点的间距大于或小于 1.2m 时，可用三角支承架或加载支座来进行调整。

1) 三角支承架。三角支承架的宽度有 150mm、300mm、400mm 等几种，使用时需将插件插入门架立杆顶端，并用扣件将底杆与立杆扣牢，然后在小立杆顶端设置顶托。其构造如图 8-15 所示。

2) 加载支座。加载支座使用时须用扣件将底杆与门架的上横杆扣牢，小立杆的顶端加托座。其构造如图 8-16 所示。

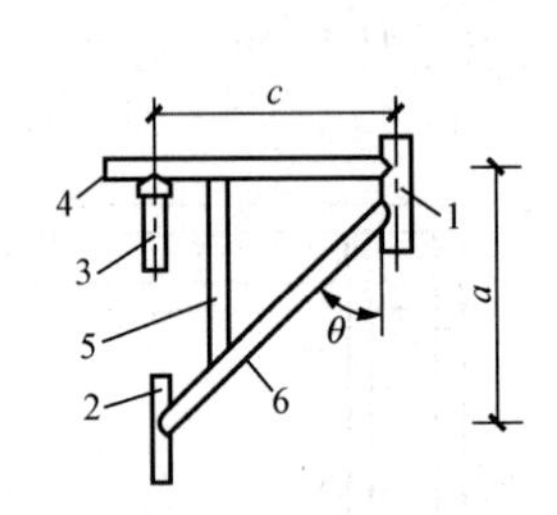

图 8-15　三角支承架构造

1—小立杆；2—底杆；3—插杆；4—小横杆；5—拉杆；6—斜杆

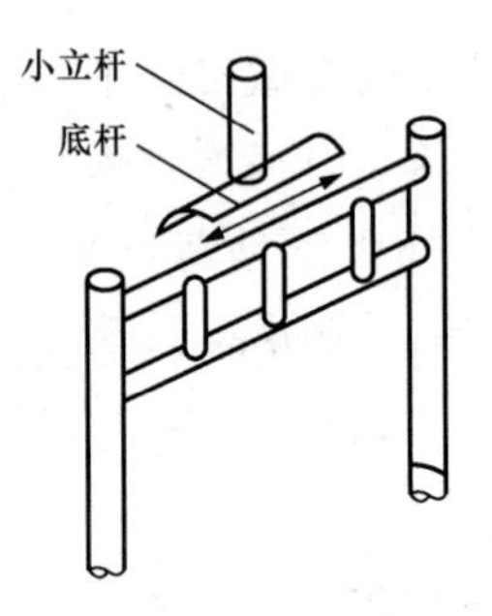

图 8-16　加载支座构造

3. 搭设

(1) 搭设要点。

1) 地基处理。搭设支撑架的场地必须平整坚实，回填土地面必须分层回填、逐层夯实，以保证底部的稳定性。通常底座下要衬垫木方，以防下沉，如

图 8-17 所示。

2）门架支架布置。门架支架可沿梁轴线垂直和平行布置，具体如下。

a. 垂直梁轴线布置。当垂直梁轴线布置时，在两门架间的两侧应设置交叉支撑，如图 8-18 所示。

b. 平行梁轴线布置。当平行梁轴线布置时，在两门架间的两侧也应设置交叉支撑，交叉支撑应与立柱上的锁销锁牢，上下门架的组装连接必须设置连接棒及锁臂，如图 8-19 所示。

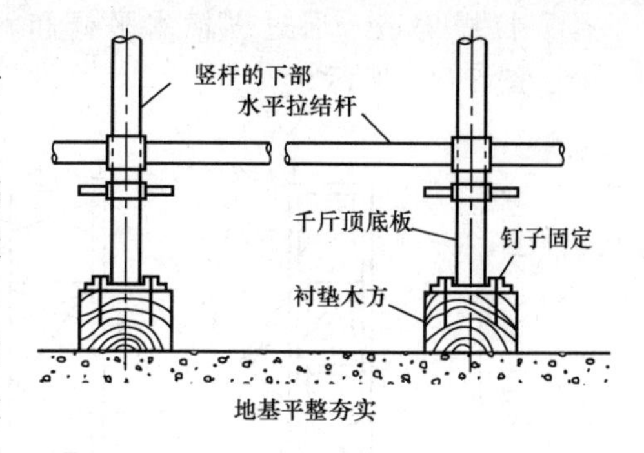

图 8-17　门式钢管模板支撑架的根部固定

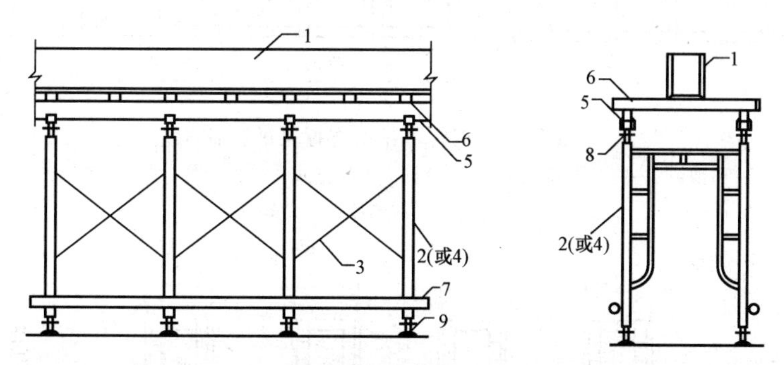

图 8-18　门式钢管模板支撑架垂直梁轴线布置

1—混凝土梁；2—门架；3—交叉支撑；4—调节架；5—托梁；6—小楞；7—扫地杆；8—可调托座；9—可调底座

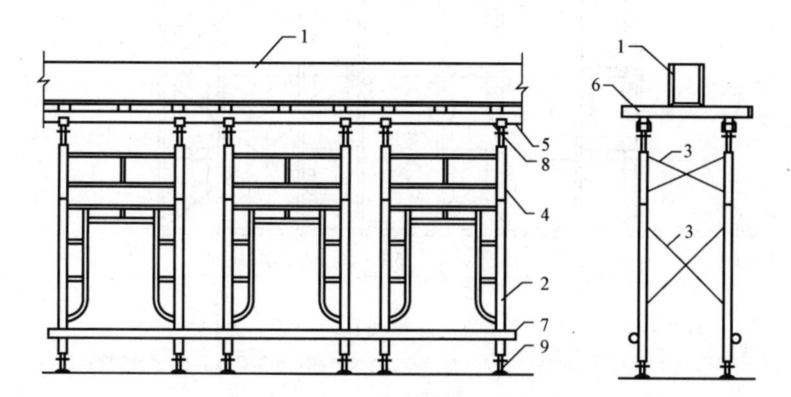

图 8-19　门式钢管模板支撑架平行梁轴线布置

1—混凝土梁；2—门架；3—交叉支撑；4—调节架；5—托梁；6—小楞；7—扫地杆；8—可调托座；9—可调底座

3）拉撑构造。通过纵横水平杆和斜杆把门架连接起来组成框架，如图8-20、图8-21所示。

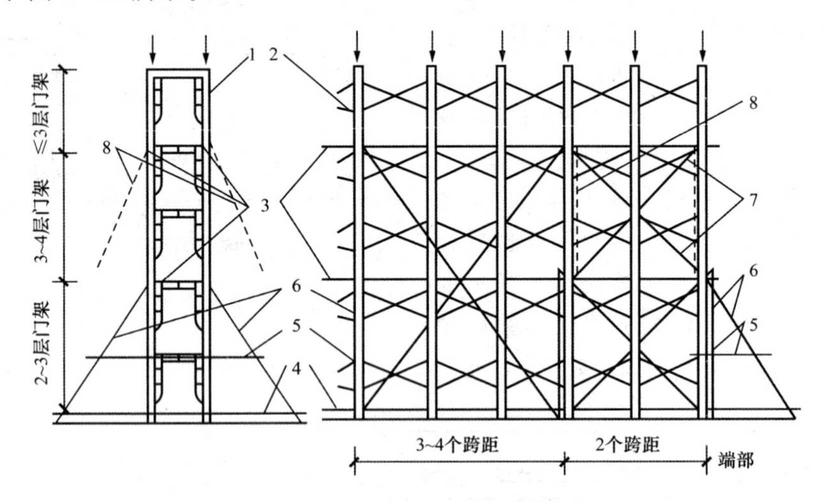

图 8-20　门式钢管单排高支撑架的拉撑构造

1—门架；2—交叉支撑；3—水平拉杆（加强杆）；4—扫地杆；5—斜撑拉杆；6—抛撑；7—剪刀撑；8—缆绳

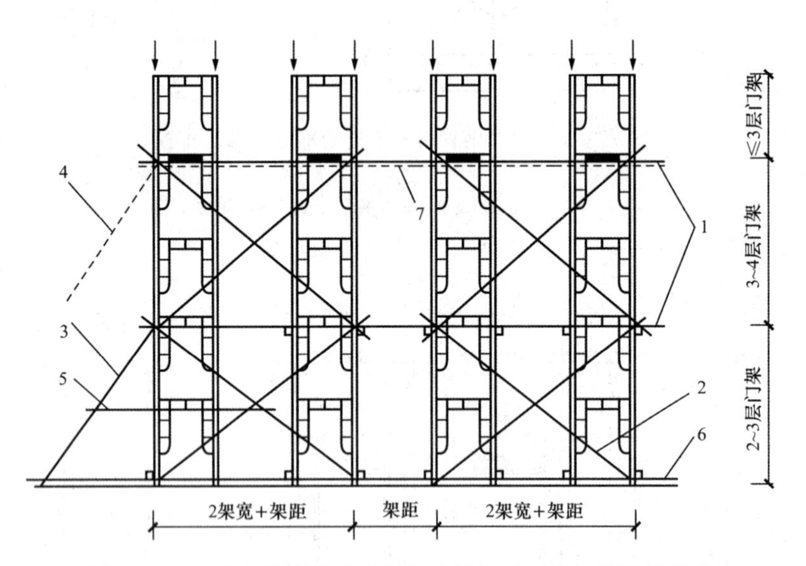

图 8-21　门式钢管多排高支撑架在门架平面方向的拉撑构造

1—水平拉杆（加强杆）；2—剪刀撑；3—抛撑；4—缆绳；5—抛撑拉杆；6—扫地杆（封口杆）；7—水平剪刀撑

设置各杆的要点主要有以下几项。

a. 首层门架的根部必须设置扫地杆（连接各榀平行门架的立杆）和封口杆

(连接同一门架的左右立杆或处于同一平面内的各榀门架的所有立杆)。

b. 在上、下门架连接处设置纵向水平加强杆，以加强其整体性，提高门架在平面方向的刚度和抗变形能力。

c. 单列门架的高支架应设置下部的侧支撑（抛撑），并视需要在上部适当位置设置缆绳或带花篮螺栓的斜拉杆。这样不仅可以加强其侧向的稳定性，还可以调整支架的垂直度，避免产生过大的偏心作用。并应设置水平杆件与抛撑拉结。

d. 在支撑架具有大面积侧面积时，应适当设置长剪刀撑，其斜杆的上下端与水平加强杆连接，以加强其抵抗顺平面侧力作用的能力。

（2）注意事项。门式钢管模板支撑架的搭设方法与门式钢管脚手架基本一致，在门式钢管模板支撑架的搭设过程中，应注意以下问题。

1）安装前应根据结构、构造设计出门架的纵、横中心线。

2）底座和顶托处应采取措施，防止砂浆和混凝土等污物堵塞螺纹。为防止门架可调底座受到污染应采取包扎保护措施。

3）当门架支撑宽度为 4 跨及以上或 5 个节间及以上时，应在周边底层、顶层、中间每 5 列、5 排每门架立柱根部设 ϕ48mm×3.5mm 通长水平加固杆，并应采用扣件与门架立柱扣牢。

4）当门架支撑高度超过 8m 时，应参照扣件钢管模板支撑架搭设剪刀撑、之字撑，剪刀撑不应大于 4 个节间，并应采用扣件与门架立柱扣牢。

5）应让门架立杆直接传递荷载，当荷载不能直接传递至门架立杆时，宜在立杆上端设置托梁。

6）顶部操作层应采用挂扣式脚手板铺满。

4. 拆除

门式钢管模板支撑架的拆除必须符合下列要求。

（1）拆除顺序和拆除要求与门式钢管脚手架相同。

（2）拆除时应采用可靠的安全措施，门架的构配件拆除后应分类捆绑，用机械吊运至地面，严禁高空抛掷。

（3）对拆除下来的构配件要进行及时的检查、维修和保养。变形的构配件应调整修理，油漆剥落处除锈后，应重新涂刷防锈漆。对底座、螺栓螺纹及螺栓孔等不易涂刷油漆的部件，在每次使用完毕后应清理污泥，并涂上黄油防锈。门架宜倒立或平放，平放时应相互对齐。剪刀撑、水平撑、栏杆等应分类捆绑堆放，其他小零件也应分类装入木箱内保管。

（4）为防止脚手架的各配件生锈，最好储存在干燥通风的库房内，条件不允许时，也可以露天堆放，但必须选择地面平坦、排水良好的地方。堆放时下面要铺设垫板，堆垛上要加盖防雨布。

8.2.4 木结构模板支撑架

木结构模板支撑架一般用于周围有墙体等结构的封闭式空间工程，必须通过构造设置剪刀撑、斜撑等以保证其整体稳定性。木结构模板支撑架搭设时不得分层，应一直到顶，以保证其具有良好的整体性。木结构模板支撑架的搭设高度宜在5m以内，不得应用于高大模板支撑架和超重现浇混凝土楼盖模板的支撑架。

1. 垫木

立柱底部的地基土应夯实，在立柱底应加设垫木，垫木的尺寸不得小于200mm×100mm×800mm。

木立柱底部与垫木之间应设置硬木对角楔调整标高，并应用钢钉将其固定在垫木上。

2. 木立柱

木立柱顶部应设支撑头；封顶立柱大头应朝上，并用双股钢丝绑扎。木立柱纵横间距不大于1.5m。

木立柱宜选用整料，当长度不足时可选用原木和方木，两端应锯成平面。原木小头直径应不小于80mm，方木边长应不小于80mm。当选用原木时，不得接长。当选用方木时，接头不宜超过一个，并应采用对接夹板接头方式。接头形式如图8-22所示，两根立柱接头处应锯平顶紧，并应采用双面夹板夹牢，夹板厚度应为木柱厚度的一半，夹板每端与木柱搭接长度不应小于250mm，宽度与方木相等。每块夹板用8根（接头处上下各4根）圆钉钉牢，圆钉长度应为夹板厚度的2倍。

木立柱在搭设时应从底到顶，不得分层。

单立柱支撑应放置在柱底垫木和梁底模板的中心，并应与底部垫木和顶部梁底模板紧密接触，且不得承受偏心荷载，可用圆钉与底模支撑梁钉牢。单排立柱时，应在单排立柱的两边每隔3m加设斜支撑，且每边不得少于2根，斜支撑与地面应呈60°夹角。

3. 扫地杆、水平拉杆

木立柱的扫地杆、水平拉杆应采用40mm×50mm木条或25mm×80mm的木板条与木立柱连接牢固。采用原木立柱时，应使用8号镀锌钢丝与立柱绑牢；采用方木立柱时，应采用不少于两根圆钉与立柱钉牢，圆钉长度应不小于杆件厚度的2倍。

在立柱底部距地面200mm高处，沿纵横水平方向应按纵下横上设扫地杆，纵横水平拉杆的步距应当不大于1.4m。

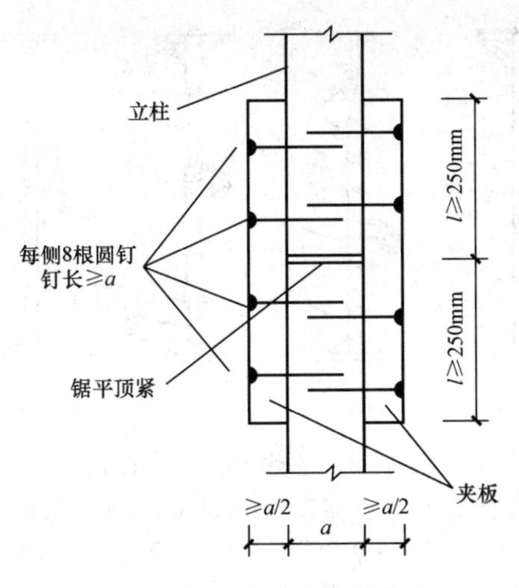

图 8-22 方木立柱接头

水平拉杆的接头应当置于立柱处。严禁使用板皮替代水平拉杆。

4. 连墙件

所有水平拉杆的端部均应与四周建筑物顶紧顶牢。无处可顶时，应在水平拉杆端部和中部沿竖向设置连墙件。

5. 剪刀撑

架体四周外排立柱必须设剪刀撑，中间每隔三排立柱沿横方向设置通长竖向剪刀撑，剪刀撑均必须从底到顶连续设置。剪刀撑应采用 40mm×50mm 木条或 25mm×80mm 的木板条与木立柱连接牢固。当采用原木立柱时，应使用 8 号镀锌钢丝与立柱绑牢；当采用方木立柱时，应采用不少于两根圆钉与立柱钉牢，圆钉长度应不小于杆件厚度的 2 倍。

当架体高于 5m 时，在四角及中间每隔 15m 处，剪刀撑斜杆的每一端部位置，加设与竖向剪刀撑同宽的水平剪刀撑。

8.3 其他模板支撑架

8.3.1 工具式立柱模板支撑架

常用的工具式钢管立柱主要由顶板、套管、插管、琵琶撑和底板等构成，主要形式如图 8-23 所示。

工具式立柱模板支撑架的型号常见的有 CH 型、YJ 型，它们的规格及钢管立柱的力学性能见表 8-4 和表 8-5。

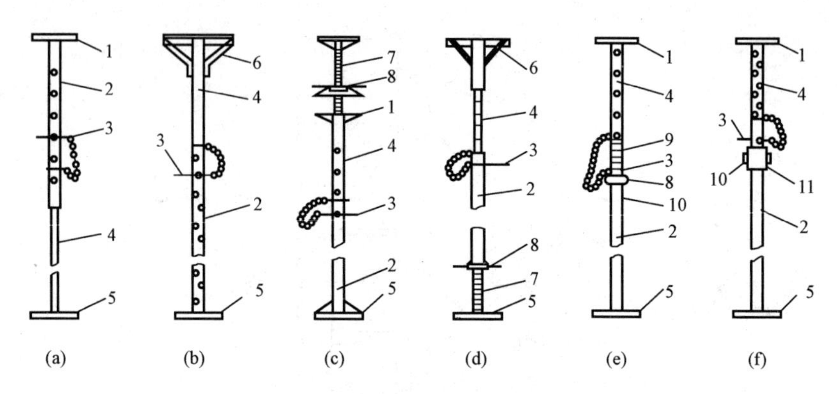

图 8-23　钢管立柱构造形式

（a）钢管立柱类型（一）；（b）钢管立柱类型（二）；（c）钢管立柱类型（三）；（d）钢管立柱类型（四）；（e）钢管立柱类型（五）；（f）钢管立柱类型（六）

1—顶板；2—套管；3—插销；4—插管；5—底板；6—琵琶撑；7—螺栓；8—转盘；9—螺管；10—手柄；11—螺旋套

表 8-4　　CH 型、YJ 型钢管支架的规格

项目＼型号		CH 型			YJ 型		
		CH-64	CH-75	CH-90	YJ-18	YJ-22	YJ-27
最小使用长度/mm		1812	2212	2712	1820	2220	2720
最大使用长度/mm		3062	3462	3962	3090	3490	3990
调节范围/mm		1250	1250	1250	1270	1270	1270
螺栓调节范围/mm		170	170	170	70	70	70
容许荷载	最小长度时/kN	20	20	20	20	20	20
	最大长度时/kN	15	15	12	15	15	12
质量/kN		0.124	0.132	0.148	0.1387	0.1499	0.1639

注　下套管长度应大于钢管总长的 1/2 以上。

表 8-5　　CH 型、YJ 型钢管立柱的力学性能

项目		直径/mm		壁厚/mm	截面面积/mm^2	惯性矩 I/mm^4	回转半径 i/mm
		外径	内径				
CH 型	插管	48.6	43.8	2.4	348	93 200	16.4
	套管	60.5	55.7	2.4	438	185 100	20.6
YJ 型	插管	48	43	2.5	357	92 800	16.1
	套管	60	55.4	2.3	417	173 800	20.4

工具式立柱模板支撑架的其他要求有：立柱不得接长使用；立柱及水平拉杆、剪刀撑等构造尺寸等可参照扣件式钢管模板支撑架施工；工具式钢管单立柱支撑的间距应符合支撑设计的规定；可调底座底板的钢板厚度不得小于6mm，螺杆与调节螺母啮合长度不得小于6扣，插入立柱内的长度不得小于300mm；底座抗压强度不应小于100kN；所有夹具、螺栓、销子和其他配件应处在闭合或拧紧的状态。

8.3.2 悬空结构模板支撑架

用于高空悬挑结构的模板支撑架，通常采用搭设桁架式支撑架形式。桁架结构所用材料应为工字钢或槽钢，辅以角钢、钢管作为构造加强措施。应在悬空跨度范围内，合理设计桁架梁的格构尺寸。桁架梁的高度宜为桁架跨度的1/6～1/4。

型钢之间的连接方式宜为螺栓连接，采用钢管的构造加强措施应用扣件连接。

斜撑杆设置的道数，应根据上部结构的荷载情况进行设计，一般为3～5道。斜撑支撑宜设置在桁架底部以下3～5个楼层范围内。斜撑杆上端在桁架顶面处的格构单元杆件间距，宜为桁架跨度的1/8～1/6。斜撑杆的底端支点应在混凝土中预留孔洞或预埋件，并设穿墙短钢管用扫地杆连成一体。

为确保桁架稳定，应沿桁架纵向的两个外侧面均匀设置满布竖向剪刀撑。桁架水平拉杆的竖向间距（步距）宜为桁架梁总高的1/4～1/3，并分别与斜撑杆扣接；竖向支撑杆的间距宜为跨度的1/16～1/12。在桁架体内部设置临时操作层的，脚手板应满铺，并绑扎固定牢固。

悬空结构模板支撑架的构造加强措施应随型钢桁架结构同步搭设，应在格构式斜撑杆搭设完成后再进行桁架梁格构的安装搭设。

多层悬挑结构模板支撑架的上下立柱应保持在同一条直线上。

8.3.3 梁式或桁架式模板支撑架

安装的梁式或桁架式模板支撑架的间距设置应与模板设计图一致。

采用伸缩式桁架时，其搭接长度不得小于500mm，上下弦连接销钉规格、数量应按设计规定，并应采用不少于2个U形卡或钢销钉销紧，2个U形卡距或销距不得小于400mm。支撑梁式或桁架式支撑架的建筑结构应具有足够强度，否则，应另设立柱支撑。

若桁架采用多榀成组排放，在下弦折角处必须加设水平撑。

第9章 高层建筑脚手架

进入20世纪90年代以后，由于高层建筑以及高耸构筑物在建设工程中所占的比重迅速扩大，对施工脚手架在安全可靠、快速和经济方面提出了更高的要求。

近年来，在高层建筑施工中普遍采用了不落地式脚手架，有悬挑式外脚手架、附着式升降脚手架、吊篮手架等。高层建筑脚手架是指使用于高层建筑施工的外脚手架，主要包括用于结构工程施工和用于装修工程施工的外脚手架。

9.1 悬挑式外脚手架

悬挑式外脚手架就是利用建筑结构外边缘向外伸出的悬挑结构来支撑外脚手架，并将脚手架的荷载全部或部分传递给建筑物的结构部分。它必须有足够的强度、刚度和稳定性。

悬挑式外脚手架通常应用在建筑施工中，有以下三种情况。

第一，地下结构工程回填土不能及时回填，而主体结构工程必须立即进行，否则将影响工期。

第二，高层建筑主体结构四周为墙裙脚手架，不能直接支撑在地面上。

第三，超高层建筑施工，脚手架搭设高度超过了架子的容许高度，因此，整个脚手架按容许搭设高度分成若干段，每段脚手架支撑在由建筑物向外悬挑的结构上。

9.1.1 类型及其构造

根据悬挑结构和支撑结构的不同，可分为挑梁式悬挑脚手架和支撑杆式悬挑脚手架两类。

1. 支撑杆式悬挑脚手架

支撑杆式悬挑脚手架的支撑结构是三角斜压杆，直接用脚手架杆件搭设。

（1）支撑杆式单排悬挑脚手架。支撑杆式单排悬挑脚手架的支撑结构有两种形式。

1）从窗口挑出横杆，斜撑杆支撑在下一层的窗台上。当无窗台时，可预先在墙上留洞或预埋支托铁件，以支撑斜撑杆，如图9-1（a）所示。

2）从同一窗口挑出横杆和伸出斜撑杆，斜撑杆的一端支撑在楼面上，如图9-1（b）所示。

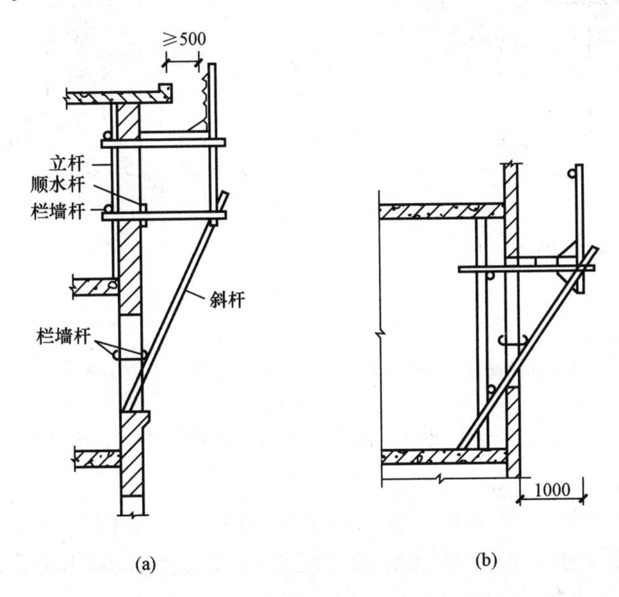

图9-1　支撑杆式单排悬挑脚手架
（a）斜撑杆支撑在下层窗台；（b）斜撑杆支撑在同层楼层

（2）支撑杆式双排悬挑脚手架。如图9-2（a）所示支撑杆式挑脚手架，其支撑结构为内、外两排立杆上加设斜撑杆。斜撑杆一般采用双钢管，而水平横杆加长后一段与预埋在建筑物结构中的铁环焊牢，这样脚手架的荷载通过斜杆和水平横杆传递到建筑物上。图9-2（b）所示悬挑脚手架的支撑结构是采用下撑上拉方法，在脚手架的内、外两排立杆上分别加设斜撑杆。斜撑杆的下端支在建筑结构的梁或楼板上，并且内排立杆的斜撑杆的支点比外排立杆斜撑杆的支点高一层楼。斜撑杆上端用双扣件与脚手架的立杆连接。此外，除了斜撑杆，还设置了拉杆，以增强脚手架的承载力。支撑杆式悬挑脚手架搭设高度一般在4层楼高，12m左右。

2. 挑梁式悬挑脚手架

挑梁式悬挑脚手架采用固定在建筑物结构上的悬挑梁（架），并以此为支座搭设脚手架，一般为双排脚手架。此种类型脚手架最多可搭设20～30m高，可

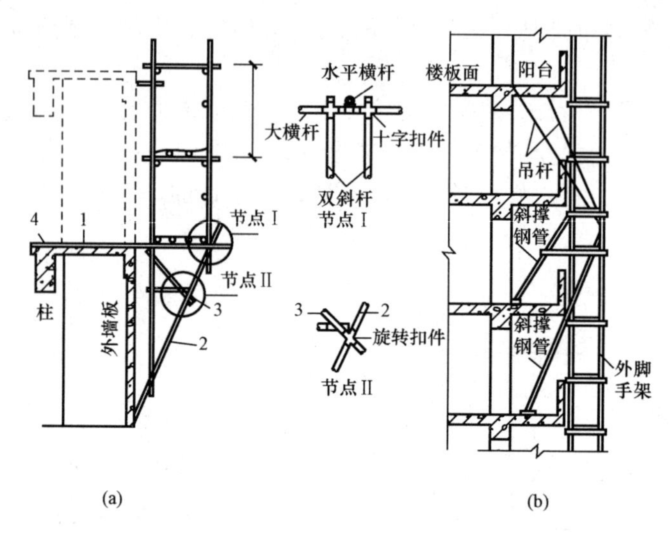

图 9-2　支撑杆式双排悬挑脚手架
(a) 下撑式；(b) 下撑上拉式
1—水平横杆；2—双斜撑杆；3—加强短杆；4—预埋铁环

同时进行 2～3 层作业，是目前较常用的脚手架形式。其支撑结构可分为以下三种。

(1) 下撑挑梁式。下撑挑梁式悬挑脚手架的支撑结构，是在主体结构上预埋型钢挑架，并在挑梁的外端加焊斜撑压杆组成挑梁。各根挑梁之间的间距不大于 6m，并用两根型钢纵梁相连，然后在纵梁上搭设扣件式钢管脚手架，如图 9-3 所示。

(2) 斜拉挑梁式。斜拉挑梁式脚手架，以型钢作挑梁，其端头用钢丝绳（或钢筋）作拉杆斜拉，如图 9-4 所示。

(3) 桁架挑梁式。挑架、斜撑压杆组成的挑梁，间距也不宜大于 9m。当挑梁的间距超过 6m 时，可用型钢制作的桁架来代替，如图 9-5 所示。

9.1.2　搭拆与检查验收

1. 搭设

(1) 准备工作。悬挑式外脚手架搭设前应根据专项施工方案准备好搭设架体的材料，按要求加工制作支撑架及其预埋件等。脚手架的预埋件，在编制专项施工方案时即已设计好位置，预埋件所用材料及其规格等应经过专门设计。应派专人在建筑结构施工时埋设预埋件，埋设位置应准确，锚固应可靠。

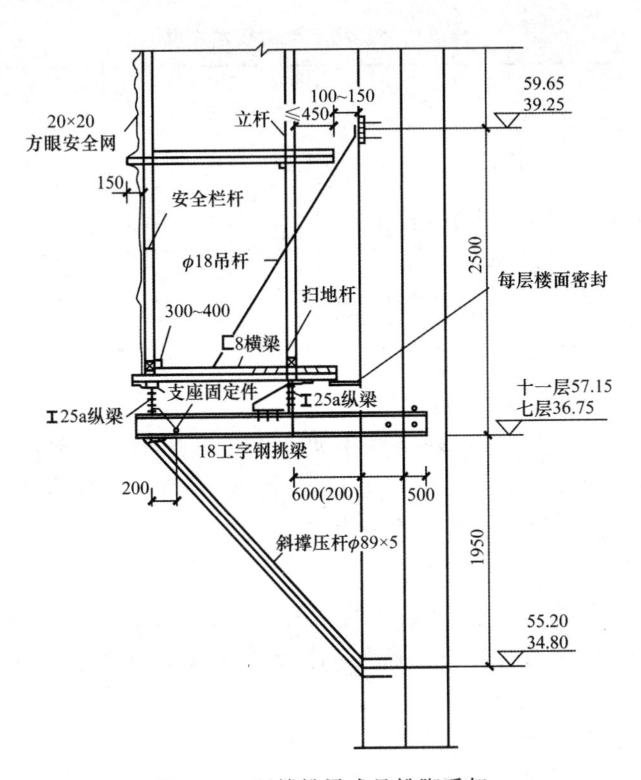

图 9-3　下撑挑梁式悬挑脚手架

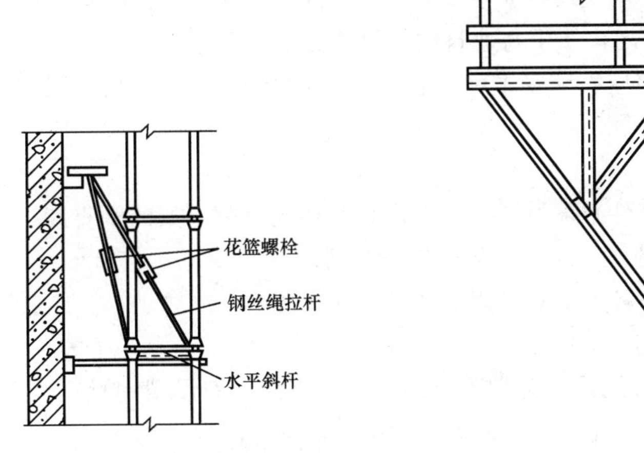

图 9-4　斜拉挑梁式悬挑脚手架　　　　图 9-5　桁架挑梁式悬挑脚手架

(2) 技术要求。悬挑式外脚手架的搭设技术要求与一般落地式扣件钢管脚手架的搭设要求基本相同。高层建筑采用分段式外挑脚手架时，脚手架的技术要求见表 9-1。

表 9-1　　分段式外挑脚手架的技术要求

允许荷载/(N/m²)	立杆最大间距/mm	纵向水平杆最大间距/mm	横向水平杆间距/mm 脚手板厚度/mm		
			30	43	50
1000	2700	1350	2000	2000	2000
2000	2400	1200	1400	1400	1750
3000	2000	1000	2000	2000	2200

(3) 支撑杆式悬挑脚手架搭设。

1) 搭设顺序。支撑杆式悬挑脚手架的搭设顺序为：水平横杆→纵向水平杆→双斜杆→内拉杆→加强短杆→外拉杆→脚手板→栏杆→安全网→上一步架的横向水平杆→连墙件→水平横杆与预埋环焊接。

2) 搭设要点。

a. 连墙件的设置。根据建筑物的轴线尺寸，在水平方向应每隔 3 跨（隔 6m）设置一个，在垂直方向应每隔 3～4m 设置一个，并要求各点互相错开，形成梅花状布置。

b. 严格控制脚手架的垂直度。脚手架的垂直度偏差为：第一段不得超过 1/400；第二段、第三段不得超过 1/200。在搭设时，要随搭随检查，发现超过允许偏差应及时纠正。

c. 脚手架中各层均应设置护栏、踢脚板和扶梯。脚手架外侧和单个架子的底面用小眼安全网封闭，架子与建筑物要保持必要的通道。

d. 脚手架的底层应满铺厚木脚手板，其上各层可满铺薄钢板冲压成的穿孔轻型脚手板。

3) 注意事项。

a. 脚手架的各杆件必须符合设计要求，严格控制脚手架的垂直度。

b. 按搭设顺序搭设，并在下面支设安全网。

c. 斜撑钢管要与脚手架立杆用双扣件连接牢固。

(4) 挑梁式悬挑脚手架搭设。

1) 搭设顺序。挑梁式悬挑脚手架的搭设顺序为：安设型钢挑梁（架）→安装斜撑压杆或斜拉绳（杆）→安设纵向钢梁→搭设上部脚手架。

2) 搭设要点。

a. 悬挑梁与墙体结构的连接，应预埋铁件或留好孔洞，不得随便打孔凿洞，破坏墙体。各支点要与建筑物中的预埋件连接牢固。挑梁、拉杆与结构的连接如图 9-6～图 9-9 所示。

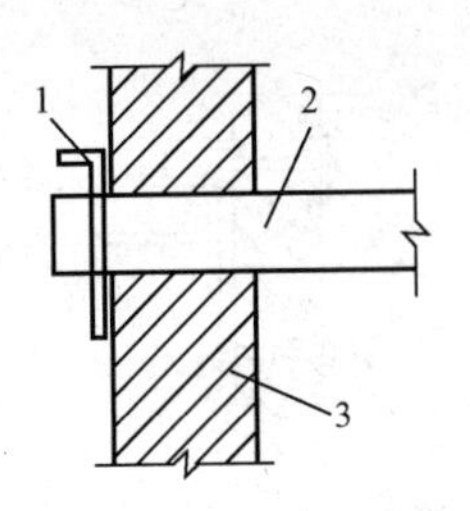

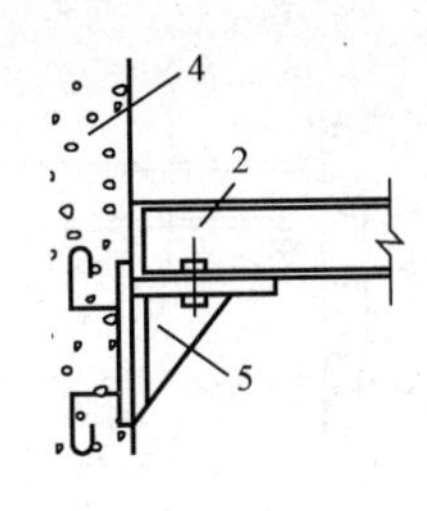

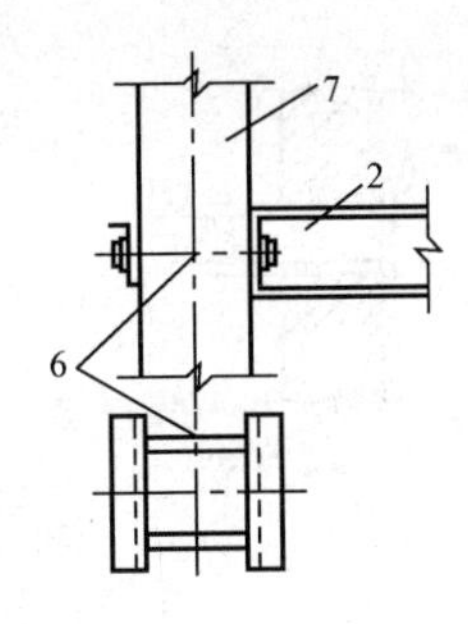

图 9-6　支撑式挑梁与结构的连接点

1—销；2—挑梁；3—墙体；4—混凝土结构；5—托件；6—螺栓；7—柱

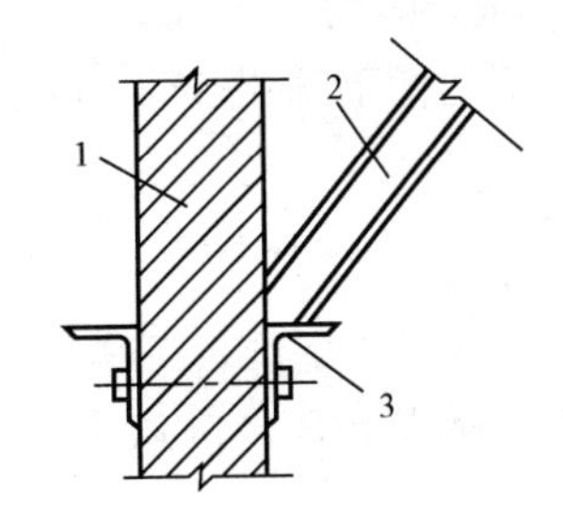

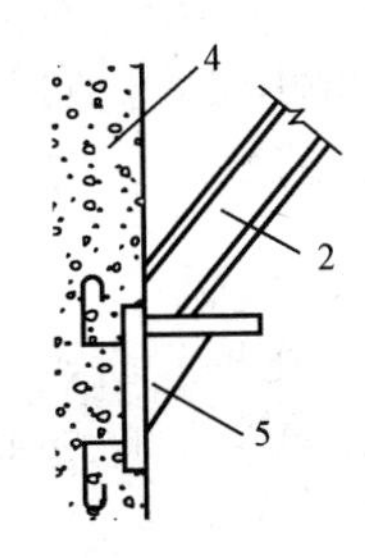

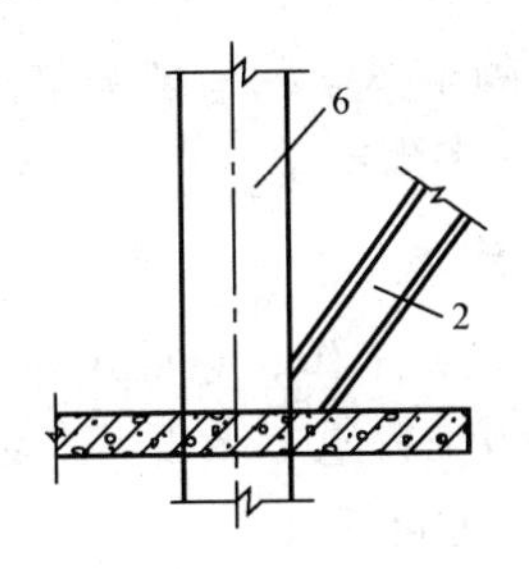

图 9-7　斜撑杆底部支点构造

1—墙体；2—斜撑；3—角钢支托；4—混凝土结构；5—托件；6—柱

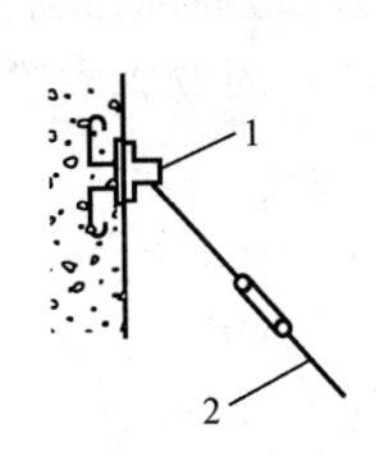

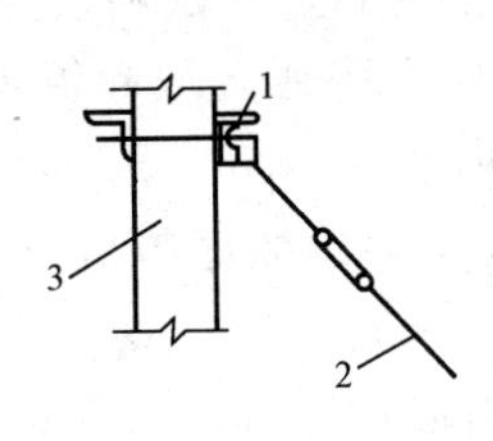

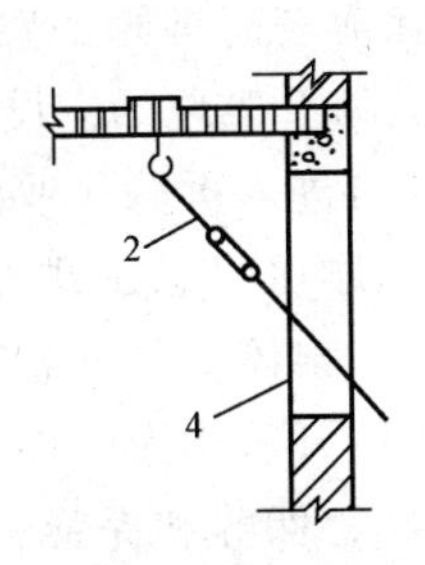

图 9-8　斜拉杆与结构的连接

1—预埋铁件；2—拉杆；3—柱子；4—窗口

b. 支撑在悬挑支承结构上的脚手架，其最低一层水平杆处应满铺脚手板，以保证脚手架底层有足够的横向水平刚度。

c. 挑梁式悬挑脚手架立杆与挑梁（或纵梁）的连接，应在挑梁（或纵梁）上焊 150～200mm 长钢管，其外径比脚手架立杆内径小 1.0～1.5mm，用接长扣件连接，同时在立杆下部设 1～2 道扫地杆，以确保架子的稳定。

3）注意事项。

a. 脚手架的材料必须符合设计要求，不得使用不合格的材料。

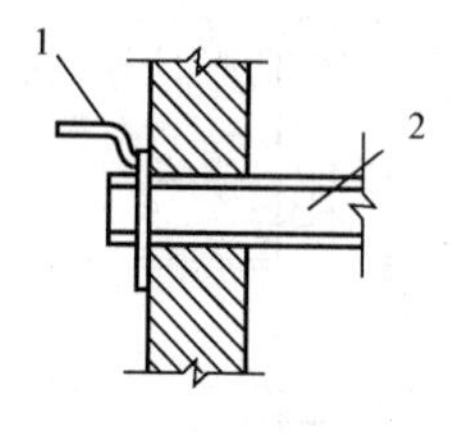

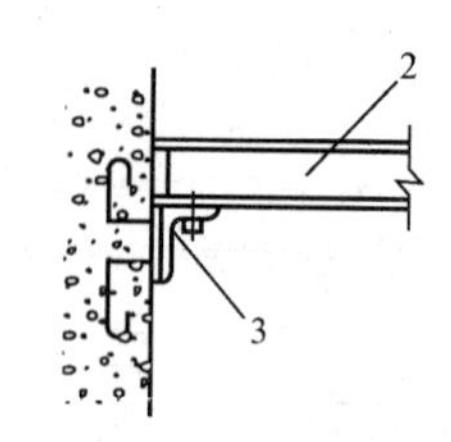

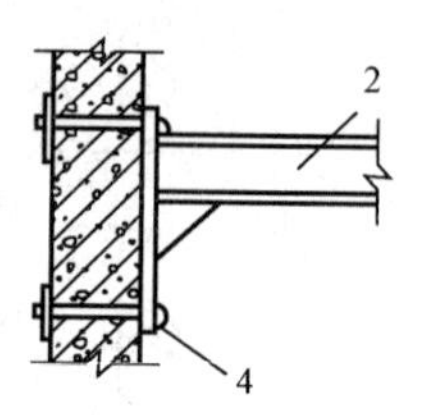

图 9-9　斜拉式挑梁与结构的连接

1—ϕ16 销；2—挑梁；3—预埋支座；4—螺栓锚固

b. 各支点要与建筑物中的预埋件连接牢固。

c. 斜拉杆（绳）应有收紧措施，以便在收紧后承担脚手架荷载。

d. 脚手架立杆与挑梁用接长扣件连接，同时在立杆下部设 1～2 道扫地杆，以确保架子的稳定。

2. 拆除

1）准备工作。悬挑式外脚手架在拆除前，必须做好以下准备工作。

a. 当工程施工完成后，必须经单位工程负责人检查验证，确认不再需要脚手架后，方可拆除。

b. 拆除脚手架应制订拆除方案，并向操作人员进行技术交底。

c. 全面检查脚手架是否安全。

d. 拆除前应清理脚手架上的材料、工具和杂物，清理地面障碍物。

e. 拆除脚手架现场应设置安全警戒区域和警告牌，并派专人看管，严禁非施工作业人员进入拆除作业区内。

2）拆除顺序。悬挑式外脚手架的顺序与搭设相反，不允许先行拆除拉杆。拆除程序为：架体拆除→悬挑支承架拆除。

拆除架体可采用人工逐层拆除，也可采用塔式起重机分段拆除。

3）整修、保养和保管。拆下的脚手架材料及构配件应及时检验、分类、整修和保养，并按品种、规格分类堆放，以便运输、保管。

3. 检查验收

脚手架分段或分部位搭设完毕后，必须按相应的钢管脚手架安全技术规范要求进行检查、验收，经检查验收合格后方可继续搭设和使用，在使用中应严格执行有关安全规程。

脚手架使用过程中要加强检查，并及时清除架子上的垃圾和剩余料，注意控制使用荷载，禁止在架子上过多地集中堆放材料。

9.2　附着式升降脚手架

建筑施工附着式升降脚手架是20世纪80年代末、90年代初在挑、吊、挂脚手架的基础上发展起来的，是适应高层建筑、特别是超高层建筑施工需要的新型脚手架。附着式升降脚手架是仅需搭设一定高度，并通过附着支撑结构附着于高层、超高层工程结构上，具有防倾覆、防坠落装置，依靠自身的升降设备和装置，随工程结构施工逐层爬升直至结构封顶，可继而为满足外墙装饰作业要求实现逐层下降的辅助施工外脚手架。它可以满足结构施工、安装施工、装修施工等施工阶段中工人在建筑物外侧进行操作时的施工工艺及安全防护需要。

9.2.1　分类与特点

1. 分类

附着式升降脚手架是指采用附着于工程结构、依靠自身提升设备实现升降的悬空脚手架。由于它具有沿工程结构爬升（降）的状态属性，因此，也可简称为“爬架”。

附着升降脚手架一般可以按架体的升降方式、附着支撑结构的形式、升降机构的类型进行分类。

（1）按架体的升降方式分类。附着升降脚手架按升降方式，可分为单跨附着升降脚手架、多跨附着升降脚手架、整体附着升降脚手架、互爬式附着升降脚手架4种。

1）单跨附着升降脚手架。单跨附着升降脚手架是指仅有两套升降机构，并可以单跨升降的附着升降脚手架，如图9-10所示。单跨附着升降脚手架通常用于无法连成整体升降脚手架的部位。若采用手拉葫芦作为升降机构，只能用单跨附着升降脚手架。

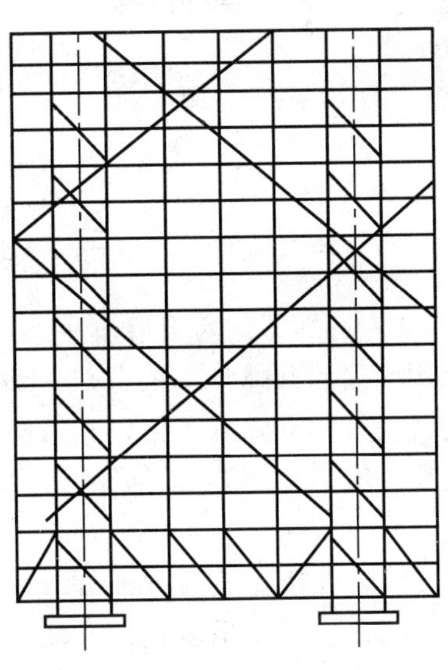

图9-10　单跨附着升降脚手架

2）多跨附着升降脚手架。多跨附着升降脚手架是指有3套以上升降机构，并可以同时升降的连跨升降脚手架。在建筑物主体结构的外墙面上下有变化，以及有分段流水施工作业时使用。

由于多跨附着升降脚手架不能形成整体结构，因此在架体升降过程中，对架体防倾覆装置的安装和使用要求较高，而且每层升降耗时过多。

3）整体附着升降脚手架。整体附着升降脚手架是指有多套升降机构，整个架体形成一个封闭的空间，并可以整体升降的多跨附着升降脚手架，如图 9 - 11 所示。整体附着升降脚手架应用于建筑物主体结构上下无变化的情况，其整体性能较好，架体向里外倾斜的可能性小，升降过程中的安全性能优于其他附着升降脚手架。由于整体附着升降脚手架在升降过程中有多套升降机构同时工作，因此，对控制升降机构的同步性能要求较高。

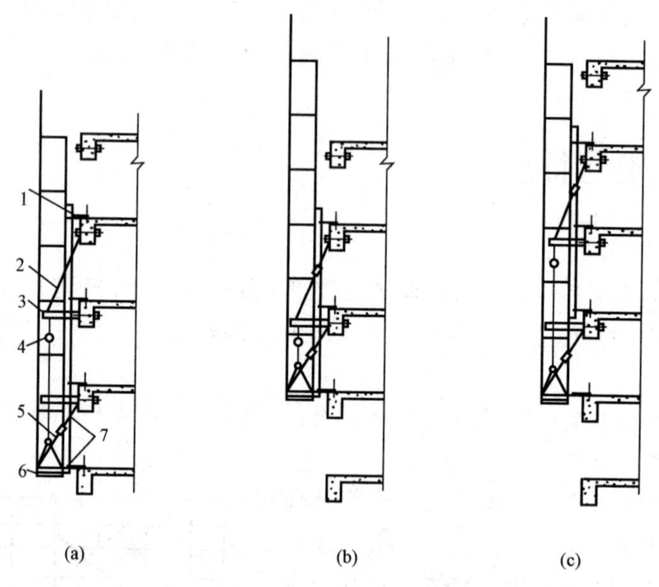

图 9 - 11　整体升降式脚手架

（a）提升前；（b）提升后；（c）固定状态

1—防倾导轨；2—上斜拉杆；3—悬挂梁；4—电动葫芦；5—下斜拉杆；6—底盘；7—松脱

4）互爬式附着升降脚手架。互爬式附着升降脚手架是指将围绕建筑物主体结构外围的升降脚手架分成一段段独立的单元架体，利用相邻架体互为支点并交替提升的升降脚手架，其结构如图 9 - 12 所示。互爬式附着升降脚手架的升降机构一般采用手拉葫芦提升，架体升降的同步性差，每层升降的操作时间比较长。

（2）按附着支撑结构的形式分类。附着升降脚手架按附着支撑结构形式，可分为吊拉式、吊轨式、导轨式、导座式、套框式、挑轨式、套轨式、锚轨式等，其中主要的附着支撑形式有吊拉式附着支撑、导轨式附着支撑和套框式附着支撑三种，其他附着支撑形式基本上是这三种形式的改型和扩展。

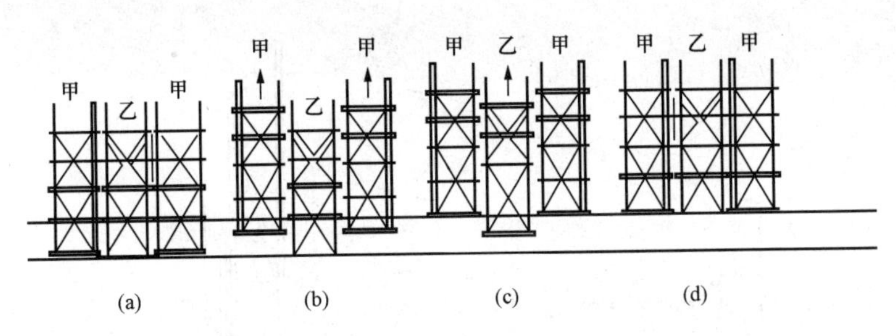

图 9-12　互爬式附着升降脚手架爬升过程

（a）第 n 层作业；（b）提升甲单元；（c）提升乙单元；（d）第 $n+1$ 层作业

1）吊拉式附着支撑。吊拉式附着支撑由上下两套附着支撑装置组成：上面一套附着支撑装置有提升挑梁（又称为悬挂梁、悬挑吊梁）、上拉杆和穿墙螺栓等部件，如图 9-13 所示。架体的升降，是利用从外墙面或边梁上悬挑伸出来的提升挑梁和上拉杆附着支撑在建筑物上，通过若干组悬挂在提升挑梁上的升降机构吊拉住架体来实现的；而架体的附着固定则利用另外一套下拉杆连接在建筑主体结构上。

架体在升降过程中，提升吊点的位置处于升降脚手架的重心是吊拉式附着支承的显著特点。这里的架体属于中心提升，升降较平稳。架体向里外倾覆的水平分力较小，防倾覆装置的受力处于较理想的状态。

2）导轨式附着支撑。导轨式附着支撑是指架体的附着固定、升降以及防坠落装置和防倾覆装置均依靠一套导轨系统来实现，如图 9-14 所示。脚手架升降时升降机构安装在架体的内侧面，升降机构与架体不发生相互运动干涉，每个机位处内侧桁架不需要断开，每步的操作面都是连续的，操作人员在架体上行走或操作比较方便。

导轨式附着支撑结构对导轨的设计、制作、附着固定和安装调整要求较高。这是因为升降机构的提升吊点设置在架体内侧，导轨式附着支撑脚手架属于偏心提升。提升工况中，架体外倾力矩较大，导轨及其固定处的竖向主框架受力状态较差，易变形后影响架体的正常升降。

3）套框式附着支撑。套框式附着支撑是指架体的附着固定和升降是通过两个能相对滑动的主框架和套框架的交替移动和固定来实现的，如图 9-15 所示。

套框式附着支撑不仅结构简单，且便于操作。其升降机构安装在架体内部，随架体一起升降，减少了移动升降机构的工作量。因此，套框架既作为架体升降的附着支撑点，又是架体升降过程中的防倾覆装置。这种结构特点决定了两个框架在相互接触和移动范围内的桁架结构在制作和安装方面的要求较高。因受到结构限制，每次架体升降一层楼高度需要多次移动框架，每层的升降时间较长。套框式附着升降脚手架主要适用于剪力墙结构的高层建筑。

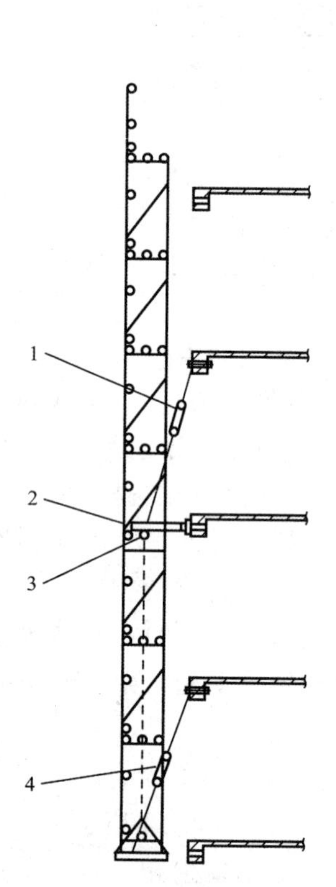

图 9-13　吊拉式附着支撑结构

1—上拉杆；2—提升挑梁；

3—升降机构；4—下拉杆

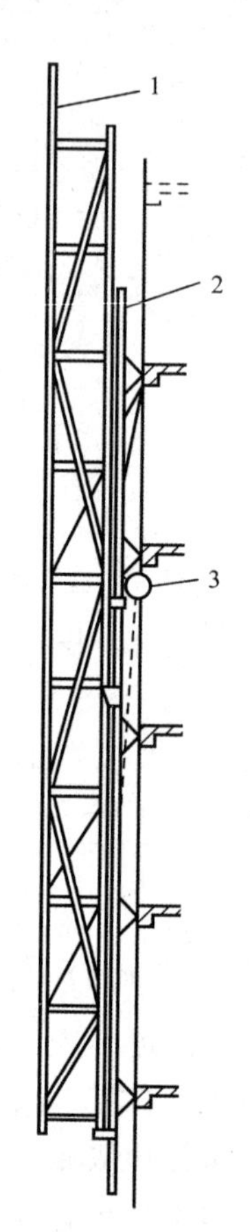

图 9-14　导轨式附着支撑结构

1—架体；2—导轨；

3—升降机构

(3) 按升降机构的类型分类。附着式升降脚手架按升降机构的类型划分共有四种，即手拉环链葫芦、电动葫芦、电动卷扬机、液压动力设备。其中，手拉环链葫芦只用于分段升降和互爬升降；电动葫芦只用于分段和整体升降；电动卷扬机方式用得较少；而液压动力设备技术仍处在不断发展之中。

1) 手拉环链葫芦。手拉环链葫芦是一种以焊接环链为挠性承重件的手动起重机具，一般采用 3～5t 的手拉环链葫芦作为架体的升降机构。因采用人工操作，当出现故障时可及时发现、排除或予以更换。由于其力学性能较差，人工操作因素影响较大，多台手拉环链葫芦同时工作时不易保持同步性，因此手拉环链葫芦不适用于多跨或整体附着升降脚手架，一般只用于单跨升降脚手架的升降施工。它具有结构简单、质量轻、易于操作、使用方便等优点。

2) 电动葫芦。电动葫芦是拆除手拉环链葫芦的手拉链轮和手拉链条等零部件，增加电动机和减速器后改装而成的电动起重机具。一般采用5～10t的电动葫芦作为架体的升降机构。电动葫芦运行平稳，制动灵敏、可靠，可实现群体使用时的电控操作，安装和使用操作方便，使用范围较广。它具有体积小、质量轻、升降速度快（一般为0.08～0.15m/min）等优点。

3）电动卷扬机。电动卷扬机因其体积和质量较大，安装和使用的位置不易布置，在附着升降脚手架中应用较少。其特点是采用钢丝绳提升，结构简单，架体每次升降的高度不受限制，升降的速度也较快。

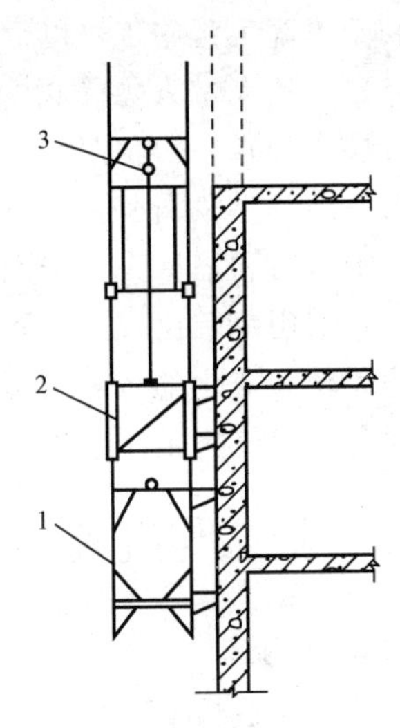

图9-15　套框式附着支撑结构
1—主框架；2—套框架；3—升降机构

4）液压动力设备。液压动力设备具有架体升降平稳，安全可靠，整体升降同步性能好的特点。但受到液压缸行程的限制，架体无法连续升降，每层升降的时间较长。因其结构复杂，安装和维护技术水平要求高，一次性投资及维修成本较高。

2. 特点

附着升降脚手架具有以下特点。

（1）专业性要求较高。附着升降脚手架是由各种类型的钢构件、附着支撑体系、升降机构、电气控制设备和安全保护系统等组成的高空作业脚手架，涉及脚手架、钢结构、机械、电气和自动控制等技术领域，是一项具有较高要求的综合型专业技术。与其他各种类型脚手架施工相比，无论是附着升降脚手架的安装、拆除和施工管理，还是从事附着升降脚手架施工作业人员的业务素质，其专业性要求都很高。

（2）有利于安全施工。附着升降脚手架在地面或裙楼顶部一次性搭设安装成型后，整个升降施工中不需要增加脚手架材料，避免了高空多次搭、拆脚手架体带来的不安全因素；而且，整体搭设的附着升降脚手架在建筑物外围形成封闭的脚手架体，可有效防止高空坠物。

（3）可实现自动升降。附着升降脚手架架体附着支撑在建筑结构上，依靠自身的升降设备，可随着建筑物主体结构的施工逐层爬升，并能实现下降施工作业，在建筑施工中起到提供操作平台和安全防护的作用。

（4）可提高施工工效。附着升降脚手架围绕建筑主体结构外围搭设，可以整体进行升降，也可以分段分片升降，升降一层以及就位固定所用的时间一般仅需2～3h，而搭拆一层外脚手架至少需要一天时间。因此，使用附着升降脚手架有利于提高工程施工进度。

(5) 节约大量人力、物力。附着升降脚手架仅需搭设一定高度（一般为四层半楼层高度），就可以满足整个建筑物主体结构施工和外墙面装饰施工的需要。与其他类型的外脚手架相比，附着升降脚手架可节约大量的钢管、扣件、安全防护材料和搭拆人工费用。

(6) 适用范围比较广。附着升降脚手架一般适用于主体结构 20 层以上，外形结构无较大变化的各种类型高层建筑，包括建筑物平面呈矩形、曲线形或多边形的各类建筑物主体结构施工。

9.2.2 构造与组成

1. 基本构造

附着式升降脚手架是由竖向主框架、水平支撑桁架、架体构架、附着支撑结构、防倾、防坠装置组成的定型化的脚手架，附着在建筑物上，利用升降设备自行升降。基本构造分为架体结构、附着支撑体系、提升机构和设备、安全装置和控制系统五大部分。

(1) 架体结构。架体结构是附着升降脚手架的主体，具有足够的强度和适当的刚度，可承担架体的自重、施工荷载和风荷载。架体结构沿建筑物施工层外围形成一个封闭的空间，并通过设置有效的安全防护，可确保架体上操作人员的安全，防止高空坠物伤人事故的发生。架体上有适当的操作平台提供给施工人员用于操作和防护。

(2) 附着支撑体系。附着升降脚手架在升降工况或在固定使用工况下，均悬挂在建筑物外围，附着支撑体系的作用是使架体在任何工况下都能可靠地附着在建筑物结构上，并将架体的自重荷载和施工荷载直接传至建筑结构。附着支撑体系与竖向主框架连接，也是防倾覆装置、防坠落装置等等保护装置和升降机构的安装之处，是附着升降脚手架中最重要的组成部分。

附着升降脚手架是一种移动式脚手架，它既能在固定状态下给建筑结构施工提供作业平台和安全围护，又能随着建筑结构的施工上下移动（升降），因此，各种类型的附着升降脚手架均有两套附着支撑体系：一套在架体固定状态下使用；另一套在架体提升状态下使用。两套附着支撑体系均能独立撑受架体的荷载。两套附着支撑体系交替固定、轮流承载，通过升降机构实现附着升降脚手架固定使用和升降使用两种工况的需要。

附着支撑体系能够适应各种不同的建筑主体结构类型，并具有对允许范围内施工误差的调整功能，以避免架体结构与附着支撑体系出现过大的安装应力和变形。

附着支撑是附着升降脚手架的主要承载传力装置。它的形式主要有挑梁式、拉杆式、导轨式、导座（或支座、锚固件）和套框（管）5种，并可根据需要组合使用。

为了确保脚手架架体在升降时处于稳定状态，附着支撑设置要求达到以下两项要求。

1）架体在使用、上升或下降状态下，与工程结构之间必须有不少于两处的附着支撑点。

2）必须设置防倾装置。即在采用非导轨或非导座附着方式（其导轨或导座既起支撑和导向作用，又起防倾作用）时，必须另外附设防倾导杆。而挑梁式和吊拉式附着支撑构造，在加设防倾导轨后就变成挑轨式和吊轨式。

（3）升降机构。提升机构和设备应确保处于完好状况、工作可靠、动作稳定。附着升降脚手架的提升机构取决于提升设备，共有吊升、顶升和爬升三种。

1）吊升。在挑梁架（或导轨、导座、套管架等）挂置电动葫芦或手动葫芦。以链条或拉杆吊着（竖向或斜向）架体，实际沿导轨滑动的吊升。提升设备为小型卷扬机时，则采用钢丝绳、经导向滑轮实现对架体的吊升。

2）顶升。这种方式通过液压缸活塞杆的伸长，使导轨上升并带动架体上升。

3）爬升。这种方式由上下爬升箱带着架体沿导轨自动向上爬升。

（4）安全装置和控制系统。附着升降脚手架应具有安全可靠的防倾覆装置、防坠落装置和架体同步升降及荷载监控系统等安全保护装置。

1）防倾覆装置。防倾覆装置由防倾覆导轨和导向框架组成。防倾覆装置的作用是防止架体在升降和使用过程中发生倾覆，并控制架体与建筑物外墙面之间的距离保持不变。

2）防坠落装置。防坠落装置是附着升降脚手架在升降或使用过程中发生意外坠落时的制动装置。防坠落装置安装在悬挂梁上，其防坠吊杆从安全锁钳口中穿过。当架体与电动葫芦脱离时，安全锁能在架体下坠30～50mm左右内使夹钳迅速夹住吊杆，让架体不能下坠。

3）架体同步升降机构和荷载监控装置。由于整体升降脚手架是一个巨大的桁架结构，架体刚度大，各机位间很小的升降差对各个机位的荷载影响很大。架体升降中，各台提升机构的荷载和提升速度不可能完全一致，这样必定会造成整体结构的微小变形，从而引起其内部应力的重新分布，随着各机位升降差的增大，架体结构附加应力增加很快，当这些附加应力超过脚手架杆件材料的承载极限时，就会造成架体结构的破坏、坠落，引发安全事故。为了避免上述情况的发生，要求脚手架在升降过程中，各机位升降高度差应控制在一定范围内。同时，由于整体升降式脚手架覆盖面积大，架体升降过程中很可能碰到外墙突出部分或其他障碍物，造成该部位架体荷载不断增加，若不加控制将导致架体严重变形，甚至造成事故。通过架体同步升降机构和荷载监控装置，可以及时发现这两种情况并加以控制，确保升降和使用安全。

2. 架体结构的主要组成

附着升降脚手架的架体结构由竖向主框架、架体水平支撑桁架和架体构架三部分组成，如图 9-16 所示。

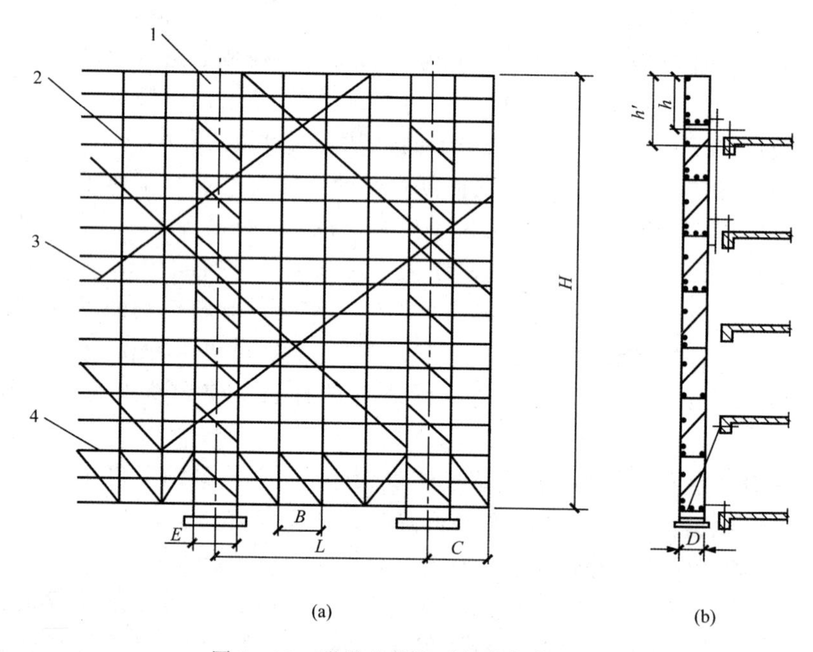

图 9-16　附着升降脚手架的架体结构

（a）外立面；（b）侧立面

1—竖向主框架；2—架体构架；3—剪刀撑；4—水平梁架；

H—架体高度；*L*—水平支撑跨度；*D*—架体宽度；*B*—立杆纵距；

E—竖向主框架宽度；*h*—开路工况架体悬臂高度；*h'*—使用工况架体悬臂高度；*C*—架体悬挑长度

（1）竖向主框架。竖向主框架又称为“架体主框架”或“主框架”，是指在附着支撑体系处，沿架体全高设置了定型加强的框架结构，是附着升降脚手架架体结构的主要传力构件。附着式升降脚手架必须在附着支撑结构部位设置与架体高度相等的与墙面垂直的定型的竖向主框架，竖向主框架应采用焊接或螺栓连接的桁架并能与其他杆件、构件共同构成有足够强度支撑刚度的空间几何不变体系的稳定结构。同时，还必须与架体水平支撑桁架和架体构架连成一整体，承担架体结构的竖向和水平荷载，并通过附着支撑体系将荷载传递到建筑物主体结构上。

竖向主框架一般采用 ϕ48mm×3.5mm 的电焊钢管制作，主要考虑到架体构架搭设时的连接问题。竖向主框架垂直于建筑物的外立面，不得使用钢管、扣件或碗扣架等脚手架杆件进行组装。

竖向主框架可采用整体结构或分段对接式结构。结构形式应为桁架或门型刚架式两类。各杆件的轴线应汇交于节点处，并应采用螺栓或焊接连接，如不交汇于一点，必须进行附加弯矩验算。中心吊时，在吊装横梁行程范围内竖向主框架内侧水平杆去掉部分的断面，必须采取可靠的加固措施。

竖向主框架有片式框架结构、格构式框架结构和导轨组合式框架结构等多种结构形式。

1）片式框架结构。片式框架结构是垂直于墙面的片状桁架结构，其构造形式分为分片组装型、整体结构型和专用框架型，如图 9 - 17 所示。

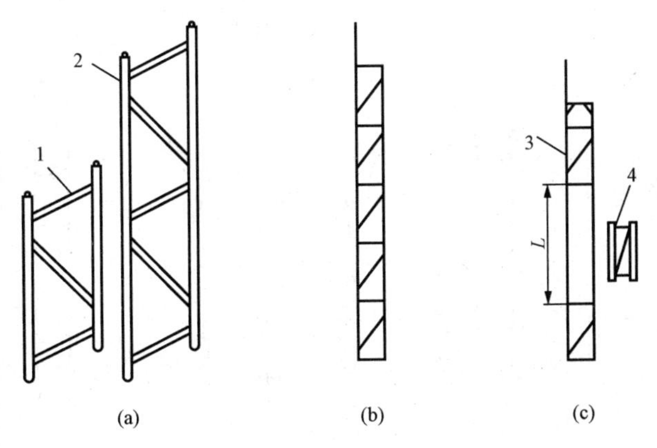

图 9 - 17　片式竖向主框架结构

（a）分片组装型；（b）整体结构型；（c）专用框架型

1—单步片式框架结构；2—双步片式框架结构；3—主框架；4—套框架

a. 分片组装型片式框架结构。分片组装型片式框架结构的宽度为架体宽度，高度一般有单步和双步两种，如图 9 - 17（a）所示，片与片之间的接头由螺栓、销和法兰盘连接。分片组装型结构制作和运输较为方便，可以按架体需要搭设的高度进行组合安装，且单件重量较轻，安装时不需要塔机等辅助设备配合，拆装比整体结构型容易且安全。但互换性要求较高。

b. 整体结构型片式框架结构。整体结构型片式框架结构的高度就是架体的高度，如图 9 - 17（b）所示。搭设时一次安装到位，拆装快捷，无接头连接件，整体刚度较好；因其结构尺寸较大（长度均在 12m 以上），运输困难，一般采取在现场制作，拆装需要塔机等起重设备的配合。

c. 专用框架型片式框架结构。专用框架型片式框架结构是整体结构型片式框架结构的一种形式，主要适用于套框式附着升降脚手架，如图 9 - 17（c）所示。套框架的主杆一般采用 ϕ60mm×3mm 或 ϕ60mm×4mm 的无缝钢管，可套在主框架上滑行。套框架在主框架上的移动范围 L 内必须是无接头的整体结构，而且在该移动范围 L 内不能设置横杆或斜杆，因而这部分框架结构容易变形。所以，专用框架型片式框架结构的设计和制作要求较高。

2）格构式框架结构。格构式框架结构是一种空间桁架结构，如图 9-18 所示。

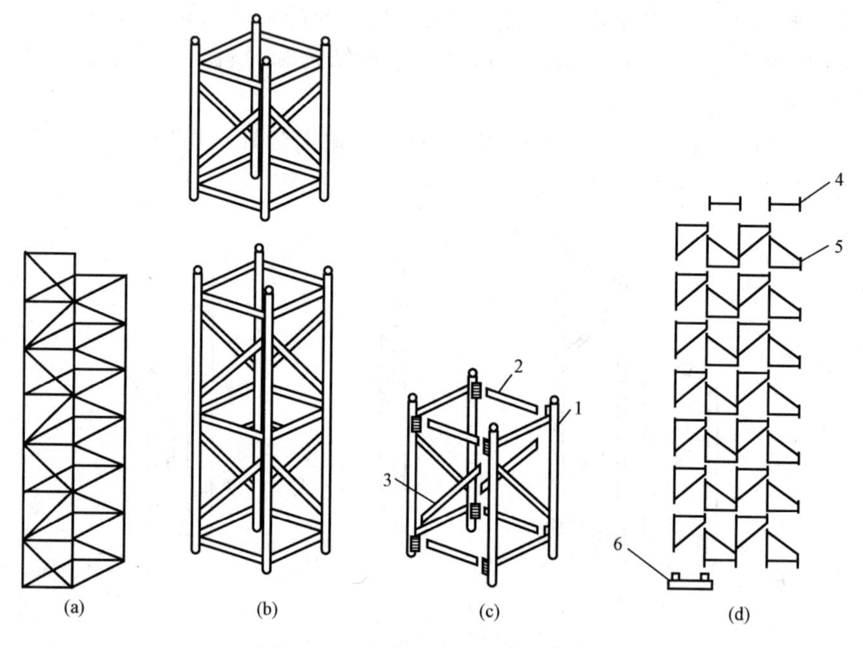

图 9-18 格构式竖向主框架结构

（a）整体型；（b）分段组装型；（c）分片组装型；（d）工具式框架结构展开图

1—立片；2—横向连接杆；3—斜向连接杆；4—顶架；5—三角桁架片；6—底架

和片式框架结构类似，格构式框架结构也分为整体型和组装型。其中，组装型格构式框架在附着升降脚手架中使用较为广泛，又可分为分段组装型和分片组装型两种类型。

a. 整体型格构式框架结构。整体型格构式框架结构的刚度较大，能一次安装到位。但其体积较大，制作、运输困难，所以使用范围较小，如图 9-18（a）所示。

b. 分段组装型框架结构。分段组装型框架结构的高度一般为架体单步高（1.8～1.9m）或双步高（3.6～3.8m），接头采用销或法兰盘与螺栓连接，如图 9-18（b）所示；其刚度较大，制作、运输不易变形，但堆放和运输占用空间较大，装拆需要塔机配合。

c. 分片组装型框架结构。分片组装型框架结构是将垂直于墙面的两个平面桁架片，通过横向连接杆、斜向连接杆以及螺栓或销，连接成格构式空间桁架结构，如图 9-18（c）所示。它的高度一般为两步高度，宽度是架体的宽度，桁架片和连接杆制作、运输较方便，拆装简便。

d. 工具式框架结构。工具式框架结构属于分片组装型框架结构，是将工具式脚手架推广应用于附着升降脚手架竖向主框架的一种新型结构，采用片式三角形桁架结构组装而成，如图 9-18（d）所示。三角桁架片的主肢杆和横杆均采用 ϕ48mm×3.5mm 脚手架钢管，斜杆采用 ϕ32mm×2mm 电焊钢管，焊接后连接强度高、结构合理，无任何多余的杆件。三角桁架片两边的长、短杆总长为一步架体高度，将相同的三角桁架片正、反交叉安装，就形成了格构式框架结构。三角桁架片制作简单，可大量标准化生产，互换性好。接头处焊有套管，通过销连接，单件质量轻，拆装简便、安全。

与片式框架结构相比，平行于墙面或垂直于墙面两个方向的格构式框架结构的架体刚度较高，大大提高了架体的承载能力。

3）导轨组合式框架结构。导轨组合式框架结构主要用于导轨式附着升降脚手架，其结构形式主要有单肢柱导轨组合框架、双肢柱导轨组合框架和 T 型导轨组合框架三种，如图 9-19 所示。

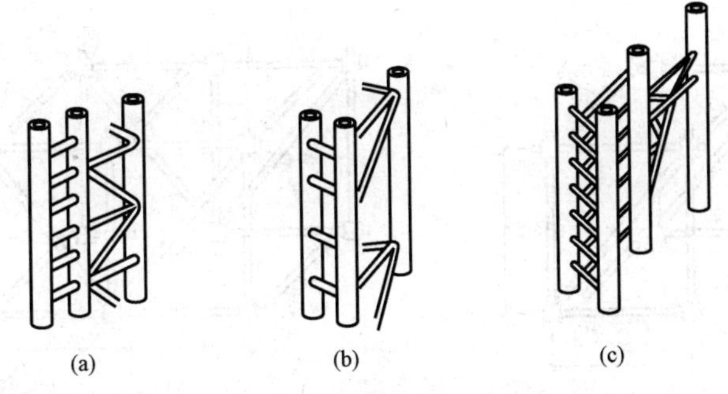

图 9-19　导轨组合式竖向主框架结构

（a）单肢柱导轨组合框架；（b）双肢柱导轨组合框架；（c）T 型导轨组合框架

以上三种框架结构中的导轨均固定于竖向主框架结构之上，成为主框架的边肢杆件。导轨组合式框架结构也有片式框架结构和格构式框架结构两种，使用较多的为分片组装型片式框架结构。各种形式的适用范围主要根据导轨式附着升降脚手架的附着形式和防倾斜导轨支座的结构形式来确定。

（2）架体水平梁架。架体水平梁架又称为“架底桁架”“架底框架”“支撑框架”或“水平支撑桁架”，是位于竖向主框架之间，用于构造附着升降脚手架架体的定型梁式桁架结构。架体水平梁架主要承接架体的自重和施工荷载，并将上述竖向荷载传递至竖向主框架和附着支撑结构。在竖向主框架的底部都应设置水平梁架，水平梁架的两端与主框架的连接，可采用杆件轴线交汇于一点且能活动的铰接点；或将水平梁架放在竖向主框架的底端的桁架框中。梁架上、下弦应采用整根通长杆件，或在跨中设一个拼接的刚性接头。梁架斜腹杆宜沿受拉方向布置，腹杆上、下弦连接应采用焊接或螺栓连接。内外两片水平桁架的上弦和下弦之间应设置水平连接杆件，各节点也必须是焊接或螺栓连接。架体构架的立杆底端必须放置在上弦节点各轴线的交汇处。

架体水平梁架一般采用焊接或螺栓、销连接的形式，并能与其余架体连成一体，不允许用钢管、扣件搭设。水平梁架最底层应设置脚手板，与建筑物墙面之间也应设置脚手板全封闭。在脚手板的下面应用安全网兜底。当水平梁架不能连续设置时，局部可采用脚手架杆件进行连接，但其长度不得大于 2.0m。并且必须采取加强措施，确保其强度和刚度不得低于原有的桁架。

架体水平梁架按其构造形式，分为片式水平梁架结构、格构式水平梁架结构和组合式水平梁架结构；按其设置位置，分为下置式架体水平梁架和上置式架体水平梁架。

1）片式水平梁架结构。片式水平梁架结构有单跨和多跨两种，其结构形式如图 9-20 所示。

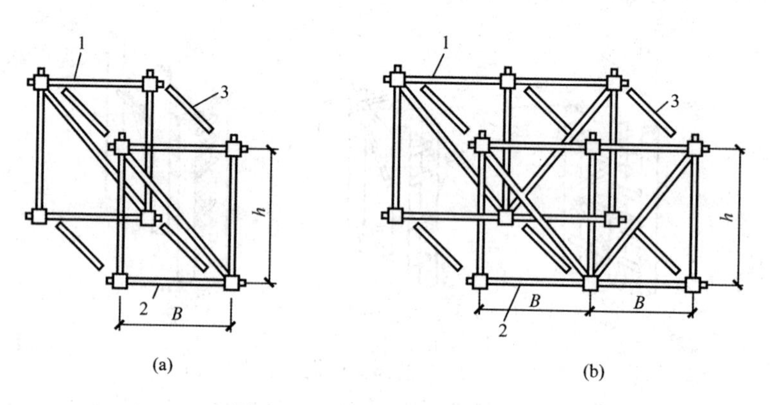

图 9-20　片式水平梁架结构
（a）单跨；（b）多跨
1—上弦杆；2—下弦杆；3—横向连杆

图中的跨度 B 是架体构架中的立杆纵距，一般为 1.5～1.8m；h 是水平梁架的步高，一般为 1.8～1.9m；h 下弦杆采用各种型钢或脚手架钢管焊接而成，里外两榀片式桁架通过横向连杆连接成格构式框架。各片之间的连接以及与架体竖向主框架的连接采用法兰盘或销、螺栓连接。桁架立杆的上端焊有连接管，与架体构架相连接。片式水平梁架结构的长度一般有多种规格，有的在片与片之间采用可调节的纵向连接杆，这样就可以组装成不同的架体支撑跨度，以满足不同建筑结构施工的需要。片式水平梁架结构制作、运输和存放较为方便，安装时不需要起重设备的配合。

2）格构式水平梁架结构。格构式水平梁架结构也有单跨和多跨两种，其结构形式如图 9-21 所示，各段连接接头一般仍采用法兰盘或销、螺栓连接。格构式水平梁架结构的整体刚度较大，运输、存放不易变形，但制作难度较大，单件较重，拆装时需要起重设备的配合。

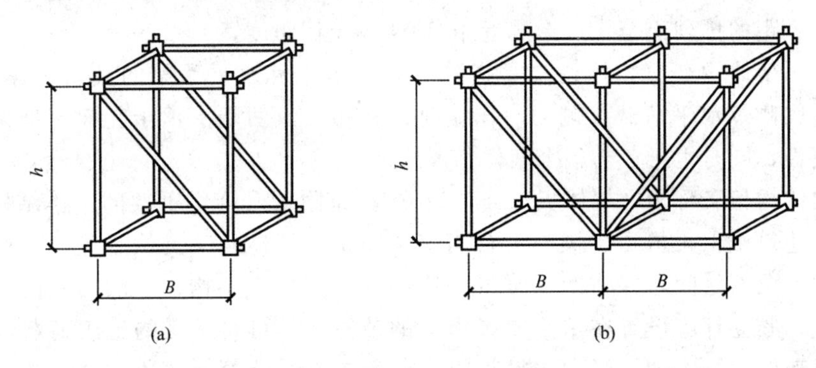

图 9-21　格构式水平梁架结构

（a）单跨；（b）多跨

3）组合式水平梁架结构。组合式水平梁架结构是由立杆、横向水平杆、纵向水平杆、斜杆、耳板接头、连接套管及连接件等零部件组成，如图 9-22 所示。

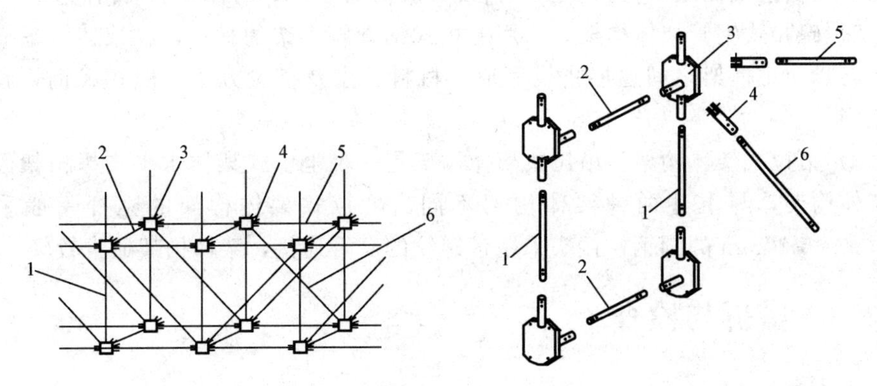

图 9-22　组合式水平梁架结构

1—立杆；2—横向水平杆；3—耳板接头；4—连接套管；5—纵向水平杆；6—斜杆

立杆、横向水平杆、纵向水平杆和斜杆均采用 ϕ8mm×3.5mm 脚手架钢管制作，两端各有两个孔。耳板接头有上接头和下接头两种，由钢板与连接管拼焊而成。耳板接头的左右方向上有孔，用螺栓通过连接套管与纵向水平杆及斜杆连接。连接套管有横套管和斜套管两种，均采用 ϕ60mm×5mm 无缝钢管制作。一端开有长槽和孔，长槽卡入耳板接头后，可绕连接螺栓旋转一个角度。当立杆纵距变化时，斜杆的安装角度可作相应调整；另一端有四个连接孔（纵向水平杆和斜杆安装只需要两个连接孔），纵向水平杆和斜杆在连接套管内每移动一个孔，立杆纵距就增加（或减少）一段距离。通过不同孔位的安装，可以组成五种立杆纵距（1.30m、1.35m、1.40m、1.45m、1.50m），再通过各种不同立杆纵距的排列组合，可形成近 40 种架体支撑跨度。

（3）架体构架。架体构架是指除竖向主框架和水平梁架的其余架体部分。在承受风侧等水平荷载（侧力）作用时，它相当于两端支承于竖向主框架之上的一块板，同时也避免与整个架体相混淆。

架体构架又称为“架体板”或“架体”，是附着升降脚手架的主体结构，主要是为建筑施工人员提供操作平台与安全防护。架体构架是位于竖向主框架和架体水平梁架之间，并与两部分可靠连接的空间桁架结构，一般用纵向水平杆相连接，其立杆应设置在水平支撑桁架的节点上，可将承受的施工荷载和风荷载通过架体水平梁架、竖向主框架以及附着支撑传递至建筑物主体结构。架体构架的搭设要求与普通外脚手架相同。

按照架体构架所用材料分类，架体构架主要有扣件式钢管架体构架、碗扣式钢管架体构架和吊拉式架体构架。

1）扣件式钢管架体构架。采用扣件式钢管脚手架的材料，在架体水平支撑桁架上逐层搭设而成，材料要求及搭设方法均与扣件式钢管脚手架相同。

2）碗扣式钢管架体构架。采用碗扣式钢管脚手架的材料，在架体水平支撑桁架与竖向主框架之间逐层搭设而成，材料要求及搭设方法与碗扣式钢管脚手架相同。

3）吊拉式架体构架。吊拉式架体构架是一种上置式架体水平支撑桁架配套的架体构架，与上述两种架体构架不同，吊拉式架体构架的立杆一般采用 ϕ16mm～ϕ20mm 的圆钢，接头采用带螺纹的套管连接，架体构架通常较轻。

9.2.3 搭拆与检查

1. 搭设

（1）搭设准备工作。附着升降脚手架搭设前应做好以下准备工作。

1）按设计要求备齐设备、构件、材料，在现场分类堆放，所需材料必须符合质量标准。

2）组织操作人员学习有关技术、安全规程，熟悉设计图样和各种设备的性能，掌握技术要领和工作原理，对施工人员进行技术交底和安全交底。

3）电动葫芦必须逐台检验，按机位编号，电控柜和电动葫芦应按要求全部接通电源进行系统检查。

4）清除搭设场地杂物，检查安装平台的平整度和牢固程度，确保架梯的搭设安全。

（2）搭设顺序。附着升降脚手架的搭设顺序为：安装承重底盘→搭设水平承力框架→竖向框架→横向水平杆→交圈安装承重桁架的纵向水平杆→搁栅与扶手→张拉安全网→搭设剪刀撑→安装滑轮→安装防倾覆导轨和导向框架→搭设出料平台及电梯位置脚手架开口处→架体检查。

（3）搭设要点。

1）安装承重底盘。按施工图所示位置用穿墙螺栓将承重底盘与建筑物连接并调平，使承重底盘在同一水平面上。底盘在平面内的定位误差控制在±50mm，承重底盘表面标高误差不得超过±20mm。底部架搭设后，对架子应进行检查、调整。

2）安装架体结构。以底部架为基础，配合工程施工进度搭设上部脚手架。与导轨位置相对应的水平承力框架内沿全高设置横向斜杆，在脚手架外侧沿全高设置剪刀撑，在脚手架内侧安装爬升机械的两立杆之间设置横向斜撑。然后，安装搁栅与扶手，铺设脚手板，张拉安全网。依此顺序搭设其余各步脚手架。搭设剪刀撑。

3）安装导轮组、导轨。先根据设计位置装导轮，再将第一根导轨插入导轮和提升滑轮组件的导轮中间，如图9-23和图9-24所示。导轨底部低于支架1.5m左右，注意使每根导轨上相同的数字处于同一水平面上。

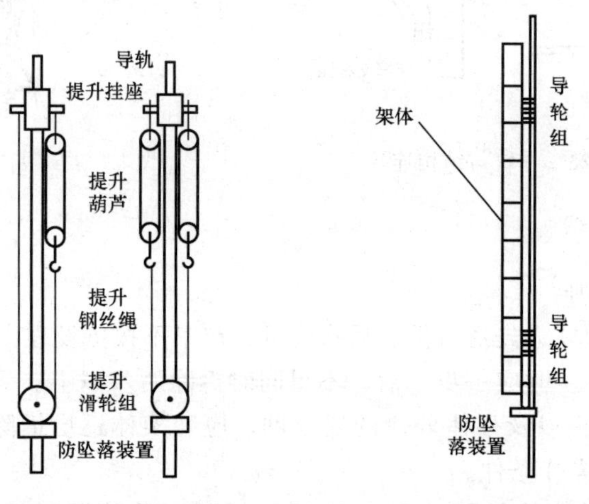

图9-23 提升机构　　图9-24 导轨与架体连接

在建筑物结构上安装连墙挂板、连墙支杆、连墙支座杆，再将导轨与连墙支座连接。如图 9-25 所示。

当脚手架（支撑架）搭设到两层楼高时即可安装导轨，导轨底部（下端）应低于支架 1.5m 左右，每根导轨上相同的数字应处于同一水平面上。两根连墙杆之间的夹角宜控制在 45°～150°内，用调整连墙杆的长短来调整导轨的垂直度，偏差控制在 $H/400$ 以内。

4）安装提升挂座与提升葫芦。在上部导轮下的导轨上安装提升挂座。然后，将提升葫芦挂在提升挂座上。若用两个葫芦则每侧挂一个，挂钩挂在绕过提升滑轮组的钢丝绳上；若用一个提升葫芦，则另一侧挂钢丝绳，钢丝绳绕过提升滑轮组以后挂在提升葫芦挂钩上。

5）安装斜拉钢丝绳与限位锁。

a. 安装斜拉钢丝绳。钢丝绳下端固定在支撑架立杆的下碗扣底部，上部用在花篮螺栓柱在连墙挂板上，挂好后将钢丝绳拉紧。

b. 安装限位锁。限位锁固定在导轨上，并在支撑架立杆的主节点下的碗扣底部安装限位锁，如图 9-26 所示。

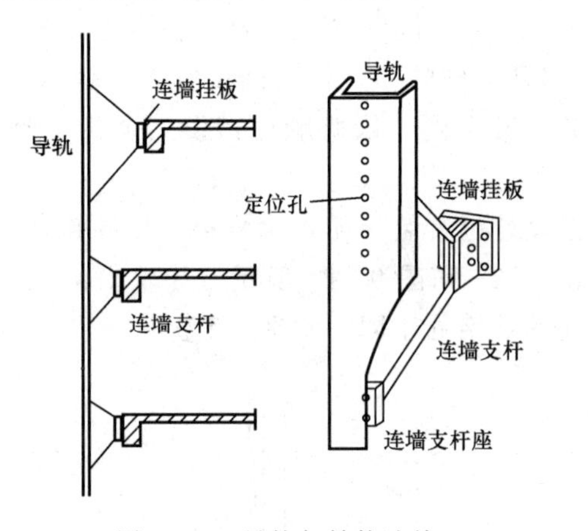

图 9-25　导轨与结构连接

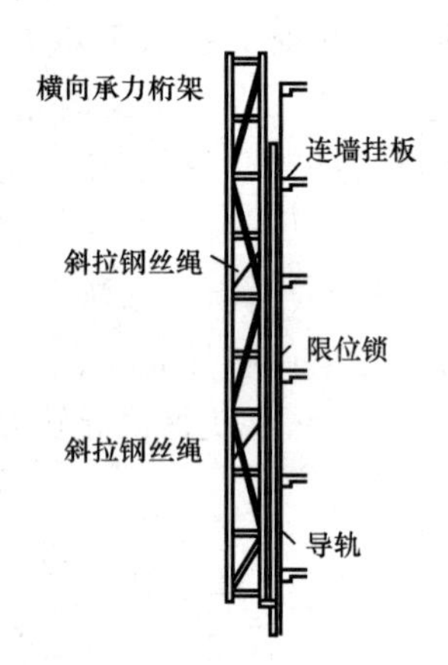

图 9-26　限位锁设置

2. 拆除

（1）拆除的原则。

1）架体拆除顺序为先搭后拆、后搭先拆，严禁不按搭设程序拆除架体。

2）拆除架体各步时应一步一清，不得同时拆除两步以上。每步上铺设的竹笆脚手板或木脚手板以及架体外侧的安全网，应随架体逐层拆除，使操作人员有一个相对安全的操作条件。

3）架体上的附墙拉结杆应随架体逐层拆除，严禁同时拆除多层附墙拉结杆。

4）拆架使用的工具应用尼龙绳系在安全带的腰带上，防止工具高空坠落。

5）各杆件或零部件拆除时，应用绳索捆扎牢固，缓慢放至地面、裙楼顶或楼面，不得抛掷脚手架上的各种材料及工具。

6）拆下的结构件和杆件应分类堆放，并及时运出施工现场，集中清理保养，以备重复使用。

（2）准备工作。附着升降脚手架拆除作业的危险性往往大于安装搭设作业，因此，在拆除工作开始前，必须充分做好以下准备工作。

1）制订方案。根据施工组织设计和附着升降脚手架专项施工方案，并结合拆除现场的实际情况，有针对性地编制脚手架拆除方案，对人员组织、拆除步骤、安全技术措施提出详细要求。拆除方案必须经脚手架施工单位安全、技术主管部门审批后方可实施。

2）方案交底。方案审批后，由施工单位技术负责人和脚手架项目负责人，对操作人员进行拆除工作的安全技术交底。

3）人员组织。施工单位应组织足够的操作人员参加架体拆除工作。一般拆除附着升降脚手架需要6～8人配合操作，其中应有1名负责人指挥并监督检查安全操作规程的执行情况，架体上至少安排5～6人拆除，1人负责拆除区域的安全警戒。

4）清理现场。拆除工作开始前，应清理架体上堆放的材料、工具和杂物，清理拆除现场周围的障碍物。

（3）拆除要点。

1）附着升降脚手架的拆除工作，必须按专项施工方案及安全操作规程的有关要求完成。

2）拆除工作开展前，应由该升降脚手架项目负责人组织施工人员进行岗位职责分工，定员定岗操作，不得随意调换人员。

3）上架施工人员应按规定佩戴各种必要的劳保用品，并正确使用。

4）拆除过程中，架体周围应设置警戒区，并派专人监管。

5）架体上的材料、垃圾等杂物应及时清理至楼内，严禁向下抛洒。

6）自上而下按顺序拆除栏杆、竹笆脚手板、剪刀撑，以及纵横向水平杆。

7）架体竖向主框架同时随架体逐层拆除，注意结构件吊运时的牢靠性，并及时收集螺栓、销等连接件。

8）附着升降脚手架在建筑物顶层拆除时，应在架体水平梁架的底部搭设悬挑支撑平台，并有保障拆架施工人员安全操作的防护措施。按各种类型架体水平梁架的设计要求逐段拆除水平梁架、承力架及下道附着支撑结构。

3. 检查验收

（1）检查验收的阶段。

1）安装使用前。包括脚手架在搭设过程中分项工程作业完成和架体整个搭设完成后。

2）提升或下降前。

3）提升、下降到位，投入使用前。

4）使用过程中每月进行一次全面检查。

（2）检查验收的内容。

附着升降脚手架组装完毕后，提升（下降）作业前，必须检查准备工作是否满足升降时的作业条件。应检查内容主要有：

1）架子垂直度是否符合要求，扣件是否按规定拧紧。

2）挑梁的斜拉杆是否拉紧，花篮螺栓是否可靠。

3）提升挑梁同建筑物的连接是否牢靠。

4）导向轮安装是否合适，导杆同架子的固定是否牢靠，滑套同建筑物的连接是否牢靠。

5）电动葫芦是否已挂好，电动葫芦的链条是否与地面垂直，有无翻链或扭曲现象，电动葫芦同控制柜之间是否连接好，电缆线的长度是否满足升降一层的需要。

6）通电逐台检查电机正反向是否一致，电控柜工作是否正常，控制是否有效等。

以上内容经检验合格后，附着升降脚手架才能进行升降操作。

（3）检查验收的技术文件。

1）附着式升降脚手架安装前应具有以下文件。

a. 从事附着式升降脚手架工程施工的单位应取得有国务院建设行政主管部门颁发的相应资质证书及安全生产许可证。

b. 附着式升降脚手架必须具有国务院建设行政主管部门组织鉴定或验收的证书。

c. 附着式升降脚手架应有专项施工方案，并经企业技术负责人审批及工程项目总监理工程师审核。

d. 产品进厂前的自检记录、特种作业人员和管理人员岗位证书、各种材料、工具和设备应有的质量合格证、材质单、测试报告、主要部件及提升机构和安全装置必须具备的合格证等其他资料。

2）施工组织设计脚手架搭设施工方案及变更文件。

3）技术交底文件。

4）脚手架杆件、配件的出厂合格证。

5）脚手架工程的施工记录及检查验收记录表。

6）脚手架搭设过程中的重要问题及处理记录。

（4）安全管理。

1）操作人员必须经过专业培训。脚手架组装前，应根据专项施工组织设计要求，配备合格人员，明确岗位职责。对所有材料、工具和设备进行检验，不合格的产品严禁投入使用。

2）脚手架组装完毕，必须对各项安全保险装置、电气控制装置、升降动力设备、同步及荷载控制系统，附着支撑点的连接件等进行仔细检查，在工程结构混凝土强度达到承载强度后，方可进行升降操作。

3）升降操作前应解除所有妨碍架体升降的障碍和约束。升降时，严禁操作人员停留在架体上。

4）升降过程中，监护人员必须增强责任心，发现任何异常、异声及障碍物时，应立即停止操作。排除异常后，方可继续操作。

5）正在升降的脚手架下方严禁人员进入。升降时应设置安全警戒线，并设专人监护。如遇雨、雪、雷电等恶劣天气和五级以上大风天气，不应进行升降，夜间应禁止升降作业。

6）脚手架升降到架体固定后，必须对附着支撑和架体的固定、螺栓连接、碗扣和扣件、安全防护等进行检查，确认符合要求后方可交付使用。

7）严禁利用架体吊运物体，不得在架体上拉结吊装缆绳和推车，不得利用架体支顶模板。卸料平台不得和架体连在一起。

8）严禁任意拆除结构构件或松动连接件，严禁拆除或移动架体上的安全防护设施。

9）脚手架的拆除必须按专项施工组织设计进行，拆除时严禁抛掷物件，拆下的材料及设备应及时检修保养，不符合设计要求的必须予以报废。

9.3　吊篮脚手架

9.3.1　类型及其构造

1. 吊篮类型

吊篮是通过在建筑物上特设的支撑点固定挑梁或挑架，主要用于墙体砌筑或装饰工程施工的一种脚手架，是高层建筑外装修和维修作业的常用脚手架。根据吊篮驱动形式的不同，吊篮脚手架可分为电动吊篮和手动吊篮两类。

2. 吊篮构造

（1）电动吊篮。电动吊篮脚手架由屋面支撑系统、提升机构、安全锁和吊篮（或吊架）组成，如图 9 - 27 所示。

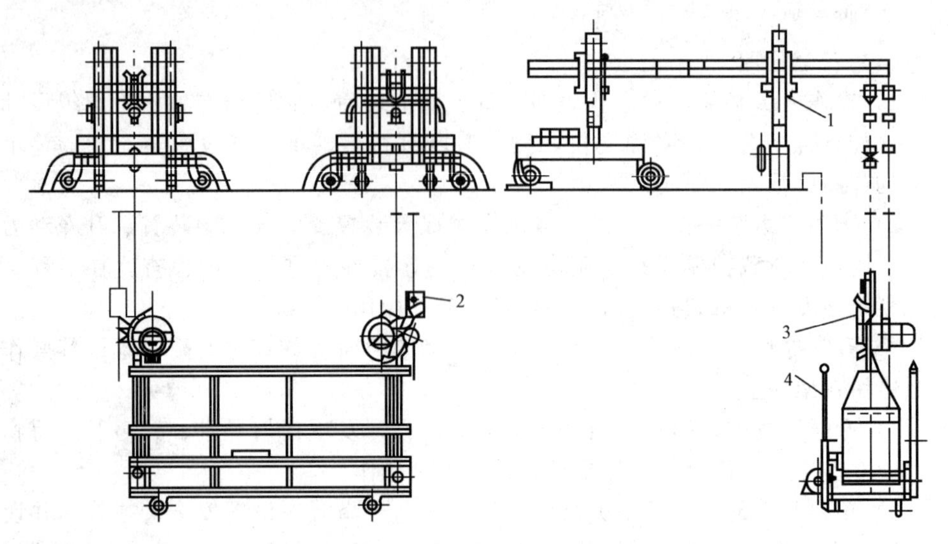

图 9 - 27　电动吊篮脚手架

1—屋面支撑系统；2—安全锁；3—提升机构；4—吊篮

1）屋面支撑系统。电动吊篮的屋面支撑系统由挑梁、支架、脚轮、配重及配重架组成。大致可分为四种形式，如图 9 - 28 所示。

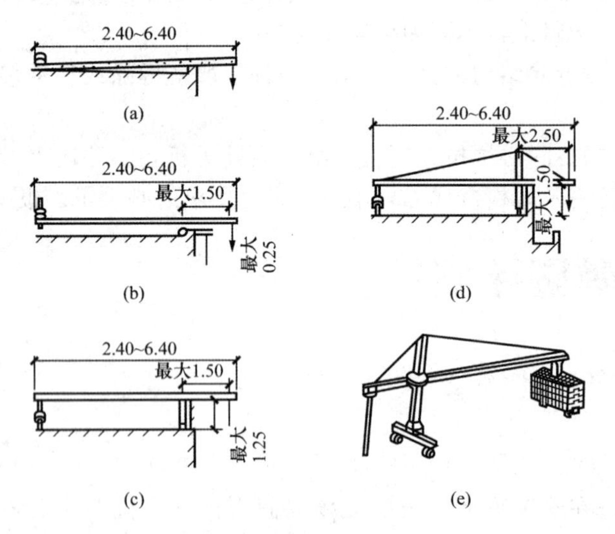

图 9 - 28　电动吊篮屋面支撑系统示意图（单位：m）

（a）简单固定挑梁式；（b）移动挑梁式；（c）适用高女儿墙的移动挑梁式；（d）、（e）大悬臂移动桁架式

2）提升机构。电动吊篮的提升机构由电动机、制动器、减速系统及压绳系统组成，是电动吊篮的核心，如图 9-29 所示。

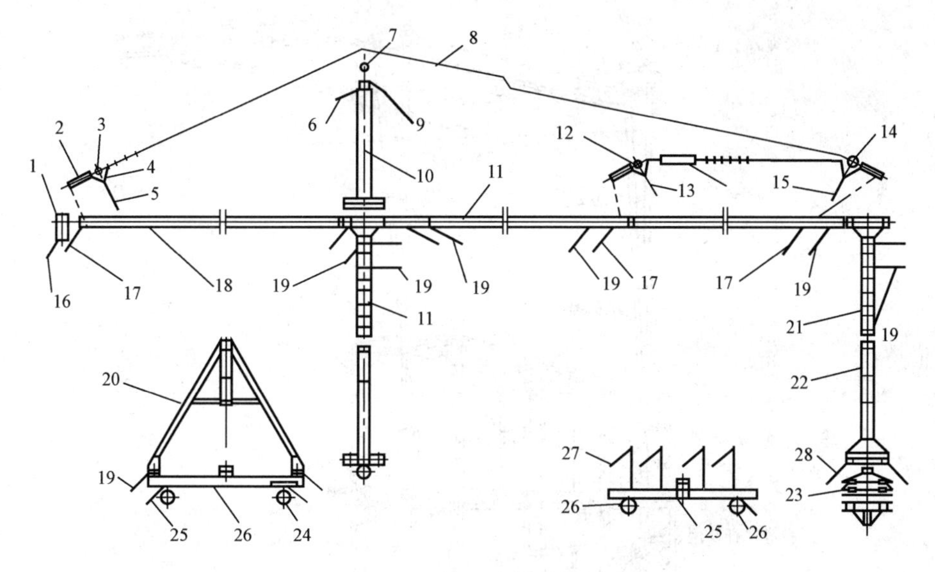

图 9-29 提升机构结构图

1—挂板；2—拉曳板；3—绳轮；4—垫片；5—螺栓；6—销轴；7—小绳轮；8—拉纤钢丝绳；9—销轴；10—上支架；11—中梁；12—隔套；13—销轴；14—绳轮；15—螺栓；16—销轴；17—螺栓；18—前梁；19—螺栓；20—内插架 1；21—内插架 2；22—后支架；23—配重铁；24—脚轮；25—后底架；26—销轴；27—螺栓；28—前底架

3）安全锁。安全锁的作用是当吊篮发生意外坠落时，能自动将吊篮锁在保险钢丝绳上。安全锁的使用应具备以下条件。

a. 要在有效的标定期限内。

b. 具有完整、有效的铅封或漆封。

c. 使用符合规定的钢丝绳。

d. 动作灵敏，工作可靠。

4）行程限位。吊篮必须安装上下限位开关，以防止吊篮平台上升或下降到端点超出行程的范围。行程限位装置安装方式须是以吊篮平台自身直接去触动。

电动吊篮必须具备生产厂家的生产许可证或准用证、产品合格证、安装使用和维修保养说明书、安装图、易损件图、电气原理图、交接线图等技术文件。吊篮的几何长度、悬挑长度、载荷、配重等应符合吊篮的技术参数要求。其电气系统的绝缘电阻应大于 0.5MΩ，并应有可靠的接零保护装置，接零电阻≤0.1Ω。电气控制机构应配备漏电保护器，电气控制柜应有门并须加锁。

（2）手动吊篮。手动吊篮一般均为非定型产品，除手拉葫芦属于采购产品外，架体都为现场拼装，因此施工作业前必须经过设计计算。手动吊篮由支撑设施、吊篮绳、安全绳、手扳葫芦和吊架（或吊篮）组成，如图9-30所示。

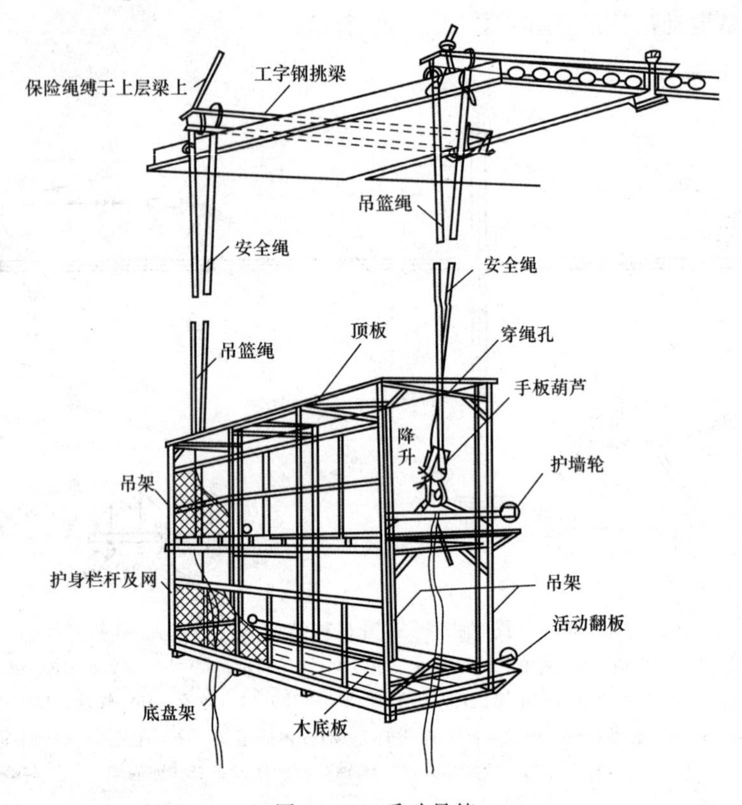

图9-30　手动吊篮

1）支撑设施。手动吊篮的支撑设施一般采用建筑物顶部的悬挑梁或桁架，必须按设计规定与建筑物结构固定牢靠，挑出长度除不宜大于挑梁全长的1/4.5外，还应以不影响吊篮升降且吊篮内侧距建筑物不大于20mm以及使吊绳或环扣链垂直于地面而确定。如图9-31（a）所示。挑出长度常取0.6～0.8m，如果挑出部分过长，则应在其下面加斜撑，如图9-31（b）所示。

2）吊篮绳。吊篮绳应采用钢丝绳或钢筋链杆。钢筋链杆的直径不小于16mm，每节链杆长800mm，每5～10根链杆相互连成一组，使用时用卡环将各组连接成所需的长度。

3）安全绳。安全绳应采用直径不小于13mm的钢丝绳。

4）手扳葫芦。吊篮吊挂设置于屋面上的悬挂机构上，常用手扳葫芦进行升降。手扳葫芦携带方便、操作灵活，牵引方向和距离不受限制，水平、垂直、倾斜均可使用。用手扳葫芦升降时，应在每根悬吊钢丝绳上各装1个手扳葫芦。将钢丝绳通过手扳葫芦的导向孔向吊钩方向穿入、压紧，往复扳动前进手柄，

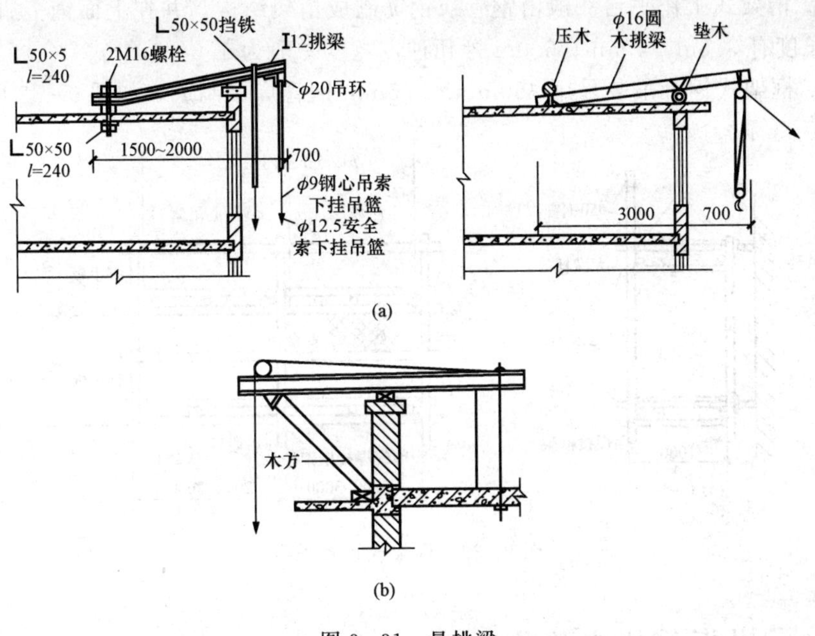

图 9-31 悬挑梁

（a）屋面悬挑梁；（b）斜撑设置

即可进行起吊和牵引；往复扳动倒退手柄时，即可下落或放松。但必须增设 1 根 ϕ12.5mm 的保险钢丝绳，以确保葫芦不会出现打滑或断绳等安全事故。

5）吊篮、吊架。手动吊篮的吊篮架子可用薄壁型钢制作，也可用两榀钢管焊接成的吊架或用钢管扣件组合拼装而成。吊篮可设 1～2 层工作平台，每层高度不大于 1.8m，架子一般宽为 0.8～1.2m，长不大于 8m；当用钢管扣件拼装时，立杆间距不大于 2m，吊篮底板应选用厚度不小于 50mm 的木板。

a. 组合吊篮一般采用 ϕ48mm 钢管焊接成吊篮片，再把吊篮片用 ϕ48mm 钢管扣接成吊篮，吊篮片间距为 2.0～2.5m，吊篮长不宜超过 8.0m，以免重量过大。如图 9-32 所示。

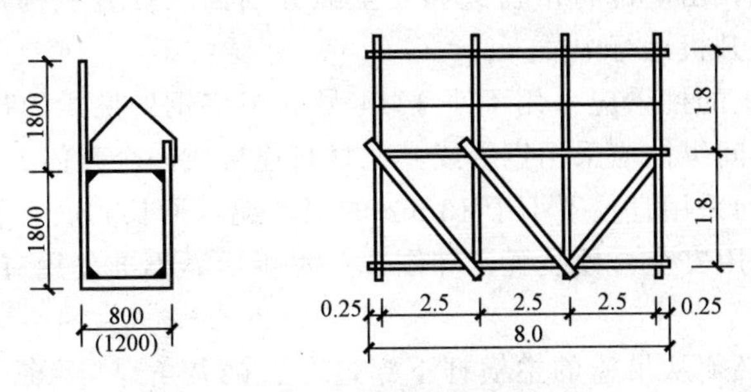

图 9-32 组合吊篮组装形式

b. 桁架式工作平台一般由钢管或钢筋制成桁架结构，并在上面铺上脚手板。常用长度有 3.6m、4.5m、6.0m 等几种，宽度一般为 1.0～1.4m。

c. 框架式钢管吊装采用 ϕ50mm×3.5mm 钢管焊接制成，如图 9-33 所示。

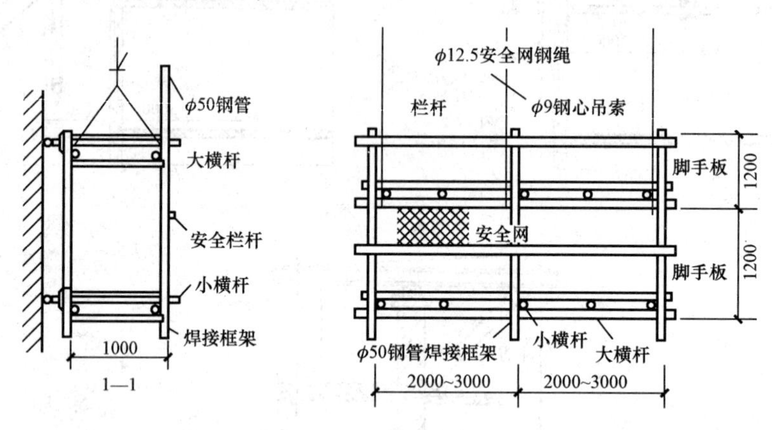

图 9-33　框架式钢管吊架

9.3.2　搭拆与检查验收

1. 搭设

(1) 准备工作。根据施工方案，工程技术负责人必须逐级向操作人员进行技术交底。同时，根据有关规程要求对吊篮脚手架的材料进行检查验收，不合格的材料不得使用。

(2) 搭设顺序。吊篮的搭设顺序是：确定挑梁的位置→固定挑梁→挂上吊篮绳及安全绳→组装吊篮架体→安装手扳葫芦→穿吊篮绳及安全绳→提升吊篮→固定保险绳。

(3) 搭设要点。吊篮脚手架的搭设要点如下。

1) 电动吊篮在现场组装完毕，经检查合格后运到指定位置，接上钢丝绳和电源试车。同时，由上部将吊篮绳和安全绳分别插入提升机构及安全锁中，吊篮绳一定要在提升机运行中插入。

2) 支撑系统的挑梁应采用不小于 14 号的工字钢。挑梁的挑出端应略高于固定端。挑梁之间纵向应采用钢管或其他材料连接成一个整体。

3) 安全绳均采用直径不小于 13mm 的钢丝绳，通长到底布置，安全绳与吊篮体的连接可采用安全自锁装置，如图 9-34 所示。不准使用有接头的钢丝绳，封头卡扣不得少于 3 个。

4) 吊篮绳必须从吊篮的主横杆下穿过，连接夹角保持 45°，并用卡子将吊钩和吊篮绳卡死。

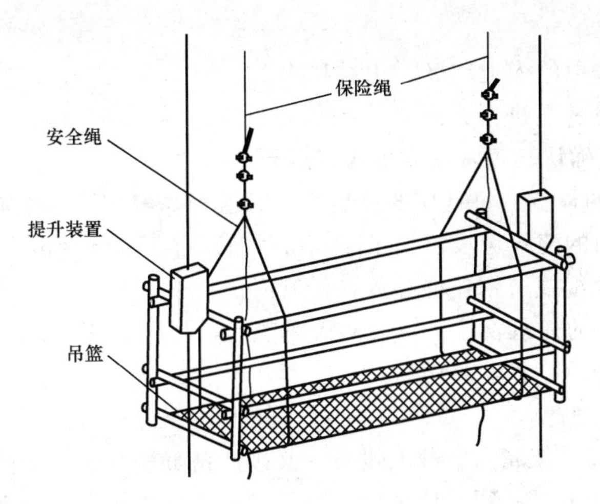

图 9-34 手动吊篮保险装置

5）承受挑梁拉力的预埋铁环，应采用直径不小于 16mm 的圆钢，埋入混凝土的长度大于 360mm，并与主筋焊接牢固。

6）扣件钢管杆件伸出扣件的长度应不小于 100mm。吊篮架体的两侧大面和两端小面应加设剪刀撑或斜撑杆卡牢，横向水平杆与支撑的纵向水平杆也要用扣件卡牢。

2. 拆除

吊篮的拆除顺序是：吊篮逐步降至地面→拆除手扳葫芦→移走吊篮架体→抽出吊篮绳→拆除挑梁→解掉吊篮绳及安全绳→将挑梁及附件吊送到地面。

3. 检查验收

（1）检查验收的阶段。

1）吊篮脚手架安装拆除和使用前，由施工负责人按照施工方案要求，针对施工队伍情况进行详细交底、分工并确定指挥人员。

2）吊篮在现场安装后，应进行空载安全运行试验，并对安全装置的灵敏可靠性进行检验。

3）每次吊篮提升或下降到位并固定后，应进行验收。确认符合要求后，方可上人作业。

（2）检查验收的内容。

1）作业前的检查。每天工作班前的例行检查和准备作业内容包括。

a. 检查屋面支撑系统钢结构，配重，工作钢丝绳及安全钢丝绳的技术状况。凡有不合格者，应立即纠正。

b. 检查吊篮的机械设备及电器设备，确保其正常工作，并有可靠的接地设施。

c. 清扫吊篮中的尘土垃圾、积雪和冰碴。

d. 开动吊篮反复进行升降，检查起升机构、安全锁、限位器、制动器及电机的工作情况，确认其正常后方可正式运行。

2）作业后的检查。每日作业班后应注意检查并做好下列收尾工作。

a. 将吊篮内的建筑垃圾清扫干净，将吊篮悬挂于离地 3m 处，撤去上下梯。

b. 将多余电缆线及钢丝绳存放在吊篮内。

c. 将吊篮内的建筑物拉紧，以防大风骤起，刮坏吊篮和墙面。

d. 作业完毕后应将电源切断。

（3）安全管理。

1）吊篮式脚手架属高空载人设备，必须严格贯彻有关安全操作规程。

2）吊篮操作人员必须身体健康，经培训和实习并取得合格证者，方可上岗操作。

3）操作人员必须遵守操作规程，戴安全帽、系安全带，服从安全检查人员命令。

4）严禁酒后登吊篮操作，严禁在吊篮中嬉戏打闹。

5）新购电动吊篮组装完毕后，应进行空载试运行 6～8h，待一切正常后，方可开始负荷运行。

6）吊篮内侧两端应装可伸缩的护墙轮等装置，使吊篮与建筑物在工作状态时能靠紧，吊篮较长时间停置一处时，应使用锚固器与建筑物拉结，需要移动时拆除。

7）吊篮顶部必须设防护棚，外侧与两端用密目网封严。

8）吊篮脚手板必须与横向水平杆绑牢或卡牢固，不得有松动或探头板。

9）吊篮上携带的材料和机具必须安置妥当，不得使吊篮倾斜和超载。

10）当吊篮停置在半空中时应将安全锁锁紧，需要移动时再将安全锁松开。

11）吊篮在运行中如发生异常影响和故障，必须立即停机检查，故障未经彻底排除不得继续使用。

12）在吊篮下降着地前，应在地面上垫放方木，以免损坏吊篮底部脚轮。

13）如必须利用吊篮进行电焊作业时，应对吊篮钢丝绳进行全面防护，以免钢丝绳受到损坏，不能利用受到损坏的钢丝绳，更不能利用钢丝绳作为导电体。

14）遇有雷雨天气或风力超过 5 级时，不得登吊篮操作。

第10章 脚手架施工安全管理

10.1 脚手架安全管理

10.1.1 安全管理概述

1. 安全管理相关概念

（1）安全生产。安全生产是指在劳动生产过程中，通过努力改善劳动条件，克服不安全因素，防止伤亡事故发生，使劳动生产在保障劳动者安全健康和国家财产及人民生命财产不受损失的前提下顺利进行。

（2）安全管理。安全管理就是用现代管理的科学知识，概括施工项目安全生产的目标要求，进行控制、处理，以提高安全管理工作的水平。在施工过程中，只有用现代管理的科学方法去组织、协调生产，方能大幅度降低伤亡事故，才能充分调动施工人员的主观能动性。在提高经济效益的同时，改变不安全、不卫生的劳动环境和工作条件，在提高劳动生产率的同时，加强对施工项目的安全管理。

（3）安全生产管理。安全生产管理是指经营管理者对安全生产工作进行的策划、组织、指挥、协调、控制和改进的一系列活动，目的是保证在生产经营活动中的人身安全和财产安全，促进生产的发展，保持社会的稳定。

2. 安全生产管理要求

安全生产管理需要处理好以下五个方面的关系。

（1）安全与生产的统一。生产是人类社会存在和发展的基础，如生产中的人、物、环境都处于危险状态，则生产无法顺利进行，因此，安全是生产的客观要求。当生产完全停止，安全也就失去意义；就生产目标来说，组织好安全生产就是对国家、人民和社会最大的负责。有了安全保障，生产才能持续、稳定健康发展。当生产与安全发生矛盾，危及员工生命或资产时，停止生产经营活动进行整治、消除危险因素以后，生产经营形势会变得更好。

（2）安全与质量同步。安全第一、质量第一，这两个第一并不矛盾。安全第一是从保护生产因素的角度提出的，而质量第一是从关心产品成果的角度而强调的。安全为质量服务，质量需要安全保证。生产过程中缺失任何一个，生产都会陷于失控状态。

（3）安全与危险并存。安全与危险在同一事物的运动中是相互对立，相互依赖的。有危险才要进行安全管理，以防止危险的发生。因此，在事物的运动中，都不可能存在绝对的安全或危险。

（4）安全与速度互促。生产中违背客观规律，盲目蛮干、乱干，在侥幸中求得的进度，缺乏真实与可靠的安全支撑，往往容易酿成不幸，不但无速度可言，反而会延误时间，影响生产。速度应以安全做保障，安全就是速度，安全与速度成正比关系，一味强调速度，置安全于不顾的做法是极其有害的。我们应追求安全加速度，避免安全减速度。当速度与安全发生矛盾时，暂时减缓速度，保证安全才是正确的选择。

（5）安全与效益兼顾。安全技术措施的实施，会改善劳动条件，调动职工的积极性，带来经济效益。从这个意义上说，安全与效益是完全一致的，安全促进了效益的增长。在安全管理中，投入要适度、适当，要统筹安排。既要保证安全生产，又要经济合理。

10.1.2 安全管理制度

1. 持证上岗制度

建筑架子工属于特种作业人员，国家实行持证上岗制度。相关规定要求，从事该工种的作业人员，应年满18周岁，具有初中以上文化程度，接受专门安全操作知识培训，经建设主管部门考核合格，取得“建筑施工特种作业操作资格证书”后，方可在建筑施工现场从事脚手架、模板支架、外电防护架、卸料平台、洞口临边防护等登高架设、维护、拆除作业。建筑架子工应当遵守如下规定。

（1）首次取得证书的人员实习操作不得少于三个月。否则，不得独立上岗作业。

（2）每年应当参加不少于24个小时的安全生产教育。

（3）每年须进行一次身体检查，没有色盲、听觉障碍、心脏病、美尼尔综合征、癫痫、突发性昏厥、断指等妨碍作业的疾病和缺陷。

2. 安全生产责任制

为贯彻落实党和国家有关安全生产的政策法规，明确项目各级人员、各职能部门安全生产责任，保证施工生产过程中的人身安全和财产安全，根据国家及上级有关规定，应制订施工项目安全生产责任制度。

安全生产责任制就是对各级负责人、各职能部门以及各类施工人员在管理和施工过程中，应当承担的安全责任作出明确的规定。具体来说，就是将安全生产责任分解到施工单位的主要负责人、项目负责人、班组长以及每个岗位的作业人员身上。安全生产责任制是施工企业最基本的安全管理制度，是施工企业安全生产管理的核心和中心环节。

项目经理部应根据安全生产责任制的要求，把安全责任目标分解到岗，落实到人。施工项目安全生产责任制度必须经项目经理批准后实施。安全生产责任应包括项目部各个部门及人员的安全责任，具体内容如下。

(1) 项目经理安全职责。项目经理对本企业的劳动保护和安全生产、文明施工负总责，是本企业安全生产的第一责任人。其主要安全职责如下。

1) 主持项目经理部的施工安全工作。

2) 制定并督促检查项目经理部安全生产管理规定。

3) 保证生产安全措施的投入。

4) 认真贯彻执行安全生产的方针、政策、法规和企业的各项安全生产规章制度。

5) 对员工进行安全生产教育并为员工办理法定的保险和支付工资。

6) 为作业人员提供劳动保护用品和用具。

7) 定期组织安全生产检查和分析，针对可能产生的安全隐患制定相应的预防措施和应急救援预案。

8) 当施工过程中发生安全事故时，应保护现场，按安全事故处理的有关规定和程序及时上报和处置，并制定防止同类事故再次发生的措施。

(2) 技术负责人安全职责。技术负责人对本项目安全、文明施工和劳动保护技术负直接责任。其主要安全职责如下。

1) 负责项目部施工技术管理工作。

2) 编制或会同企业施工技术部门编制施工组织设计、安全技术措施及危险性较大的分部、分项工程的专项施工方案。

3) 向作业人员进行安全技术措施交底，组织实施安全技术措施；对施工现场安全防护装置和设施进行验收。

4) 组织作业人员学习安全操作规程，提高作业人员的安全意识，避免产生安全隐患。

5) 当发生重大工伤事故时，参与事故调查处理，负责制订改进安全技术措施。

(3) 安全员安全职责。安全员对施工现场安全、文明施工和劳动保护工作的检查与安全隐患的督促整改负直接责任。其主要安全职责如下。

1）协助项目领导，参加项目部安全产生、文明施工和劳动保护措施的制订工作。

2）对施工全过程的安全技术措施和专项施工方案的实施进行监督。

3）监督落实安全设施的设置和作业人员劳动保护用品用具的质量和正确使用。

4）配合有关部门排除安全隐患，纠正违章作业。

5）协助项目经理组织安全教育和全员安全活动。

6）当发生重大工伤事故时，参与事故的调查分析。

（4）班组长安全职责。班组长要贯彻执行企业和项目对安全生产、文明施工和劳动保护的规定和要求，全面负责本班组的安全生产、文明施工和劳动保护。其主要安全职责如下。

1）安排施工生产任务时，向本工种作业人员进行安全措施交底。

2）严格执行本工种安全技术操作规程，杜绝违章指挥。

3）作业前应对本次作业所使用的机具、设备、防护用具及作业环境进行安全检查，消除安全隐患，检查安全标牌是否按规定设置，标识方法和内容是否正确、完整。

4）组织班组开展安全活动，召开上岗前安全生产会；每周应进行安全讲评。

5）发生事故时立即报告并组织施救，保护好现场，做好详细记录。

（5）操作工人安全职责。操作工人对本岗位的安全生产、文明施工和劳动保护负直接责任。其主要安全职责如下。

1）认真学习并严格执行安全技术操作规程，不违规作业。

2）自觉遵守安全生产规章制度，执行安全技术交底和有关安全生产的规定。

3）服从安全监督人员的指导，积极参加安全活动。

4）正确使用防护用具，爱护安全设施。

5）对不安全作业提出意见，杜绝违章指挥。

（6）承包人对分包人的安全生产责任。承包人对建设工程实行施工总承包，由总承包单位（人）对施工现场的安全生产、文明施工和劳动保护负总责。其主要安全生产职责如下。

1）审查分包人的安全施工资格和安全生产保证体系，不应将工程分包给不具备安全生产条件的分包人。

2）在分包合同中应明确分包人的安全生产责任和义务。

3）对分包人提出安全要求，并认真监督、检查。

4）对违反安全规定冒险蛮干的分包人，应责令其停工整改。

5）承包人应统计分包人的伤亡事故，按规定上报。

6）会同分包人处理分包工程的伤亡事故。

（7）分包人安全生产责任。分包人（单位）和承包人签订安全生产合同（协议），分包合同中应当明确各自的安全生产、文明施工和劳动保护方面的权利、义务。分包人的主要安全生产责任如下。

1）分包人对本施工现场的安全工作负责，认真履行分包合同规定的安全生产责任。

2）遵守承包人的有关安全生产制度，服从承包人的安全生产管理。

3）及时向承包人报告伤亡事故并参与调查，处理善后事宜。

3. 安全技术交底

安全技术交底是指将预防和控制安全事故发生及减少其危害的技术以及工程项目，分部、分项工程概况，向作业人员作出说明。即工程项目在进行分部、分项工程作业前和每天作业前，工程项目的技术人员和各施工班组长将工程项目和分部、分项工程概况、施工方法、安全技术措施及要求等，向全体施工作业人员进行说明。安全技术交底制度是施工单位有效预防违章指挥、违章作业、杜绝伤亡事故发生的一种有效措施。

脚手架、模板工程施工前，施工单位项目技术负责人或方案编写人员应当将工程项目、分部、分项工程概况以及安全技术措施要求向架子工班组、作业人员以及现场管理人员进行安全技术交底，安全技术交底应当以书面形式进行，并由双方签字确认。

（1）安全技术交底的基本要求。

1）实行逐级交底制度，承包单位向分包单位；分包单位向工程项目的技术人员、班组长；班组长向作业人员分别交底。

2）安全技术交底必须具体，针对性强。

3）安全技术交底的内容应针对分部、分项工程施工作业人员的潜在危险因素和存在的问题。

4）应优先采用新的安全技术措施。

5）每天作业前，各施工班组长应当针对当天的工作任务、作业条件和环境，就作业要求和施工中应注意的安全事项向作业人员交底，并将参加交底的人员名单和交底内容记录于班组活动记录中。

6）各工种的安全技术交底一般与分部、分项工程安全技术交底同时进行。对施工工艺复杂、难度较大或作业条件危险的，应当进行各工种的安全技术交底。

7）双方应在书面安全技术交底文件上签字确认，主要是为了防止走过场等不良行为的出现，并有利于各自责任的确定。

（2）安全技术交底的主要内容。

1）工程项目和分部、分项工程的概况。

2）搭设、构造要求，检查验收标准。

3）作业中应注意的安全事项。

4）作业人员应遵守的安全操作规程。

5）针对危险部位采取的具体预防措施。

6）发现安全隐患应采取的措施。

7）发生事故后应采取的应急救援措施。

（3）安全技术交底的具体措施。

1）施工企业必须制订安全技术的有关规定。安全技术交底是安全技术措施实施的重要环节。施工企业必须制订安全技术分级交底职责管理要求、职责权限和工作程序以及分解落实、监督检查的规定。

2）安全技术交底必须手续齐全。所有安全技术交底除口头交底外，还必须有书面交底记录，交底双方应履行签名手续，交底双方各有一套书面交底记录文件。书面交底记录应在技术、施工、安全三方备案。

3）安全技术交底必须得到有效落实。专项施工项目及企业内部规定的重点施工工程开工前，企业的技术负责人及安全管理机构，应向参加施工的施工管理人员进行安全技术方案交底。

交底应细致、全面，讲求实效，不能流于形式。总承包单位向分包单位进行安全技术措施交底；分包单位工程项目的安全技术人员向作业班组进行安全技术措施交底；安全员及各条线管理员应对新进场的工人实施作业人员工种交底；作业班组应对作业人员进行班前交底。

10.1.3　安全技术及操作

1. 脚手架安全技术要求

确保脚手架在搭设、使用和拆除过程中的安全技术要求包括以下内容。

（1）构架结构。在满足使用要求的构架尺寸的同时，应确保以下安全要求。

1）构架结构稳定。

a. 构架单元不缺基本的稳定构造杆部件。

b. 整架按规定设置斜杆、剪刀撑、连墙件或撑拉件。

c. 在通道、洞口以及其他需要加大结构尺寸（高度、跨度）或承受超规定荷载的部位，应根据需要设置加强杆件或构造。

2）连接节点可靠。

a. 杆件相交位置符合节点构造规定。

b. 连接件的安装和紧固力符合要求。

（2）基础（地）和拉撑承受结构。基础（地）和拉撑承受结构的技术要求包括以下两项。

1）脚手架立杆的基础（地）应平整夯实，具有足够的承载力和稳定性。设于坑边或台上时，立杆距坑、台的边缘不得小于1m，且边坡的坡度不得大于土的自然安息角；否则，应做边坡的保护和加固处理。脚手架立杆之下必须设置垫座和垫板。

2）脚手架的连墙点、撑拉点和悬挂（吊）点必须设置在能可靠承受撑拉荷载的结构部位，必要时应进行结构计算。

（3）安全防护。脚手架安全防护的技术要求包括以下几项。

1）在施工期间，使用2m以上的外架子时，要设挡脚板和两道护身栏或立挂安全网。使用插口架子、桥式架子、外挑架子、金属挂架、滑升架子时的安全网高度要经常保持在作业面1m以下。脚手架的排木要绑扎牢固，脚手板要铺平、铺严。脚手架与建筑物的间隙不得大于150mm。升降桥式架子的平台时，两端要挂保险绳，操作人员要系安全带，桥架下不得站人。

2）建筑物顶部施工的防护架子要高出坡屋面挑檐板1.5m，高出平屋面女儿墙顶1m。高出的部分要绑两道护栏并立挂安全网，靠近临街和靠近民房的人行通道处要支搭防护棚或其他防护措施。

3）井字架、龙门架、外用电梯、自立式高车架等起重架的吊笼两侧要有严密的铁网罩，进料口要有活动的开关门，天轮应至少高出建筑物6m，并在滑道上距顶4m处加设卷扬限位器。各层卸料平台应有栏杆，其两侧应有高1.2m的防护栏板或至少绑扎两道防护栏、一道挡脚板。首层进料口要支搭防护。高车架天轮加油处应设护栏、爬梯、平台，铺脚手板并绑牢。

4）贴近或穿过脚手架的人行和运输通道必须设置板篷。上下脚手架有高度差的入口应设坡道或踏步，并设栏杆加以防护。

5）吊、挂脚手架在移动至作业位置后，应采取撑、拉方式将其固定或减小晃动。

6）在施工中，如果架子里遇到大窗口、较宽的伸缩缝或其他洞口时，要在危险部位绑扎两道护栏和一道挡脚板。

2. 架子工安全操作规则

架子工安全操作规则如下。

（1）搭设或拆除脚手架必须根据专项施工方案，操作人员必须经专业训练，考核合格后颁发操作证，持证上岗操作。

（2）钢管有严重锈蚀、弯曲、压扁或裂纹时不得使用，扣件有脆裂、变形、滑丝时禁止使用。

(3) 脚手架的绑扎材料应采用 8 号镀锌钢丝或塑料篾，其抗拉强度应达到规范要求。

(4) 木脚手板应采用厚度不小于 5cm 的杉木或松木板，宽度以 20～30cm 为宜，板两端各 8cm 处应用镀锌钢丝箍绕 2～3 圈或用铁皮钉牢。凡是腐朽、扭曲、斜纹、破裂和大横透节的木脚手板不得使用。

(5) 竹脚手架的立杆、顶撑、大横杆、剪刀撑、支杆等有效部分的小头直径不得小于 7.5cm，小横杆直径不得小于 9cm。达不到要求的，立杆间距应缩小。青嫩、裂纹、白麻、虫蛀的竹竿不得使用。

(6) 竹片脚手板的板厚不得小于 5cm，螺栓孔不得大于 1cm。螺栓必须拧紧。竹编脚手板必须牢固、密实，四周必须用 16 号钢丝绑扎。

(7) 钢管脚手架的立杆应垂直稳放在金属底座或垫木上，立杆间距不得大于 15m，架子宽度不得大于 12m，大横杆应设四根，步高不大于 1.8m。钢管的立杆、大横杆接头应错开，并用扣件连接，拧紧螺栓，不准用钢丝绑扎。

(8) 竹立杆的搭接长度和大横杆的搭接长度不得小于 1.5m。绑扎时小头应压在大头上，绑扎不得少于 3 道。立杆、大横杆、小横杆相交时，应先绑 2 根，再绑第 3 根，不得一扣绑 3 根。

(9) 脚手架两端、转角处以及每隔 6～7 根立杆应设剪刀撑，与地面的夹角不得大于 60°，架子高度在 7m 以上，每两步四跨，脚手架必须同建筑物设连墙点，拉点应固定在立杆上，做到有拉有顶，拉顶同步。

(10) 主体施工时应在施工层面及上下层满铺脚手板，装修时外架脚手板必须从上而下满铺，且铺搭面间隙不得大于 20cm，不得有空隙和探头板。脚手板搭接应严密，架子在拐弯处应交叉搭接。脚手板垫平时应采用木块且要钉牢，不得用砖垫。

(11) 翻脚手板必须两个人由里向外按顺序进行，在铺第一块或翻到最外一块脚手板时，必须系好安全带。

(12) 脚手架的外侧、斜道和平台，必须绑 1～1.2m 高的护身栏杆和钉20～30cm 高的挡脚板，并满挂安全防护立网。

(13) 斜道的铺设宽度不得小于 1.2m，坡度不得大于 1∶3。防滑条间距不得大于 30cm。

(14) 拆除脚手架时必须有专人看管，周围应设围栏或警戒标志，非工作人员不得入内。工作人员必须正确使用安全带。拆除连墙点前应先进行检查，采取加固措施后，按顺序由上而下，一步一清，不准上下同时交叉作业。

(15) 拆除脚手架大横杆、剪刀撑，应先拆中间扣，再拆两头扣，由中间操作人员顺着将杆件移至地面。

（16）拆下的脚手杆、脚手板、钢管、扣件、钢丝绳等材料，严禁往下抛掷。经检查、修整后应按品种、规格分类整理存放，并妥善保管，防止锈蚀。

10.2　脚手架安全生产检查

10.2.1　安全生产检查概述

安全生产检查是一项综合性的安全生产管理措施，是科学评价建筑施工安全生产情况，提高安全生产工作和文明施工的管理水平，预防伤亡事故的发生，确保职工的安全和健康，实现检查评价工作的标准化、规范化，建立良好的安全生产环境，做好安全生产工作的重要手段之一。也是建筑施工企业防止事故、减少职业病的有效措施。

1. 安全生产检查的要求

安全生产检查的要求主要有。

（1）各种安全检查都应根据检查要求配备足够的资源。

（2）每种安全检查都应有明确的检查目的、检查项目、内容及标准。

（3）记录是安全评价的依据，要做到认真、详细，真实可靠，特别是对隐患的检查记录要具体。

（4）检查记录要用定性定量的方法，认真进行系统分析安全评价。

2. 安全生产检查的内容

安全生产检查工作的内容，主要包括以下几个方面。

（1）施工现场安全组织。工地上是否有专、兼职安全员并组成安全活动小组，工作开展情况，完整的施工安全记录。

（2）安全技术措施。根据工程特点、施工方法、施工机械、编制了完善的安全技术措施并在施工过程中得到贯彻。

（3）安全技术交底、操作规章的学习贯彻情况。

（4）安全设防情况。

（5）施工现场防火设备。

（6）安全用电情况。

（7）安全标志牌等。

（8）个人防护情况。

3. 安全生产检查的形式

建筑安全生产检查的形式多种多样，主要有以下形式。

（1）定期安全检查。定期安全检查属全面性和考核性的检查，建筑企业内部必须建立定期安全检查制度。企业级定期安全检查可每季度组织一次，工程处可每月或每半月组织一次检查，施工队要每周检查一次，每次检查都要由主管安全的领导带队，同工会、安全、动力设备、保卫等部门一起，按照事先计划的检查方式和内容进行检查。

(2) 自检、互检和交接安全检查。

1) 自检是施工人员在工作前、后对自身所处的环境和工作程序进行的安全检查，以随时消除职业健康安全隐患。

2) 互检是指班组之间、员工之间开展的安全检查，以便互相帮助，共同预防事故的发生。

3) 交接检查是指上道工序完毕，交给下道工序使用前，在工地负责人组织工长、安全员、班组及其他有关人员参加的情况下，由上道工序施工人员进行安全交底并一起进行安全检查和验收，认为合格后才能交给下道工序使用。

(3) 经常性安全检查。经常性安全检查包括公司组织、项目经理部组织的安全生产检查，项目安全员和安全值日人员对工地进行巡回安全生产检查及班组进行班前、班后安全检查等。

(4) 专业性安全检查。专业性安全检查针对性强，对帮助提高某项专业安全技术水平有很大作用。由公司有关业务分管部门单独组织，有关人员针对安全工作存在的突出问题，对某项专业（如施工机械、脚手架、电气、塔式起重机、锅炉、防尘防毒等）存在的普遍性安全问题进行单项检查。

(5) 季节性安全检查。季节性安全检查是针对气候特点（如夏季、冬季、风季、雨季等）可能给施工安全和施工人员健康带来危害而组织的安全检查。

10.2.2 脚手架安全检查评分表

中华人民共和国行业标准《建筑施工安全检查标准》(JGJ 59—1999) 对各类脚手架工程施工安全检查提供了依据，具体见表 10-1～表 10-6。

1. 落地式外脚手架检查评分表

落地式外脚手架检查评分表，见表 10-1。

表 10 - 1 落地式外脚手架检查评分表

序号	检查项目		扣分标准	应得分数	扣减分数	实得分数
1	保证项目	施工方案	脚手架无施工方案，扣10分； 脚手架高度超过规范规定无设计计算书或未经审批，扣10分； 施工方案不能指导施工，扣5～8分	10		
2		立杆基础	每10延长米立杆基础不平、不实、不符合方案设计要求，扣2分； 每10延长米立杆缺少底座、垫木，扣5分； 每10延长米无扫地杆，扣5分； 每10延长米木脚手架立杆不埋地或无扫地杆，扣5分； 每10延长米无排水措施，扣3分	10		
3		架体与建筑结构拉结	脚手架高度在7m以上，架体与建筑结构拉结，按规定要求每少一处，扣2分； 拉结不坚固每一处，扣1分	10		
4		杆体间距与剪刀撑	每10延长米立杆、大横杆、小横杆间距超过规定要求，每一处扣2分； 不按规定设置剪刀撑，每一处扣5分； 剪刀撑未沿脚手架高度连续设置或角度不符合要求，扣5分	10		
5		脚手板与防护栏杆	脚手板不满铺，扣7～10分； 脚手板材质不符合要求，扣7～10分； 每有一处探头板，扣2分； 脚手架外侧未设置密目式安全网的，或网间不严密，扣7～10分； 施工层不设1.2m高防护栏杆和挡脚板，扣5分	10		
6		交底与验收	脚手架搭设前无交底，扣5分； 脚手架搭设完毕未办理验收手续，扣10分； 无量化的验收内容，扣5分	10		
		小计		60		

续表

序号	检查项目		扣　分　标　准	应得分数	扣减分数	实得分数
7	一般项目	小横杆设置	不按立杆与大横杆交点处设置小横杆的每有一处，扣2分； 小横杆只固定一端的每有一处，扣1分； 单排架子小横杆插入墙内小于24cm的每有一处，扣2分	10		
8		杆件搭接	木立杆、大横杆每一处搭接小于1.5m，扣1分； 钢管立杆采用搭接的每一处，扣2分	5		
9		架体内封闭	施工层以下每隔10m未用平网或其他措施封闭，扣5分； 施工层脚手架内立杆与建筑物之间未进行封闭，扣5分	5		
10		脚手架材质	木杆直径、材质不合要求，扣4～5分； 钢管弯曲、锈蚀严重，扣4～5分	5		
11		通道	架体不设上下通道，扣5分； 通道设置不符合要求，扣1～3分	5		
12		卸料平台	卸料平台未经设计计算，扣10分； 卸料台搭设不符合设计要求，扣10分； 卸料平台支撑系统与脚手架连接，扣8分； 卸料平台无限定荷载标牌，扣3分	10		
		小计		40		
检查项目合计				100		

2. 门式脚手架检查评分表

门式脚手架检查评分表，见表10-2。

表 10-2 门式脚手架检查评分表

序号	检查项目		扣分标准	应得分数	扣减分数	实得分数
1	保证项目	施工方案	脚手架无施工方案，扣10分； 施工方案不符合规范要求，扣5分； 脚手架高度超过规范规定，无设计计算书或未经上级审批，扣10分	10		
2		架体基础	脚手架基础不平、不实、无垫木，扣10分； 脚手架底部不加扫地杆，扣5分	10		
3		架体稳定	不按规定间距与墙体拉结，每有一处扣5分； 拉结不牢固，每有一处扣5分； 不按规定设置剪刀撑，扣5分； 不按规定高度作整体加固，扣5分； 门架立杆垂直偏差超过规定，扣5分	10		
4		杆件、锁件	未按说明书规定组装，有漏装杆件和锁件，扣6分； 脚手架组装不牢，每一处紧固不符合要求，扣1分	10		
5		脚手板	脚手板不满铺，离墙大于10cm以上，扣5分； 脚手板不牢、不稳、材质不符合要求，扣5分	10		
6		交底与验收	脚手架搭设无交底，扣6分； 未办理分段验收手续，扣4分； 无交底记录，扣5分	10		
		小计		60		
7	一般项目	架体防护	脚手架外侧未设置1.2m高防护栏杆和18cm高的挡脚板，扣5分； 架体外侧未挂密目式安全网或网间不严密，扣7～10分	10		
8		材质	杆件变形严重，扣10分； 局部开焊，扣10分； 杆件锈蚀未刷防锈漆，扣5分	10		
9		荷载	施工荷载超过规定，扣10分； 脚手架荷载堆放不均匀，每有一处扣5分	10		
10		通道	不设置上下专用通道，扣10分； 通道设置不符合要求，扣5分	10		
		小计		40		
检查项目合计				100		

3. 挂脚手架检查评分表

挂脚手架检查评分表，见表10-3。

表10-3　挂脚手架检查评分表

序号	检查项目		扣分标准	应得分数	扣减分数	实得分数
1	保证项目	施工方案	脚手架无施工方案、设计计算书，扣10分； 施工方案未经审批，扣10分； 施工方案措施不具体、指导性差，扣5分	10		
2		制作组装	架体制作与组装不符合设计要求，扣17～20分； 悬挂点无设计或设计不合理，扣20分； 悬挂点部件制作及埋设不合设计要求，扣15分； 悬挂点间距超过2cm，每有一处扣20分	20		
3		材质	材质不符合设计要求、杆件严重变形、局部开焊，扣12分； 材件、部件锈蚀未刷防锈漆，扣4～6分	10		
4		脚手板	脚手板铺设不满、不牢，扣8分； 脚手板材质不符合要求，扣6分； 每有一处探头板，扣8分	10		
5		交底与验收	脚手架进场无验收手续，扣12分； 第一次使用前未经荷载试验，扣8分； 每次使用前未经检查验收或资料不全，扣6分； 无交底记录，扣5分	10		
		小计		60		
6	一般项目	荷载	施工荷载超过1kN，扣5分； 每跨（不大于2m）超过2人作业，扣10分	15		
7		架体防护	施工层外侧未设置1.2m高防护栏杆和未作18cm高的踏脚板，扣5分； 脚手架外侧未用密目式安全网封闭或封闭不严，扣12～15分； 脚手架底部封闭不严密，扣10分	15		
8		安装人员	安装脚手架人员未经专业培训，扣10分； 安装人员未系安全带，扣10分	10		
		小计		40		
检查项目合计				100		

4. 高层建筑脚手架检查评分表

（1）悬挑式外脚手架检查评分表，见表10-4。

表10-4　悬挑式外脚手架检查评分表

序号	检查项目		扣分标准	应得分数	扣减分数	实得分数
1	保证项目	施工方案	脚手架无施工方案、设计计算书或未经上级审批，扣10分； 施工方案中搭设方法不具体，扣6分	10		
2		悬挑梁及架体稳定	外挑杆件与建筑结构连接不牢固，每有一处扣5分； 悬挑梁安装不符合设计要求，每有一处扣5分； 立杆底部固定不牢，每有一处扣3分； 架体未按规定与建筑结构拉结，每有一处扣5分	20		
3		脚手板	脚手板铺设不严、不牢，扣7～10分； 脚手板材质不符合要求，扣7～10分； 每有一处探头板，扣2分	10		
4		荷载	脚手架荷载超过规定，扣10分； 施工荷载堆放不均匀每有一处，扣5分	10		
5		交底与验收	脚手架搭设不符合方案要求，扣7～10分； 每段脚手架搭设后无验收资料，扣5分； 无交底记录，扣5分	10		
		小计		60		
6	一般项目	杆件间距	每10延长米立杆间距超过规定，扣5分； 大横杆间距超过规定，扣5分	10		
7		架体防护	施工层外侧未设置1.2m高防护栏杆和未设18cm高的踏脚板，扣5分； 脚手架外侧不挂密目式安全网或网间不严密，扣7～10分	10		
8		层间防护	作业层下无平网或其他措施防护，扣10分； 防护不严密，扣5分	10		
9		脚手架材质	杆件直径、型钢规格及材质不符合要求，扣7～10分	10		
		小计		40		
检查项目合计				100		

（2）附着式升降脚手架（整体提升架或爬架）检查评分表，见表 10-5。

表 10-5　　附着式升降脚手架（整体提升架或爬架）检查评分表

序号	检查项目		扣分标准	应得分数	扣减分数	实得分数
1	保证项目	使用条件	未经建设部组织鉴定并发放生产和使用证的产品，扣10分； 不具有当地建筑安全监督管理部门发放的准用证，扣10分； 无专项施工组织设计，扣10分； 安全施工组织设计未经上级技术部门审批，扣10分； 各工种无操作规程，扣10分	10		
2		设计计算	无设计计算书，扣10分； 设计计算书未经上级技术部门审批，扣10分； 设计荷载未按承重架 3.0kN/m² 、装饰架 2.0kN/m² 、升降状态 0.5kN/m² 取值，扣10分； 压杆长细比大于150、受拉杆件的长细比大于300，扣10分； 主框架、支撑框架（桁架）各节点的各杆件轴线不汇交于一点，扣6分； 无完整的制作安装图，扣10分	10		
3		架体构造	无定型（焊接或螺栓连接）的主框架，扣10分； 相邻两主框架之间的架体无定型（焊接或螺栓连接）的支撑框架（桁架），扣10分； 主框架间脚手架的立杆不能将荷载直接传递到支撑框架上，扣10分； 架体未按规定构造搭设，扣10分； 架体上部悬臂部分大于架体高度的1/3且超过4.5m，扣8分； 支撑框架未将主框架作为支座，扣10分	10		
4		附着支撑	主框架未与每个楼层设置连接点，扣10分； 钢挑架与预埋钢筋环连接不严密，扣10分； 钢挑架上的螺栓与墙体连接不牢固或不符合规定，扣10分； 钢挑架焊接不符合要求，扣10分	10		

续表

序号	检查项目		扣分标准	应得分数	扣减分数	实得分数
5	保证项目	升降装置	无同步升降装置或有同步升降装置但达不到同步升降要求，扣10分； 索具、吊具达不到6倍安全系数，扣10分； 有两个以上吊点升降时，使用手拉葫芦（导链），扣10分； 升降时架体只有一个附着支撑装置，扣10分； 升降时架体上站人，扣10分	10		
6	保证项目	防坠落、导向防倾斜装置	无防坠装置，扣10分； 防坠装置设在与架体升降的同一个附着支撑装置上，且无两处以上，扣10分； 无垂直导向和防止左右、前后倾斜的防倾装置，扣10分； 防坠装置不起作用，扣7～10分	10		
	保证项目	小计		60		
7	一般项目	分段验收	每次提升前无具体的检查记录，扣6分； 每次提升后、使用前无验收手续或资料不全，扣7分	10		
8	一般项目	脚手板	脚手板铺设不严、不牢，扣3～5分； 离墙空隙未封严，扣3～5分； 脚手板材质不符合要求，扣3～5分	10		
9	一般项目	防护	脚手架外侧使用的密目式安全网不合格，扣10分； 操作层无防护栏杆，扣8分； 外侧封闭不严，扣5分； 作业层下方封闭不严，扣5～7分	10		
10	一般项目	操作	不按施工组织设计搭设，扣10分； 操作前未向现场技术人员和工人进行安全交底，扣10分； 作业人员未经培训、未持证上岗又未定岗位；扣7～10分； 安装、升降、拆除时无安全警戒线，扣10分； 荷载堆放不均匀，扣5分； 升降时架体上有超过2000N重的设备，扣10分	10		
	一般项目	小计		40		
检查项目合计				100		

（3）吊篮脚手架检查评分表，见表10-6。

表10-6　　吊篮脚手架检查评分表

序号	检查项目		扣分标准	应得分数	扣减分数	实得分数
1	保证项目	施工方案	无施工方案、无设计计算书或未经上级审批，扣10分； 施工方案不具体、指导性差，扣5分	10		
2		制作组装	挑梁锚固或配重等抗倾覆装置不合格，扣10分； 吊篮组装不符合设计要求，扣7～10分； 电动（手板）葫芦使用非合格产品，扣10分； 吊篮使用前未经荷载试验，扣10分	10		
3		安全装置	升降葫芦无保险卡或失效，扣20分； 升降吊篮无保险绳或失效，扣20分； 无吊钩保险，扣8分； 作业人员未系安全带或安全带挂在吊篮升降用的钢丝绳上，扣17～20分	20		
4		脚手板	脚手板铺设不满、不牢，扣5分； 脚手板材质不合要求，扣5分； 每有一处探头板，扣2分	5		
5		升降操作	操作升降的人员不固定和未经培训，扣10分； 升降作业时有其他人员在吊篮内停留，扣10分； 两片吊篮连在一起同时升降无同步装置或虽有但达不到同步的，扣10分	10		
6		交底与验收	每次提升后未经验收上人作业，扣5分； 提升及作业未经交底，扣5分	5		
		小计		60		

续表

序号	检查项目		扣分标准	应得分数	扣减分数	实得分数
7	一般项目	防护	吊篮外侧防护不符合要求，扣7～10分； 外侧立网封闭不整齐，扣4分； 单片吊篮升降两端头无防护，扣10分	10		
8		防护顶板	多层作业无防护顶板，扣10分； 防护顶板设置不符合要求，扣5分	10		
9		架体稳定	作业时吊篮未与建筑结构拉牢，扣10分； 吊篮钢丝绳斜拉或吊篮离墙空隙过大，扣5分	10		
10		荷载	施工荷载超过设计规定，扣10分； 荷载堆放不均匀，扣5分	10		
		小计		40		
检查项目合计				100		

参考文献

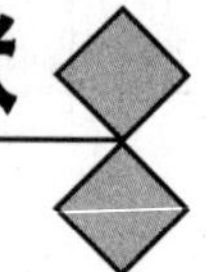

[1] 中华人民共和国住房和城乡建设部．建筑施工扣件式钢管脚手架安全技术规范 JGJ 130—2011［S］．北京：中国建筑工业出版社，2011.

[2] 中华人民共和国住房和城乡建设部．建筑施工门式钢管脚手架安全技术规范 JGJ 128—2010［S］．北京：中国建筑工业出版社，2010.

[3] 中华人民共和国住房和城乡建设部．建筑施工碗扣式钢管脚手架安全技术规范 JGJ 166—2008［S］．北京：中国建筑工业出版社，2009.

[4] 中华人民共和国建设部．建筑拆除工程安全技术规范 JGJ 147—2004［S］．北京：中国建筑工业出版社，2005.

[5] 杨文柱．建筑安全工程［M］．北京：机械工业出版社，2004.

[6] 马向东．安全员工作实务手册［M］．长沙：湖南大学出版社，2008.

[7] 农业部农民科技教育培训中心．架子工必读［M］．北京：中国社会出版社，2008.